현대 식품학

김진수 · 김혜숙 · 허민수 공저

도서출판 효 일
www.hyoilbooks.com

머리말

근년, 우리나라는 부단한 경제성장으로 경제적인 변화 뿐만이 아니라 핵가족화, 아파트 생활, 맞벌이 주부의 대거 등장, 장거리 출퇴근 및 교통난 등과 같은 사회적 변화로 식생활도 변화하고 있다. 이로 인한 식품의 소비 경향은 한편으로는 건강지향적인 면에서 천연식품을 추구하고 있는 반면, 또 다른 한편으로는 속도지향적인 면에서 fast foods를 주로 하는 가공식품을 선호하고 있다.

이러한 일면에서 식품가공공장에서도 각종 새로운 자동화 시스템의 기계들을 도입하여 자사 제품의 품질 개선 또는 신제품의 개발에 박차를 가하여야 하리라 본다.

식품가공공장에서 새로운 각종 제품의 개발을 위하여 도입한 새로운 자동화 시스템의 기계들을 보다 효율적으로 가동하면서 각종 목적에 맞는 제품을 개발하기 위하여는 여기에 맞는 이론의 확립이 필수적이다.

본 서에서는 식품산업의 새로운 발전 방향에 부응하기 위하여 식품산업의 예전 생산 기술은 물론이고, 새로운 생산 기술 및 이와 연관된 내용들을 보완하기 위하여 노력하였다.

이러한 일면에서 본 서에서는 식품성분의 종류, 식품성분의 변화 요인, 가공 및 저장 중 식품성분의 변화, 식품의 영양, 식품의 건조, 가열, 저온저장, 염장, 기체조절, 방사선 조사. 식품가공을 위한 각종 공정, 식품의 포장 및 신제품 제조를 위한 신기술 등과 같은 내용을 수록하여 미흡하나마 식품가공 관련 학생들의 신제품 개발에 대한 이해 증진과 더불어 식품산업 관련종사자의 신제품 개발에 조금이나마 도움이 되고자 노력하였다.

그러나 본 서는 아직도 부족한 점이 많으리라 짐작되어, 여러분들의 질책과 조언을 바탕으로 여건이 된다면 다시 개선할 것을 약속드린다.

끝으로 저자들은 본 서 출간을 위하여 물심양면으로 많은 도움을 주신 도서출판 효일의 김홍용 사장님과 편집을 위해 노력하여 주신 도서출판 효일의 관계자 모든 분, 그리고, 이 책의 발간을 위하여 많은 노력을 한 경상대학교 해양과학대학 식품가공학연구실 한병욱, 박찬호, 강경태 대학원생들과 심남혁, 박정민, 김춘곤, 송동민, 박호상, 박혜진, 박창경, 박태봉, 이재형, 지성준, 이세주 학부생들에게도 감사를 드린다.

차 례

제 1 장 식품성분의 종류

제 2 장 식품성분의 변화 요인

제 3 장 가공 및 저장 중 식품성분의 변화

제 4 장 식품의 영양

제 5 장 식품의 건조

제 6 장 식품의 가열

제 7 장 식품의 저온저장

제 8 장 식품의 염장

제 9 장 식품의 훈연

제 10 장 식품의 기체조절

제 11 장 식품의 방사선 조사

제12장 식품 가공의 단위 조작

제13장 식품의 포장

제 14 장 식품제조를 위한 신기술

현대 식품학

제1장

식품성분의 종류

식품성분의 종류는 크게 수분, 탄수화물, 지방, 단백질, 무기질 및 비타민과 같은 일반성분과 색소, 효소, 맛성분 및 향기성분과 같은 특수성분으로 나누어진다. 일반성분은 크게 수분과 고형물로 분류되고, 고형물은 다시 회분을 의미하는 무기질과 기타 성분을 의미하는 유기질로 분류된다. 유기질은 단백질을 주로 하는 함질소 화합물과 지방 및 탄수화물을 주로 하는 무질소 화합물로 나누어진다.

1. 수 분

식품은 곡류, 두류 등의 몇 가지를 제외하고는 대체로 60~90% 정도의 다량의 수분을 함유하고 있다. 수분은 식품 원료에 단순히 물로서 존재하고 있는 것이 아니라 무기화합물과 극성기를 가진 유기화합물의 용매인 동시에 다당류, 단백질 등의 고분자 화합물을 용해하거나 또는 콜로이드(colloid)를 형성한다. 물분자는 <그림 1-1>에 나타낸 바와 같이 극성분자이고, 순수한 물만으로는 물분자 상호 간에 수소결합(hydrogen bond)을 하여 결정구조를 이루지만, 이와 같은 물에 극성기를 가진 유기화합물, 이온(ion) 등을 가하는 경우 그 성분들과 수소결합을 형성한다. 식품 중에 존재하는 수분은 자유수(free water)와 결합수(bound water)의 2가지 형태로 존재한다.

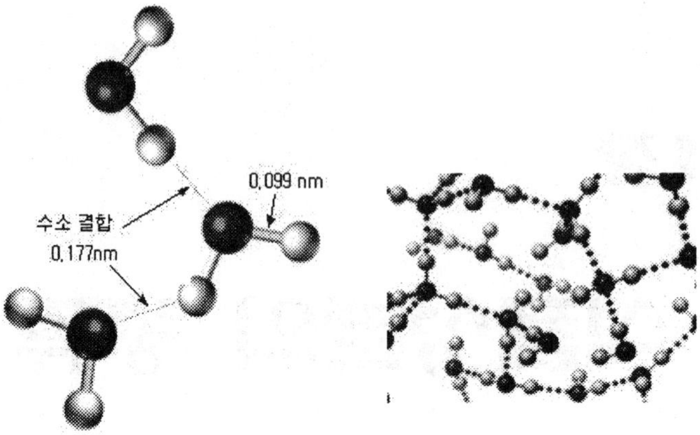

그림 1-1. 물분자의 구조 및 수소결합의 형태

●: 산소원자의 전자, ○: 수소원자의 전자, ---: 공유결합

표 1-1. 식품성분의 분류

<table>
<tr><td rowspan="7">일반성분</td><td colspan="4">수분</td></tr>
<tr><td rowspan="6">고형분</td><td rowspan="5">유기물</td><td rowspan="2">탄수화물</td><td>섬유소</td></tr>
<tr><td>가용성 무질소물</td></tr>
<tr><td colspan="2">지질</td></tr>
<tr><td colspan="2">단백질</td></tr>
<tr><td>비타민</td><td rowspan="2">미량성분</td></tr>
<tr><td colspan="2">무기물</td></tr>
<tr><td rowspan="5">특수성분</td><td colspan="4">색소성분</td></tr>
<tr><td colspan="4">향기성분</td></tr>
<tr><td colspan="4">맛성분</td></tr>
<tr><td colspan="4">효소성분</td></tr>
<tr><td colspan="4">유독성분</td></tr>
</table>

1) 자유수(free water)

자유수는 식품성분과 결합하여 있지 않고, 유리(遊離)의 상태로 존재하여 미생물의 증식에 이용되며, 또한 열역학적으로 자유롭다. 따라서, 식품을 105℃정도의 가열에 의해 쉽게 확산 및 증발되고, 0℃ 이하로 냉각시키면 쉽게 동결하여 얼음이 된다.

2) 결합수(bound water)

결합수는 식품성분의 친수성기(-OH, =C-O, -COOH, =NH, -NH_2 등)와 수소결합하여 수화층을 형성하고 있어 용매로서 기능을 가지지 않는 물로, 강하게 결합하고 있는 물과 약하게 결합한 물 등이 있으나, 후자 물이 대부분을 차지하고 있다.

즉, 결합수는 열역학적으로 분자운동이 속박되어 있어, 0℃이하로 냉각시켜도 얼지 않고, 식품에 큰 압력을 가하여 압착시켜도 제거되지 않으며, 미생물의 발아 및 증식에도 이용되지 못한다. 한편, Toledo 등은 -18℃를 기준으로 하여 그 이하의 온도에서 액상으로 존재하는 물을 결합수로 정의하였다.

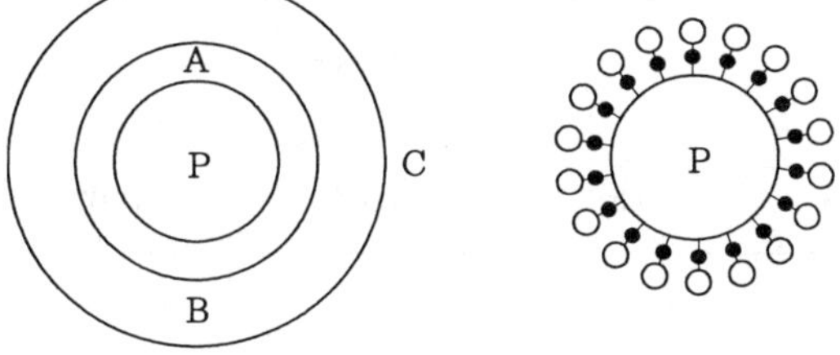

그림 1-2. 결합수의 분포 모델

여기서 P는 단백질을, A는 결합수를, B는 준결합수를, C는 자유수를 의미한다.
●는 단백질의 활성기를, ○는 물분자를 의미한다.

3) 수분활성(water activity)

식품 중의 수분은 환경조건에 따라서 변화한다. 즉, 식품보관 환경이 건조하여 수분함량이 낮은 경우 식품으로부터 수분이 증발하여 점차 수분함량이 감소하고, 반대로 수분함량이 높은 경우 식품은 주위로부터 수분을 흡습함으로 인해 점차 수분함량이 증가하여 결국 평형에 이를 때까지 건조 또는 흡습한다. 이러한 점에서 수분을 동적인 것으로 취급하여, 근년에는 식품 중의 수분함량을 백분율로 나타내는 이외에 대기 중의 상대습도까지 고려한 활성도로 나타내는 경우가 많다. 여기서 수분활성도(water activity, a_w)는 일정온도에서 그 식품이 나타내는 수증기압(P)과 그 온도에서의 최대 수증기압(P_0)과의 비로 정의하고 있다. 즉, $a_w = p/p_0$ 로 표기할 수 있다. 여기서 물을 식품이라고 가정하면 $p = p_0$가 되어 수분활성은 1이 되나, 보통 식품은 단백질, 전분 등의 고형물이 함유되어 있어 상대적으로 수분함량이 적게 되고, 따라서 수증기압도 작다.

이러한 결론으로 미루어 보통 식품은 p가 p_0보다 작아 수분활성은 1보다 작다.

수분활성을 간단히 정의하면 전 수분에 대한 자유수의 비율이라고 할 수 있다. 이러한 관점에서 접근하면 잼류의 제조시 가당에 의해 저장성을 갖는 것과 염장품의 제조시에 소금에 의해 저장성을 갖는 것은 이들 당 및 식염이 자유수를 결합수로 만들어 수분활성을 저하시켜 곰팡이 및 세균의 번식을 억제한 것이라 할 수 있다. 하지만, 이들 식품들의 저장성 증대를 위하여 수분활성을 낮추는 경우 수분활성 0.6~0.85 범위에서 갈변이 잘 진행된다는 점도 명심하여야 할 것이다.

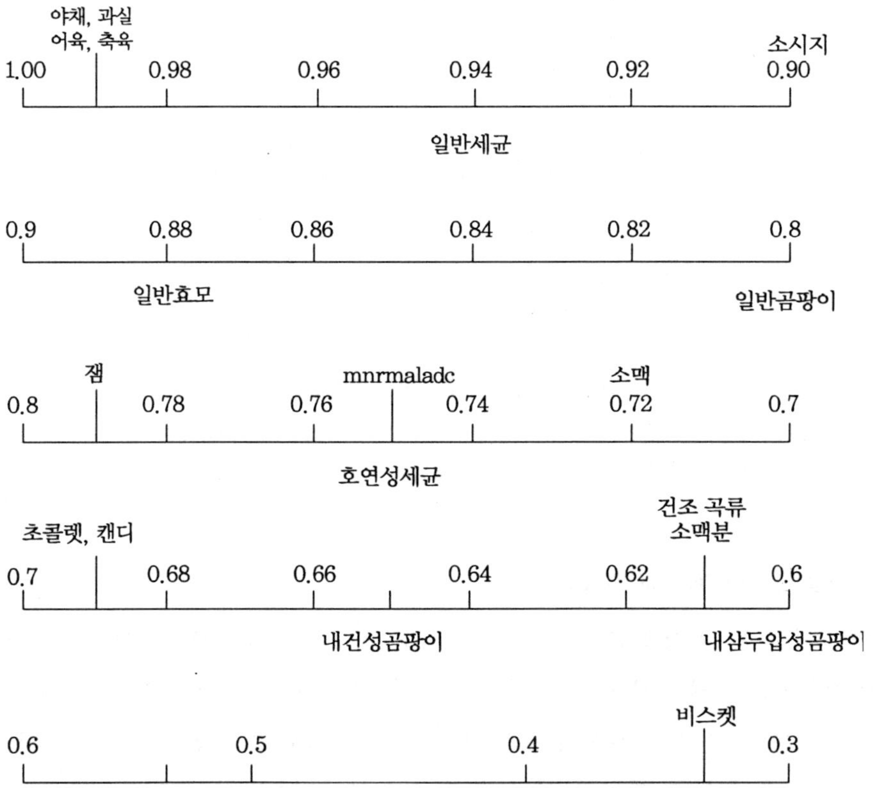

그림 1-3. 미생물의 생육한계 및 식품의 수분활성

쌀, 콩과 같이 수분이 적은 건조식품의 수분활성은 0.60~0.64이고, 과실, 어류 등과 같이 수분이 많은 식품의 수분활성은 0.98~0.99이다.

<그림 1-3>은 미생물의 생육한계 및 식품의 수분활성을 나타낸 것이다.

4) 등온흡습곡선 (moisture sorption isotherm)

(1) 평형 수분함량

평형수분함량은 일정한 온도에서 대기의 상대습도와 평형을 이루고 있는 식품의 수분함량을 말한다.

(2) 등온흡습곡선

등온흡습곡선은 대기의 상대습도와 식품의 평형 수분함량과의 관계를 나타낸 곡선을 말하며, <그림 1-4>와 같다.

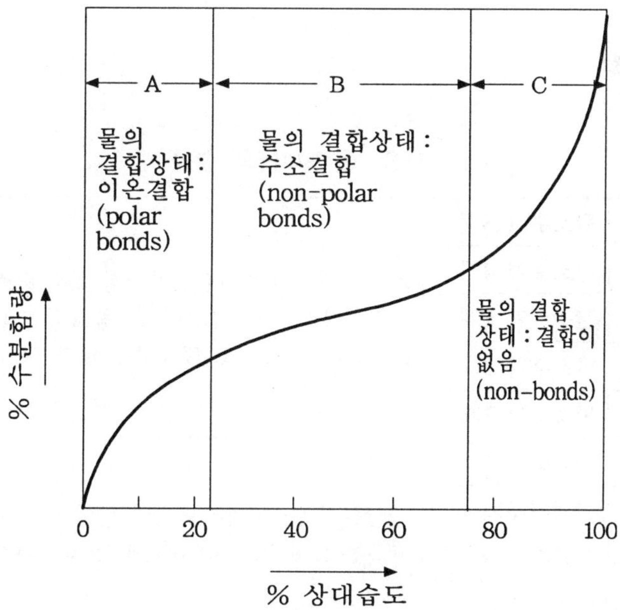

그림 1-4. 등온흡습곡선

이와 같은 등온흡습곡선은 식품의 종류에 따라 차이가 있으나, 그 형태는 대개 역 S자형을 나타내며, 어느 식품에서나 <그림 1-4>와 같이 A영역, B영역 및 C영역과 같이 3가지 영역으로 구분되고 있으며, 그 특성은 <표 1-2>와 같다. 그리고, 등온흡습곡선의 경사와 굴곡점은 그 식품의 수분과의 결합력 (water binding capacity) 또는 자유수와 결합수의 상대적인 양과 비율을 나타내어 준다.

표 1-2. 등온흡습곡선의 A, B, C 영역의 여러 가지 특성

영역	특성
A	식품 중의 수분이 식품성분 중의 carboxyl group이나 amino group과 같은 이온기와 강하게 결합하여, 단분자 층을 형성하고 있는 영역
B	상대습도가 증가함에 따라 수분함량이 증가하는 영역으로 그 식품 중의 물분자가 다층으로 흡착하고 있어 액화되어 있고, 수분은 주로 결합수의 형태로 존재하며, 여러 관능기들과 수소결합, 즉 비극성 결합을 이루고 있는 영역
C	식품의 모세관에 수분이 자유로이 응축되고, 식품성분에 대하여 용매로 작용하여 자유로이 움직일 수 있는 상태이어서, 이 영역에서 식품의 품질저하를 촉진하는 여러가지 반응들이 일어나고, 미생물의 증식도 이루어지는 영역

2. 탄수화물

표 1-3. 탄수화물의 분류

단당류	3탄당	탄소수가 3개	가수분해하여 더 이상 간단한 화합물로 되지 않는 탄수화물의 최소 구성단위이고, 중요한 단당류로는 glucose, fructose, mannose 및 galactose와 같은 6탄당이 있다.
	4탄당	탄소수가 4개	
	5탄당	탄소수가 5개	
	6탄당	탄소수가 6개	
	7탄당	탄소수가 7개	
올리고당류	2당류	단당이 2개	단당류가 2~10개정도 결합하여 있는 당으로, 중요한 2당류로는 maltose, sucrose, lactose 등이 있다.
	3당류	단당이 3개	
	4당류	단당이 4개	
	기타	단당이 다수	
다당류	단순 다당	동일 종류의 단당류로 구성	전분, glycogen, 섬유소, 한천, 알긴산 등이 있다.
	복합 다당	2종류 이상의 단당류로 구성	pectin 및 hemicellulose 등이 있다.

탄수화물은 C, H, O의 3가지 원소로 이루어지고, H와 O의 비율이 2:1로 되어 일반적으로 $C_m(H_2O)n$으로 이루어져 있다. 하지만, 당단백질은 보통의 단당류에서 O가 하나 제외된 형태의 deoxy sugar 및 질소를 함유하고 있어, 당류이나 일반식에는 적용되지 못하고, formaldehyde (HCHO) 및 아세트산 (CH_3COOH)은 당류가 아니나 일반식에 잘

적용되고 있다. 이와 같은 예외들도 있어 탄수화물은 1분자 내에 1개 이상의 수산기(-OH)와 1개의 aldehyde기(-CHO) 또는 ketone기(=CO)를 가지고 있는 화합물이라 하는 것이 타당하다. 탄수화물이 탄소와 물이 결합한 화합물이 아니라는 의미에서 당질이라고 부르는 경우도 많다.

수산 동물과는 달리 대두를 제외한 대부분의 농산물과 수산식물은 탄수화물이 주성분이어서, 이의 이용을 전제로 하거나 이의 성분 변화에 따라 가공품의 특성이 변화하므로 이에 대한 연구가 철저히 이루어져야 할 것이다.

1) 탄수화물의 분류

(1) 단당류

단당류는 가수분해하여 더 이상 간단한 화합물로 되지 않는 탄수화합물로, 탄수화물 구조의 최소 단위이다. 단당류는 <표 1-3>과 같이 3탄당, 4탄당, 5탄당 및 6탄당으로 나눌 수 있으나, 동식물계에 널리 분포하면서 식품성분으로 중요한 것은 6탄당의 glucose, fructose, mannose 및 galactose를 들 수 있다.

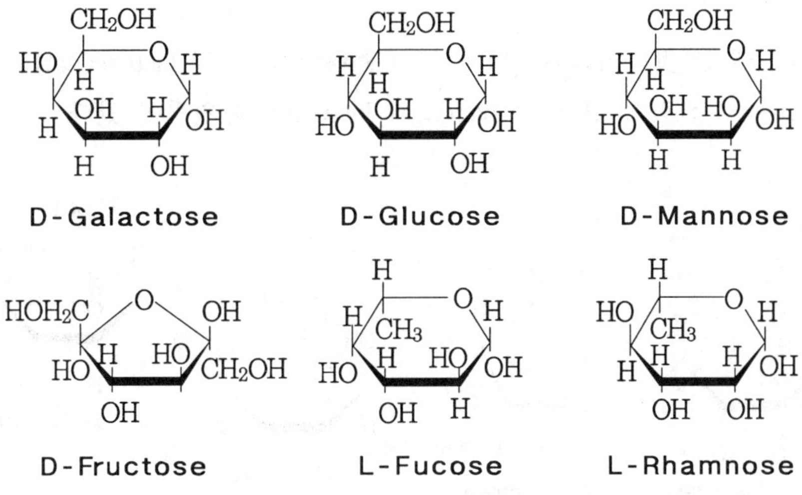

그림 1-5. glucose 및 기타 단당류의 환상구조

① glucose

glucose는 자연계에서 유리형과 결합형으로 존재하고, 유리형으로는 혈액, 꽃, 과실 등에, 결합형으로는 starch, glycogen, cellulose, maltose, lactose, sucrose 등의 구성성분으로 존재한다. glucose의 감미도는 sucrose를 100으로 하였을 때 74정도이다.

② fructose

fructose는 자연계에서 유리형으로 과일 중에 널리 분포하며, 꿀에 다량 존재한다. fructose는 sucrose의 구성성분으로 물에 쉽게 가용되며, 강한 흡습성을 갖는 식품공업에서 중요한 단당류이다. fructose의 감미도는 sucrose를 100으로 하였을 때 114정도이다.

③ galactose

galactose는 이당류인 lactose의 구성성분으로 포유동물의 유즙에 존재한다. 또한 galactose는 다당류인 한천, 아라비아 고무의 구성 단위이기도 하다. galactose의 감미도는 sucrose를 100으로 하였을 때 63정도이다.

④ mannose

mannose는 유리 상태로는 거의 존재하지 않고, mannan의 구성당이다. mannose의 감미도는 sucrose를 100으로 하였을 때 59정도이다.

(2) 올리고당 (소당류, oligosaccharide)

올리고당은 단당류 n개(2~10개)가 n-1개의 물을 잃고, glycoside 결합한 것으로 구성 단당류에는 6탄당이 많다. 식품 중에는 2당류가 가장 많고, 3당류와 4당류는 일반적으로 적다.

2당류에서 중요한 것은 maltose(맥아당), sucrose(설탕) 및 lactose(젖당) 등의 3종류이며, sucrose는 환원력이 없지만, maltose와 lactose는 환원력이 있다.

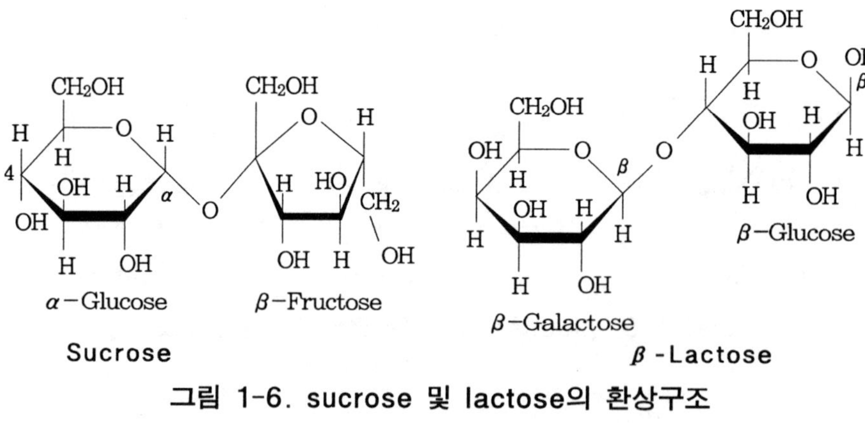

그림 1-6. sucrose 및 lactose의 환상구조

① sucrose

sucrose는 식품에 있어 가장 중요한 당으로, 보통 설탕이라고 한다. sucrose는 glucose 한분자와 fructose 한분자가 결합한 이당류로 과실, 꽃, 종자 등의 식물계에 유리 상태로 널리 존재하며, 특히 사탕수수와 사탕무우에 많다. 또한, sucrose는 단맛이 강하며, 환원력이 없다. 그러나 sucrose는 약 160℃ 이상으로 가열하면 설탕이 탈수 축합한 caramel이 된다. sucrose를 invertase로 가수분해하면 glucose와 fructose가 각각 동량 얻어지고, 이것을 전화당 (invert sugar)이라 한다.

② maltose

maltose는 glucose 두분자가 α-1,4 결합된 이당류로 엿기름과 물엿에 다량 함유되어 있다. 전분을 β-amylase로 가수분해하면 생성된다. 맥아당은 설탕을 기준으로 하였을 때에 감미도가 32정도이다.

③ lactose

lactose는 모유와 우유 등과 같은 포유동물의 유즙 중에 존재하는 이당류로 galactose와 glucose가 α-1,4 결합된 것으로, 감미도는 설탕을 기준으로 약 16정도이다. 식품 내에 젖당이 존재하면 젖산균의 발육이 촉진되어 유해세균의 발육이 억제되므로 정장 효과가 있다.

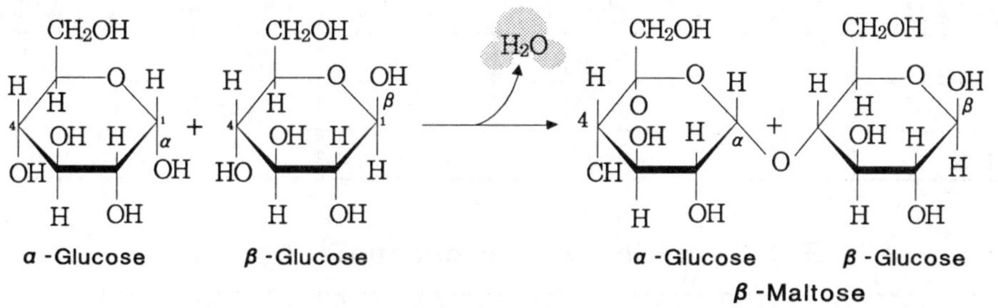

그림 1-7. maltose의 환상구조

(3) 다당류

다당류는 6탄당과 같은 단당류와 이와 유사한 분자가 glucoside 결합으로 중합된 거대 분자를 말하며, 이에는 단순 다당류와 복합 다당류로 분류할 수 있다.

- 단순 다당류 - 같은 종류의 단당류로 구성된 다당류를 말하며, 일반적으로 전분, glycogen, 섬유소, 한천, 알긴산 등이 여기에 속한다.
- 복합 다당류 - 다른 종류의 단당류로 구성된 다당류를 말하며, 일반적으로 pectin, hemicellulose 등이 여기에 속한다.

① 전분(starch)

전분은 곡류, 감자, 고구마 등의 서류에 저장 물질로서 다량 함유되어 있는 식물성 다당류로서, 색, 맛 및 냄새가 나지 않는 가루이다. 전분은 비중이 1.65로 물보다 무거워 물속에 잘 침전된다하여 이렇게 불린다.

전분립은 <그림 1-8>에 나타낸 바와 같이, 식물의 종류에 따라 그 모양과 크기가 각각 다르며, 요오드를 가하면 청색을 나타낸다.

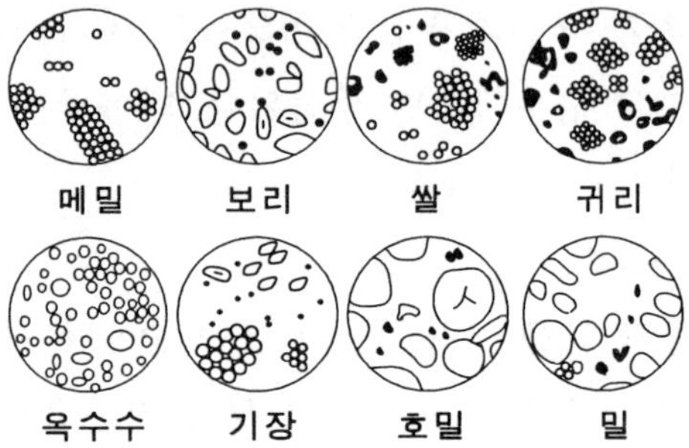

그림 1-8. 각종 전분입자의 구조

표 1-4. 전분 중의 amylose 구성비

전분원료	구성비(%)	전분 원료	구성비(%)	전분 원료	구성비(%)
찹쌀	0	바나나	20	밀	24
찰옥수수	0	감 자	22	백합뿌리	31
멥쌀	17	옥수수	21	고구마	15

표 1-5. amylose와 amylopectin의 특성 비교

성 질	amylose	amylopectin
모양	직선상 구조를 가진 포도당 6개로 된 나선형	가지모양
결합상태	glucose에 의한 α-1,4결합	glucose에 의한 α-1,4 및 α-1,6결합
요오드반응	청색	보라색~적색
청색값	1.35	0.05
분자량	4만~34만	400만~600만
수용액에서 안정도	노화 용이	안정
용해도	용이	난용
호화반응	용이	난이
X선반응	고도의 결정성	무정형
노화반응	용이	난이

전분은 amylose와 amylopectin의 2가지 성분으로 이루어져 있고, 그 amylose와 amylopectin의 구성비는 일반적으로 곡류의 경우 각각 15~30% 및 70~85%이나, 찹쌀, 찰옥수수 등의 전분은 거의 amylopectin 만으로 구성되어 있다.

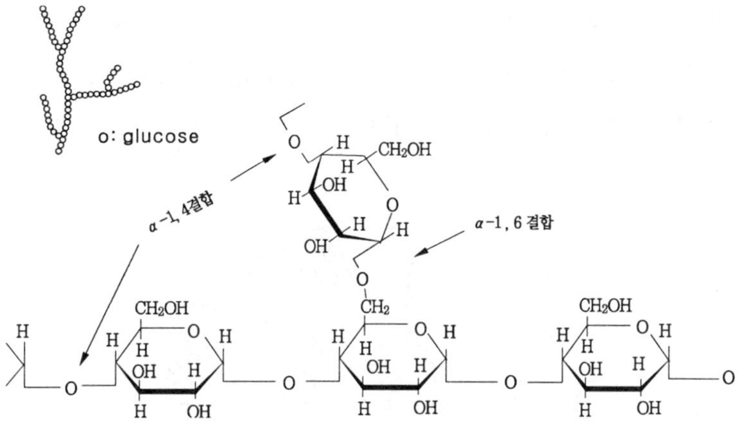

그림 1-9. amylopectin의 구조

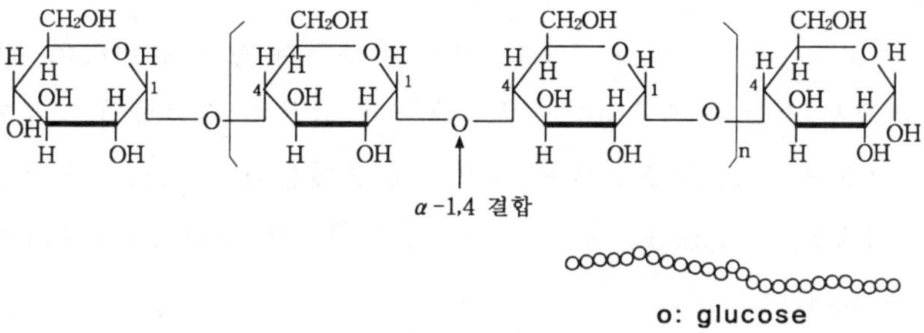

그림 1-10. amylose의 구조

amylose는 glucose가 α-1,4 결합만으로 연결된 긴 사슬 모양의 분자로 되어 있으면서, 6개의 glucose 분자마다 꼬인 상태로 구성되어 있어, 전체로는 나선상의 분자 형태를 이룬다. amylose는 더운물에 녹고, 녹은 것은 침전이 잘 안되며, 요오드에 의하여 청색을 나타낸다. amylopectin은 α-1,4 결합으로 연결된 glucose 18~27개마다 α-1,6 결합을 통한 가지, 즉 측쇄가 달려 있어 전체로는 망상의 분자 형태를 이룬다. 이것은 더운물에는 불용이나, 가열하면 호화하고, 요오드에 의해 적자색을 나타낸다.

② glycogen

전분이 식물체의 저장 탄수화물이나, glycogen은 동물체의 저장 탄수화물로서 간장,

근육, 조개류에 주로 많고, 효모 등의 미생물에도 함유되어 있다. 이것의 구성단위는 glucose 만으로 되어 있으며, 그 구조는 α-1,4결합과 α-1,6결합을 통해서 결합된 중합체로 amylopectin과 유사하나, α-1,6결합에서 다음 α-1,6 결합 사이의 평균 포도당 구성 단위의 수는 amylopectin의 18~27개 보다 작은 8~16개 정도로 되어 있어 가지가 더 많고, 길이가 짧은 점이 amylopectin과의 차이이다. 분자 형태는 구형에 가깝고 요오드에 의하여 적색~적갈색을 나타낸다. 그리고 glycogen은 무정형의 분말로서 맛과 냄새가 없으며, 찬물에 녹아 교질용액이 된다.

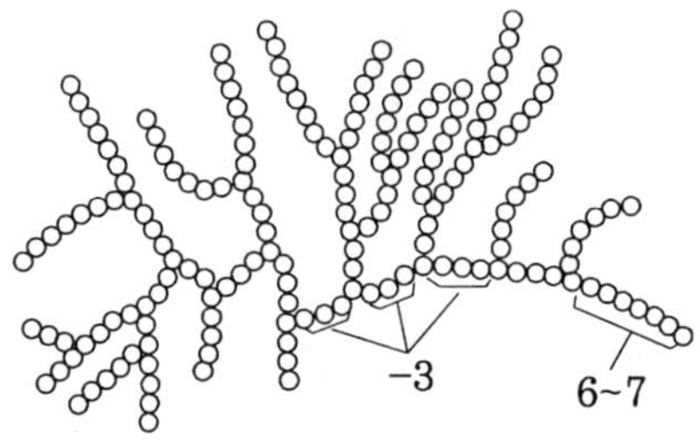

그림 1-11. glycogen의 모형도

③ cellulose

cellulose는 전분이 glucose가 α-1,4결합으로 이루어져 있는데 반하여, glucose가 β-1,4 결합을 통해서 결합된 분자량이 보통 100만에 달하는 직선상의 고분자 화합물로서 모든 고등 식물의 주요 구조물이며, 세포막에 존재한다. cellulose의 구성 기본단위는 β-glucose이지만, β-glucose 두 개가 β-1,4결합으로 결합된 cellobiose를 구성 단위로 생각할 수도 있다.

초식성의 반추동물은 위 속의 미생물이 분비하는 효소로 cellulose를 가수분해하여 이용하나, 사람은 cellulose를 분해하는 효소가 없어 영양소로 이용되지 못하고 그대로 배설된다. 그러나 적당량이 식품에 존재하는 경우 장관의 운동을 자극하여 변통을 좋게하는 간접 효과는 있다.

한편, 남해안 일대에서 다량 양식되고 있는 우렁쉥이의 경우, 부산물인 껍질은 용도가 없어 폐기에 골머리를 앓고 있는 실정이다. 그러나 우렁쉥이 껍질의 경우 대부분 cellulose로 이루어져 있다고 알려져, 이를 cellulose 추출의 재자원으로 이용한다면 효과적으로 이용할 수 있으리라 전망된다. cellulose의 β-1,4 결합은 수분 존재하에서 가열을 할 때에 가수분해된다. 특히 산, 알칼리 또는 cellulase에 의해 쉽게 가수분해되어 β-glucose를 얻는다.

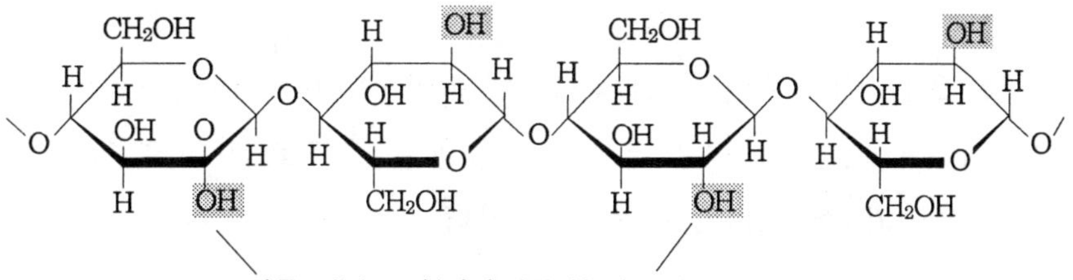

그림 1-12. cellulose의 직쇄구조

④ inulin

inulin은 돼지감자, 다알리아의 뿌리, 백합뿌리 등에 들어있는 다당류로, fructose가 다수 결합된 것이다. 사람에는 inulin을 분해하는 소화효소가 없기 때문에 식품으로서의 가치는 없으나, fructose의 제조 원료로 사용되고 있다.

⑤ 한천(agar)

한천은 해조류의 세포성분으로서 galactose를 주체로 한 다당류로 agarose와 agaropectin으로 구성되어 있다. agarose는 한천의 70%를 차지하며, agaropectin은 한천의 30% 정도로 소량의 glucuronic acid, pyruvic acid 및 황산 등을 함유한다.

인체 내에서 소화되지 않으나, 물을 흡수하여 팽창하므로 장을 자극하여 변비를 억제하는데 효과가 있다. 열가역적으로 겔 및 졸화하는 특성이 있어 양갱이나 젤리 등의 응고제로 이용되거나, 미생물의 고체배지 성분으로도 이용된다.

근년에 올리고당의 우수성이 입증된 이래 올리고당 제조 원료로 많이 이용되고 있다.

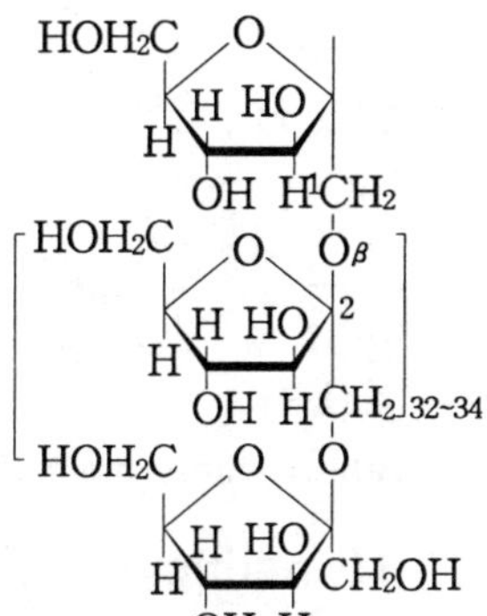

그림 1-13. inulin의 구조

⑥ chitin

chitin은 곤충 또는 갑각류의 껍질에 많이 들어 있으며, 아미노당이 아세틸화한 N-acetyl -2-glucosamine이 β-1,4 결합으로 중합된 구조를 가지고 있다. 근년에 이 chitin 역시 올리고당의 소재로 각광을 받고 있다.

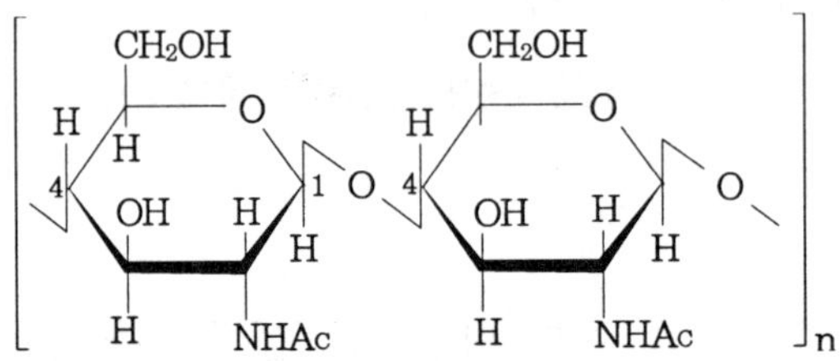

그림 1-14. chitin의 구조

⑦ pectin

pectin은 galacturonic acid가 중합한 쇄상분자인 펙틴산이 carboxyl group에 여러 가지 정도로 methyl ester화 된 것으로 분자량이 5만~20만 정도의 고분자이다.

pectin은 미숙 과일 중에는 불용성인 protopectin의 형태로 존재하고, 성숙됨에 따라서 protopectinase에 의해 가용성인 pectin으로 변화한다. 과숙 pectin은 다시 저분자이면서도 겔화력을 갖지 않는 펙틴산($COOCH_3$가 COOH로 된 즉 galacturonic acid 만으로 결합된 산), polygalacturonic acid로 된다<그림 1-16>. 이러한 변화는 열에 의해서도 일어난다. pectin은 유기산(0.3%) 및 당(60~65%)과 함께 가열하는 경우 젤리화 하는데, 그 정도는 methyl ester화의 정도에 따라 달라진다. pectin의 이와 같은 젤리화력은 과실잼이나 젤리의 제조에 이용된다.

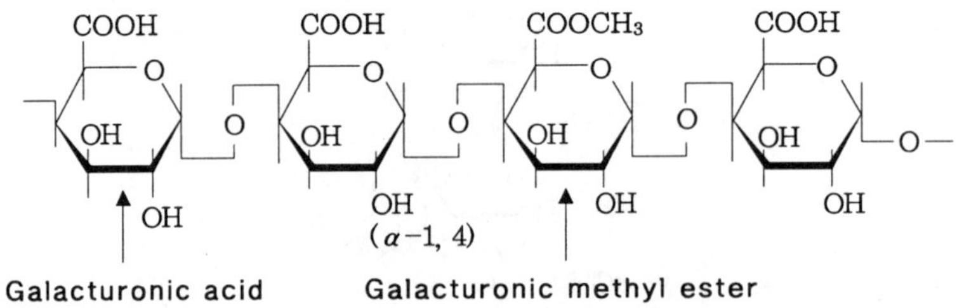

그림 1-15 pectin의 분구조

Protopectin	- 미숙과와 같은 식물 조직 중에서 유연조직에 다량 존재하며, pectin의 전구물질이다. - 물에 녹지 않으나, 과실이 성숙됨에 따라 효소(protopectinase)에 의하여 가수분해되어 가용성의 pectin으로 된다. - 100~800개 정도의 galacturonic acid가 α-1,4 결합된 형태의 polygalacturonic acid로 유리 carboxyl group이 잔존하여 있어, 칼슘 또는 기타 양이온과 화합물을 만들며, 칼슘과 결합하는 경우 불용성의 calcium pectate가 되어 침전한다.
↓	← 산 또는 효소 (protopectinase)
Pectinic acid	- 적당량의 당과 산의 존재 하에 겔형성 능력이 있는 물질이다. - 유리 carboxyl기의 10~20%에 상당하는 부분이 methyl ester 형태를 이루는 수용성 펙틴질로 methyl ester되지 않은 유리 carboxyl기가 염의 형태를 이루고 있는 것도 있다.
↓	← 산 또는 효소 (pectinase)
Pectic acid	- 분자 내의 carboxyl기에 methyl ester기가 전혀 존재하지 않는 polygalacturonic acid로서 물에 불용성이다.

그림 1-16. 과일의 성숙도에 따른 pectin질의 변화

⑧ alginic acid

alginic acid은 갈조류의 세포막 성분으로 β-1,4결합으로 이루어진 mannuronic acid가 주성분으로 되어 있는데, 칼슘 및 마그네슘이 혼합되어 있다. alginic acid는 한천과 같이 열가역적으로 졸 및 겔화하는 성질이 있어, 아이스크림이나 냉동과자의 안정제로 많이 이용되고 있다. 역시, 근년에 올리고당의 소재로 각광을 받고 있다.

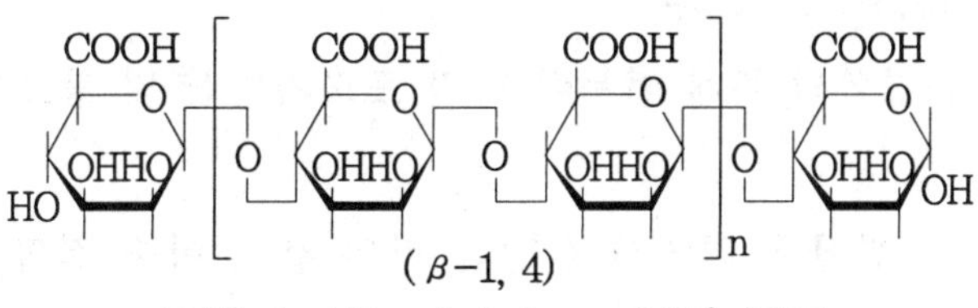

그림 1-17. alginic acid의 구조

3. 지질(lipids)

1) 지질의 정의

지질은 대부분이 C, O 및 H로 구성되어 있으나, 이 밖에 P, N, S 등을 함유하고 있는 유기화합물로서 생물체 내에 널리 분포되어 있다.

지질은 일반적으로 다음과 같이 정의된다.

① 물에는 녹지 않고, 유기용매(ether, 석유 에테르, chloroform, 따뜻한 알코올, benzen, 사염화탄소, 아세톤 등)에 잘 녹는 천연물

② 지방산의 ester이거나 또는 지방산의 ester를 형성할 수 있는 천연물

③ 생체에 의해 이용될 수 있는 천연물

그러나, 지질 중에는 물에는 잘 녹고, 아세톤에는 잘 녹지 않는 lecithin 등이 있어 반드시 이 정의가 옳다고 할 수는 없다.

2) 지질의 분류

지질은 화학구조에 따라 단순지질, 복합지질 및 유도지질로 분류한다. 단순지질은 피하조직에 저장되어 있어 축적지질이라 하며 에너지원으로 주로 이용되고 있다. 그러나, 인지질과 콜레스테롤(cholesterol) 등은 주로 생명 유지원으로 이용되고 있어 조직지질이라 하며 에너지원으로 이용되지 못한다.

(1) 단순지질(simple lipid)

① 유지(油脂, oil and fat)

유지는 지방산과 glycerin이 ester 결합한 것으로 중성지방 또는 triglyceride라고도 한다. 유지의 구성성분인 지방산은 메틸기(CH_3-)로 시작하고, 이어서 -CH_2-로 연속적으로 결합되어 있으며, 말단에 carboxyl group(-COOH)으로 이루어져 있다. 즉, CH_3-CH_2-CH_2---CH_2-COOH로 이루어져 있는데, <그림 1-18>에서는 CH_3-CH_2--CH_2---CH_2를 R로 나타내고 있다.

지방산은 다시 이중 결합의 존재 여부에 따라 포화지방산 및 불포화지방산으로 분류된다.

• 포화지방산 : 포화지방산은 위에서 설명한 바와 같이 이중 결합을 가지지 않는 지방산이다. 일반적으로 포화지방산의 과다 섭취는 동맥경화 등과 같은 순환기계 성인병을 야기시키고 있다고 하여, 근년에는 이의 섭취를 가능하다면 회피하고 있다.

• 불포화지방산 : CH_3-CH_2---CH=CH---CH_2- -COOH의 구조에서와 같이 적어도 1개 이상의 이중결합을 소유하고 있는 지방산이다. 한편, 어류 등에는 다량의 고도불포화지방산이 함유되어 있는데, 근년에 이 지방산들이 성인병을 예방한다는 기능성이 인정되어 상당히 각광을 받고 있다.

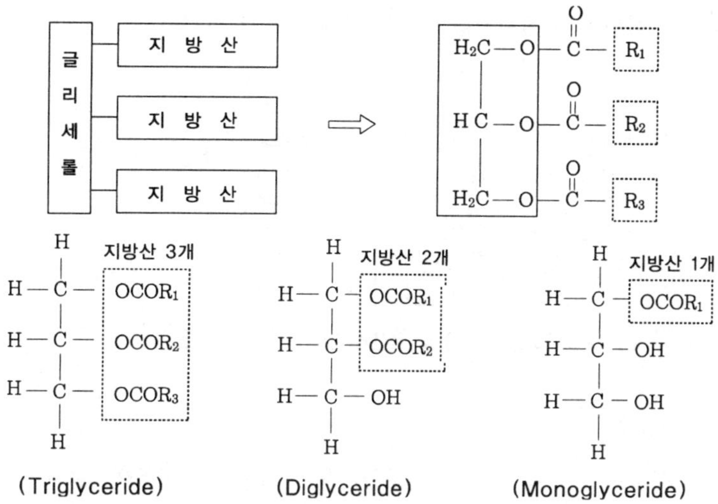

그림 1-18. glyceride의 기본구조

표 1-6 동식물 유지의 지방산조성

지방산	대두	옥수수	돼지	소	정어리	고등어	버터
$C_{14:0}$	0.1	-	1	3	7.9	6.3	11
$C_{16:0}$	8	8	28	29	21.0	5.0	25
$C_{18:0}$	4	3	13	20	5.4	3.0	9
$C_{16:1}$	-	-	-	-	11.1	5.7	-
$C_{18:1}$	28	46	46	42	16.7	17.6	33
$C_{18:2}$	54	42	6	2	3.1	1.3	4
$C_{18:3}$	5	-	0.8	0.5	-	-	-
$C_{20:5}$	-	-	-	-	15.8	-	-
$C_{22:6}$	-	-	-	-	8.4	-	-

② 납(蠟, wax)

지방산과 고급 알코올이 ester결합한 것으로, 일반적으로 실온에서 고체이다. 납의 구성성분 중 고급 알코올은 독성이 있어, 납을 식용으로 하지는 않는다.

(2) 복합지질(compound lipid)

① 인지질(phospholipids)

인지질은 가수분해에 의하여 인산을 생성하는 지방질을 말한다. 인지질은 glycerol 1분자와 지방산의 2분자 및 인산이 결합된 것이고, 이 인산에 결합되고 있는 염기의 종류에 따라 lecithin, cephalin, sphingomyelin 등으로 구분한다.

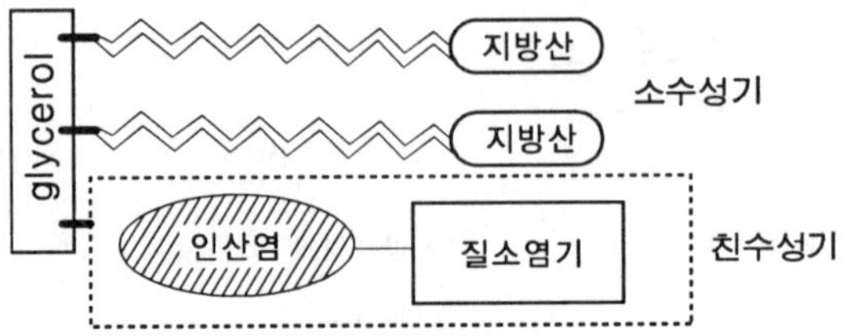

그림 1-19. 인지질의 기본구조

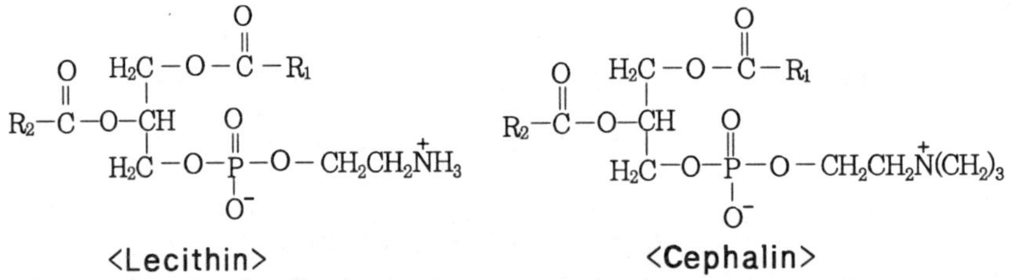

그림 1-20. lecithin 및 cephalin의 구조

② 당지질(glycolipids)

당지질은 분자 중에 당을 가지고 있는 복합지질로서 뇌와 신경조직에 함유되어 있고, 기타 식물의 종자나 곰팡이 등에도 함유되어 있다. 주로 뇌에 존재한다고 하여 cerebroside라고도 하며, 그 구성성분은 대부분이 galactose이다.

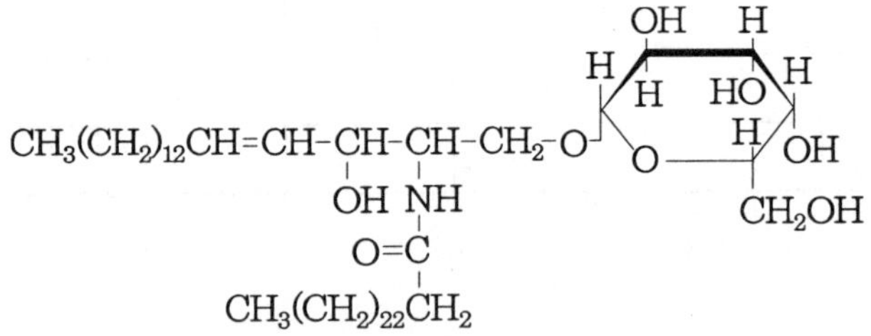

그림 1-21. galactocerebroside의 구조

③ 단백지질(lipoprotein)

단순지질에 단백질이 결합된 화합물로 미토콘드리아, 소포체, 세포핵 등에 주로 존재한다.

(3) 유도지질(derived lipids)

유도지질은 단순지질과 복합지질의 가수분해시에 얻어지는 화합물로 지방산, glycerin, 지방족 탄화수소, sterol 등이 있다.

(4) 기타

기타 지질성분으로는 chlorophyll, carotenoid와 같은 지용성 색소와 비타민 A, D, E, K와 같은 비타민류 등이 있다.

4. 단백질(Protein)

단백질은 C, H, O, N, S, P 등으로 이루어진 고분자 유기화합물로 분자량이 크고, 구조가 복잡하면서 질소를 평균 16%정도 함유하고 있는 것이 큰 특징이다. 곡류 및 그 가공품이 탄수화물을 주로 한다면, 축수산 동물 및 그 가공품은 단백질을 주성분으로 하고 있다.

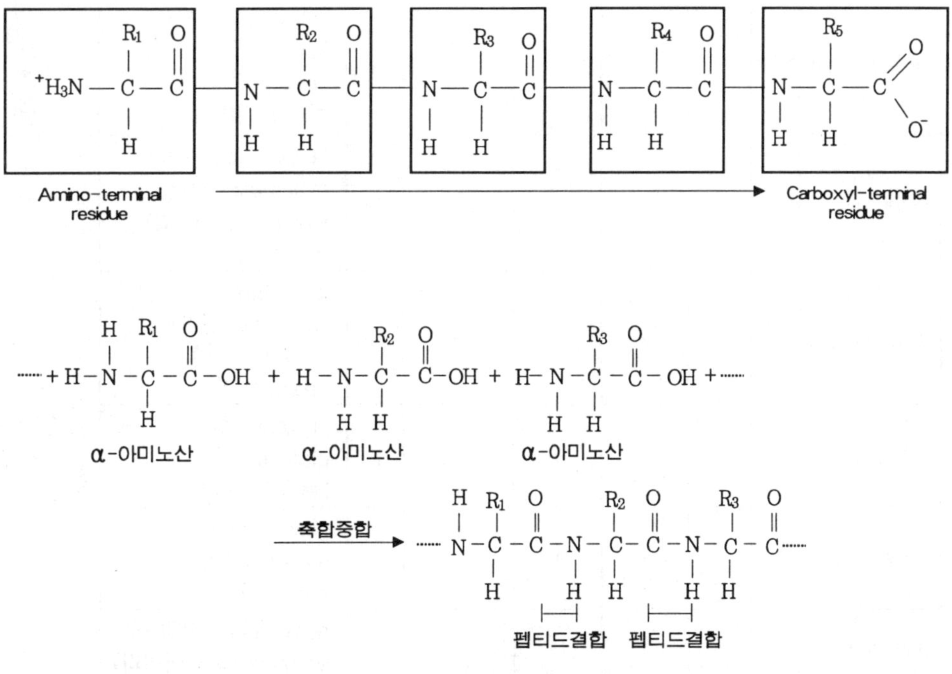

그림 1-22. 단백질의 구조

1) 단백질의 분류

단백질은 구조가 복잡하여 아직 분명하게 밝혀지지 못한 것이 많으므로, 화학구조상으로 분류하기에는 어려운 점이 많다. 따라서 현재 사용하는 단백질의 분류법은 용매에 대한 용해성이나 가수분해 생성물에 따라서 단순 단백질, 복합 단백질 및 유도단백질과 같이 크게 3종류로 분류하고 있다.

(1) 단순 단백질(simple protein)

단백질을 가수분해하면 아미노산 또는 그 유도체만이 생성되는 단백질로, 크게 견사(silk)처럼 일정한 방향으로 규칙적으로 배열함으로써 긴 사상의 형태를 지니고 있는 섬유상 단백질과 peptide사슬이 중첩되어 있어서, 분자의 모양이 구상인 구상 단백질로 분류되며, 그 용해성 및 특징은 <표 1-7>과 같다.

표 1-7. 단순 단백질의 종류, 용해성 및 열응고성

분류		용해성					열응고	중요 단백질	모양
		물	0.8% 식염	묽은산	묽은 알칼리	70友80% ethanol			
섬유	Albuminoid	-	-	-	-	-	무	collagen (털, 뼈) keratin (깃털, 손톱) elastin (깃털) fibroin (비단실)	
구상	Albumin	+	+	+	+	-	유	lactalbumin (우유) ovalbumin (계란) leucosin (보리, 밀) myogen (근육)	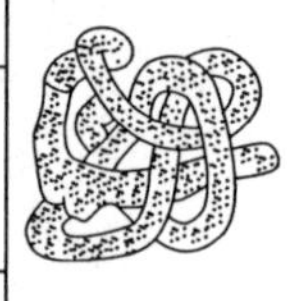
	Globulin	-	+	+	+	-	유	lactoglubulin (우유) lysozyme (흰자) myosin (근육) glycinin (콩)	
	Glutelin	-	-	+	+	-	유	oryzenin (쌀) glutenin (밀) hordein (보리)	
	Prolamin	-	-	+	+	+	무	gliadin (밀) hordein (보리) zein (옥수수)	
	Histone	+	+	+	+*	-	무	hemoglobin(적혈구) scobrone (고등어이리)	
	Protamine	+	+	+	+	-	무	salmon (연어이리) culpein (청어이리)	

+ : 가용성, - : 불용 * : 등전점 부근에서는 암모니아에 침전

(2) 복합 단백질

단순 단백질과 결합하고 있는 핵산, 당, 지방, 색소 등의 비단백 성분에 의하여 특성을 나타내고, 주로 생체 내에서 중요한 생화학적 기능에 관여하며, 그 자세한 분류는 <표 1-8>과 같다.

표 1-8. 복합 단백질의 분류

분류	특 징	중요 단백질
핵 단백질 (nucleoprotein)	염색체를 형성하는 핵산과 단백질의 복합체	protamin, histone
당 단백질 (glycoprotein)	수종류의 단당류로부터 형성되어진 당쇄가 단백질에 공유결합하고 있는 형태	κ-casein (우유), ovomucin (계란)
지질 단백질 (lipoprotein)	비공유결합에 의해 형성되어진 지질과 단백질의 복합체	lipovitellin (달걀 노른자)
인 단백질 (phosphoprotein)	인산이 단백질의 hydroxy아미노산 잔기에 ester결합	casein (우유), vitellin (달걀 노른자)
색소 단백질 (chromoprotein)	porphyrin환, flabin 등의 색소가 단백질에 결합	hemoglobin (적혈구)
금속 단백질	금속이 단독으로 직접 단백질과 결합	

(3) 유도 단백질

단순 단백질 및 복합 단백질이 물리적 또는 화학적 처리에 의하여 변성된 단백질을 유도 단백질이라 한다.

① 1차 유도 단백질

천연 단백질이 산, 알칼리, 효소 및 가열 등에 의하여 약간 변성된 단백질로서 protamine, meta protein, 젤라틴 및 응고단백질이 여기에 속한다.

- protamine : 물, 묽은 산 및 효소 등의 작용을 받아서 생기는 최초 생성물
- meta protein : globulin, albumin 등의 단백질이 묽은 산 또는 묽은 알칼리의 작용을 받아 가열에 의하여 응고되지 않고 물에 녹지 않은 상태로 변화한 단백질
- 젤라틴 : 불용성 단백질인 콜라겐의 3선 나선구조가 열처리에 의하여 분리된 열가역적 성질을 가진 단백질
- 응고단백질 : 알코올, 열, 자외선 등의 작용을 받아 응고된 단백질

② 2차 유도 단백질

1차 유도 단백질이 더 심하게 변성된 것으로 천연 단백질(단순 및 복합단백질)이 가수분해 되기까지의 중간생성물을 말하고, proteose, peptone 및 peptide 등이 여기에 속한다.

2) 단백질의 성질

(1) 분자의 크기

단백질은 약 20여종의 아미노산이 결합된 고분자 화합물로서, 다른 유기화합물에 비하여 분자량이 커서 수만~수백만에 이른다. 따라서 단백질 용액은 콜로이드성 용액이 되며 반투막을 통과하지 않는다. 그러므로 투석에 의하여 단백질과 비단백 물질을 분리할 수도 있다.

표 1-9. 단백질의 분자량

단백질	분자량	단백질	분자량
insulin	5,700	β_1 globulin	90,000
trypsin	24,000	γ globulin	156,000
gliadin	27,000	α_1 lipoprotein	200,000
zein	35,000	fibrinogen	400,000
egg albumin	42,000	myosin	620,000
hemoglobin	68,000	β_1 lipoprotein	1,300,000

(2) 등전점

단백질을 용해하면 그 구성 아미노산이 해리되어 <그림 1-23>과 같이 pH에 따라 전하를 가지는 양성이온이 된다. 이 용액을 산 또는 알칼리와 반응하면 응고 또는 침전되고 전하가 0이 되어 어느 쪽의 전극으로도 이동하지 않는데, 이 때의 pH를 등전점이라고 한다. 단백질은 등전점에서 가장 불안정하여 용해도, 삼투압 및 점도 등이 가장 적은 반면, 흡착성과 기포력이 크다.

여러 가지 단백질 등전점은 <표 1-10>과 같다.

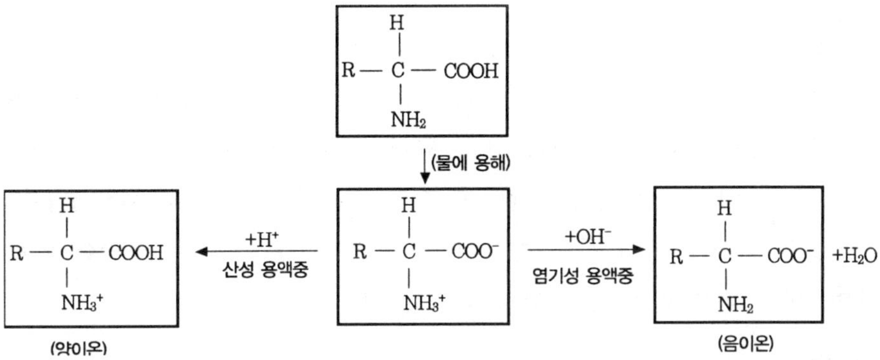

그림 1-23. 단백질의 용액에서 표면전하의 변화

표 1-10. 여러가지 단백질의 등전점

단백질	등전점	단백질	등전점
pepsin	3.0	glutenin	5.3
혈청 globulin	4.5	zein	5.8
달걀 albumin	4.6	gliadin	6.5
casein	4.7	hemoglobin	6.8
혈청 albumin	4.7	protamin	12.0

(3) 단백질의 변성

단백질은 열, 압력, 자외선 등의 물리적 원인이나, 산, 알칼리, 중금속 등의 화학적 원인으로 천연 단백질의 화학 구조상에 변화를 받는데, 이를 변성(denaturation)이라 한다. 이와 같이 단백질이 변성하면 그 생리적 활성, 용해도, 반응성 등의 여러 가지 성질이 달라진다.

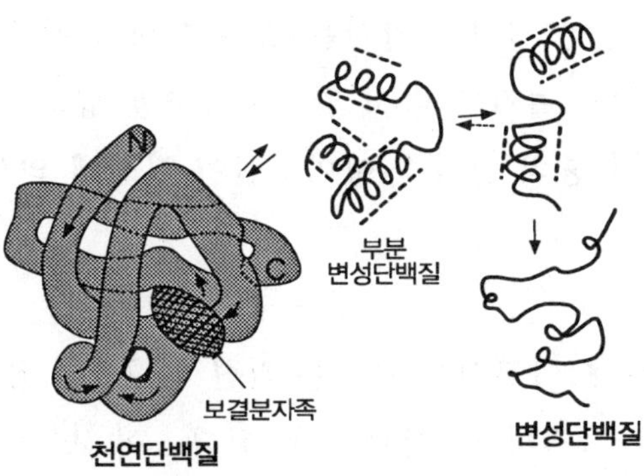

그림 1-24. 단백질 변성의 모식도

(4) 응고성

단백질은 열, 산, 알칼리에 의하여 응고한다. 우유 중의 casein은 rennet에 의하여 응고(치즈)되거나, 산에 의하여 응고(yoghurt)되며, 알코올에 의하여도 응고(우유의 신선도 검사에 이용 : alcohol test)된다. 또한, 콩 중의 수용성 단백질, 즉, glycinin은 칼슘 및 마그네슘 이온의 첨가로 응고(두부)하고, 어육 중의 actomyosin은 식염에 의하여 망목을 형성하며, 이를 가열하는 경우 겔화(어묵)한다.

(5) 침전성

소량의 중성염을 가하는 경우 등전점은 변하지 않으나, 일반적으로 단백질 분자 사이의 인력이 약해져 단백질이 잘 용해한다. 그러나 중성염을 많이 사용하는 경우 물이 염을 가용화하는데 사용되므로 단백질을 가용화시키는 물이 부족하게 되어 단백질이 침전하게 되는데, 이를 염석(salting out)이라고 한다.

(6) 수화 (hydration)

단백질은 수소결합에 의하여 물이 흡착하는 성질이 있는데, 이것을 수화라고 한다. 수화량은 단백질 100 g에 대하여 20~50 g정도로서 생물체에서 단백질은 모두 수화되어 존재하므로, 수화현상은 대단히 중요하다.

(7) 정색반응

① Biuret반응

단백질 용액에 수산화나트륨을 가하여 알칼리로 만들고, 여기에 1% 황산구리용액을 1~2방울 가하는 경우 붉은색 또는 보라색을 나타낸다. biuret반응은 peptide 결합을 2개 이상 가지는 화합물에서 일어나는 반응으로 단백질의 정량에 이용한다.

② Xanthoprotein 반응

단백질 용액에 소량의 진한 질산을 가하는 경우 흰색 침전물이 생기고, 이것을 가열하는 경우 황색으로 변한다. 여기에 다시 암모니아수를 넣고 알칼리로 하면 주황색으로 된다. 이 반응은 단백질 중의 방향족 아미노산이 질산에 의하여 니트로(nitro)화 되면서 변색한다.

③ Millon 반응

단백질 용액에 millon시약(아질산을 가지는 질산 제 2수은 용액)을 가하는 경우 흰색 침전이 생기고, 이것을 가열하면 적갈색이 된다. 이 발색반응은 페놀성 수산기(C_6H_5OH)를 가진 tyrosine의 존재 확인에 이용된다.

④ Ninhydrin반응

단백질 용액에 ninhydrin용액을 넣고 가열하는 경우, 붉은색 또는 보라색으로 된다. 이 반응은 α-아미노산의 반응에 의하여 발생한다.

⑤ Hopkins-Cole(Adam Kiewitz) 반응

단백질 용액에 빙초산을 넣은 후 진한 황산을 천천히 넣으면, 그 경계면에 보라색이 천천히 나타난다. 이 발색 반응은 단백질 중 tryptophan의 indole기가 황산과 반응하여 일어난다.

⑥ 황반응

단백질 용액에 수산화나트륨 용액과 초산납 용액을 넣고 가열하면 검은색 침전이 생긴다. 이 반응은 함황아미노산과의 반응에 의하여 발생한다.

표 1-11. 단백질의 정색반응

반응명	반응경로	결과	비고
Biuret 반응	단백질+NaOH +1% $CuSO_4$	붉은색 보라색	peptide결합이 2개 이상인 화합물에서 반응
Xanthoprotein 반응	단백질+HNO_3 --가열	노란색	방향족 아미노산이 질산에 의해 니트로화되면서 변색
Millon 반응	단백질+millon시약 --가열	적갈색	페놀성 수산기(C_6H_5OH)를 가진 tyrosine의 존재 확인에 이용
Ninhydrin 반응	단백질+ninhydrin	붉은색 보라색	α-아미노산의 반응에 의해 발생
Hopkins-Cole 반응	단백질+빙초산 +진한황산	보라색	tryptophan의 indole과 황산과의 반응에 의해 발색
황반응	단백질+NaOH +초산납--가열	검은색	함황아미노산과의 반응에 의하여 발색

3) 단백질의 결합

단백질의 구조를 안정하게 유지하기 위하여 <그림 1-25>와 같이 여러 가지의 결합이 관여한다. 즉 결합에 관여하는 것으로는 해리 간의 이온결합, cysteine의 SH기 상호 간의 disulfide (S-S)결합, tyrosin잔기와 carboxyl group 간의 수소결합, van der waals 힘에 의한 비극성기 간의 소수결합이 있다. 이 중 수소결합, 소수결합, 이온결합은 비공유결합이며, S-S결합은 강력한 공유결합이 된다.

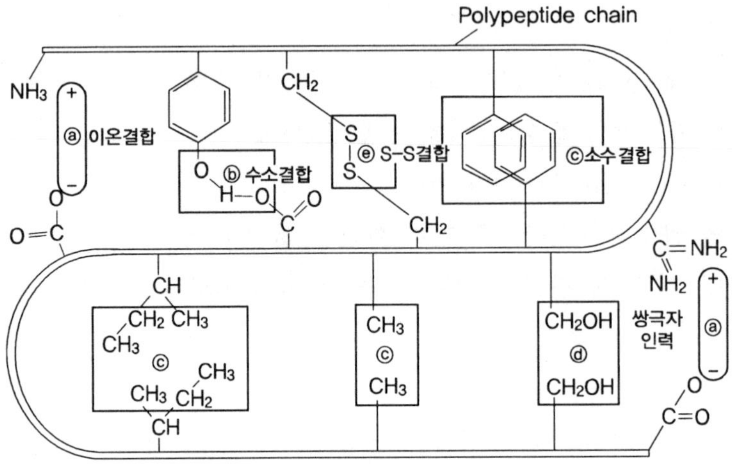

그림 1-25. 단백질의 결합 형태

4) 단백질의 구조

단백질의 구조는 아미노산의 carboxyl group(-COOH)이 다른 아미노산의 아미노기(-NH_2)에서 물이 유리되고, peptide 결합(-CO-NH)에 의하여 형성된 화합물을 peptide라고 한다. 2개의 아미노산이 1개의 peptide결합으로 형성된 것을 dipeptide, 다수의 아미노산이 peptide결합으로 형성된 것을 polypeptide라고 부른다.

이러한 결합형식은 <그림 1-26>과 같다.

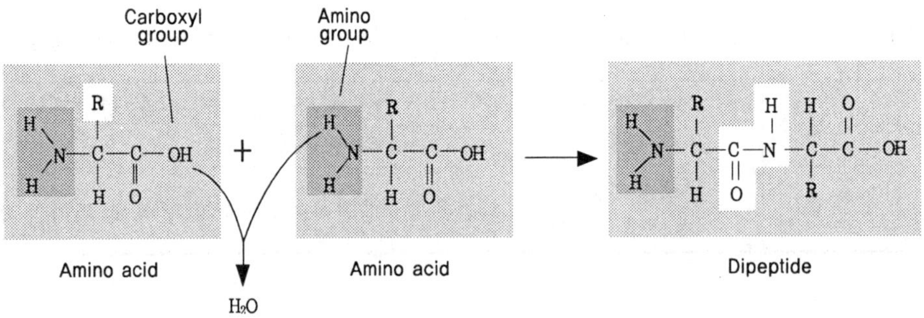

그림 1-26. 펩타이드 결합

5) 아미노산의 구조

아미노산은 단백질의 구성성분으로 단백질을 산, 알칼리 및 효소로 가수분해시키는 경우 20여종의 α-아미노산이 생성되고, 그 일반식은 R-CH(NH_2)COOH이다.

즉 아미노산은 분자 내에 amino기(-NH_2)와 carboxyl기(-COOH)를 가지는 화합물인 amino carboxylic acid를 말한다.

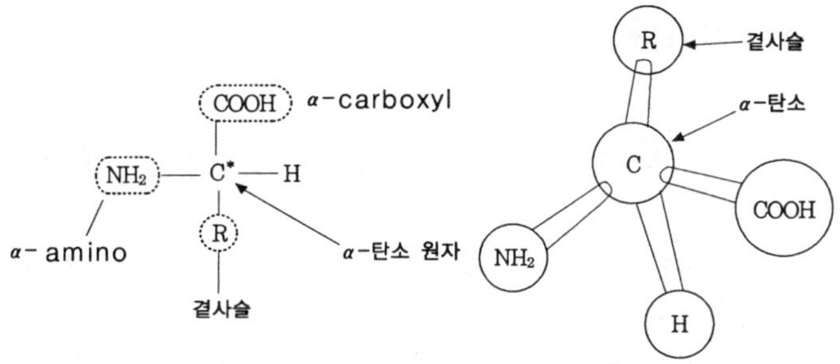

그림 1-27. 아미노산 일반 구조의 결합 형태

<그림 1-28>과 같이 carboxylic acid의 carboxyl기를 기준으로 하여 그 옆의 탄소원자에 아미노기가 위치하면 α-아미노산, 다음이 β-아미노산, γ-아미노산이라고 한다.

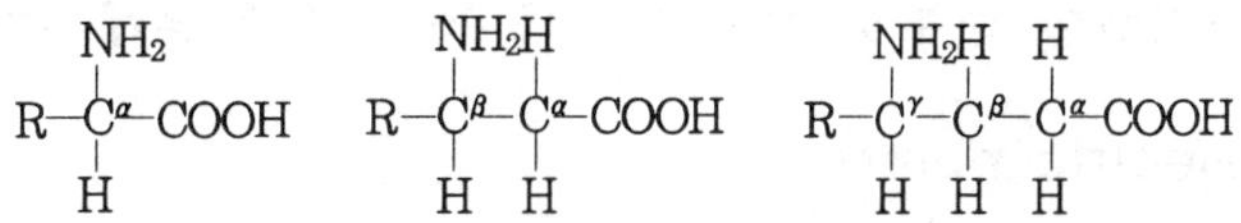

그림 1-28. α-, β-, γ - 아미노산들의 구조

6) 아미노산의 성질

(1) 용해성

일반적으로 묽은 산, 알칼리 및 염류 용액에 녹으며, 아미노산의 종류에 따라 차이가 있으나, 알코올에는 대개 불용성이거나 난용성이다. 그러나, proline 및 hydroxyproline의 경우 알코올에 잘 가용화한다. 일반적으로 아미노산은 ether 등의 유기용매에는 녹지 않는 성질이 있다.

(2) 양성화합물

아미노산은 분자 내에 amino group(-NH_2)과 carboxyl group(-COOH)을 가지고 있기 때문에, carboxyl group(R-COOH)에 의한 산성과 amino group(R-NH_2)에 의한 알칼리성의 두 성질을 동시에 가지고 있다. 또한, 아미노산은 해리되어 분자 내에 (+)와 (-)극의 양성 이온을 가진다.

이와 같이, 산과 알칼리의 두 작용을 가지는 물질 및 양성이온을 갖는 물질을 양성 화합물 또는 양성 전해질이라고 하며, 용액이 되면 그 용액의 pH에 따라 이온상태가 <그림 1-29>와 같이 달라진다.

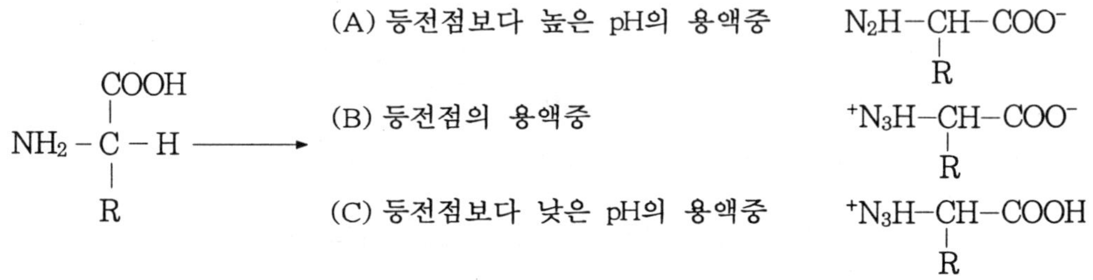

그림 1-29. 아미노산의 전리성

(3) 녹는점

아미노산의 녹는 점은 보통 200℃ 이상으로 다른 유기화합물에 비하여 매우 높은 편이다. 아미노산을 가열하면 대부분 녹기 전이나 녹는 중에 분해된다.

(4) 등전점(isoelectric point)

아미노산은 산성 용액 중에서는 (H^+)이 존재하므로 (+)의 하전을 가지고, 알칼리성 용액 중에서는 (OH^-)가 존재하므로 (-)의 하전을 갖는다. 그러므로, 아미노산의 경우 산성에서는 음극으로, 알칼리성에서는 양극으로 이동하는데, 이 때 용액의 전하가 0(+ = -)일 때, 즉 양극이나 음극으로 이동하지 않을 때의 용액 pH를 등전점이라 한다. 아미노산의 등전점은 염기와 산의 수에 따라 달리 나타난다. 즉, 중성 아미노산의 등전점은 pH 7부근이고, 산성 아미노산은 산성 쪽, 염기성 아미노산은 염기성 쪽에 있다.

아미노산 용해도는 등전점에서 가장 낮고, 이들의 등전점은 <표 1-13>과 같다.

(5) 정색반응

① ninhydrin반응

pH 1~5인 α-아미노산의 수용액에 ninhydrin을 가하고, 가열하면 붉은색 또는 보라색이 생성된다. 아미노산의 종류에 따라 색이 예민하게 나타나므로, 색의 변화를 잘 관찰할 수 있어, 아미노산의 검출과 정량에 널리 이용한다.

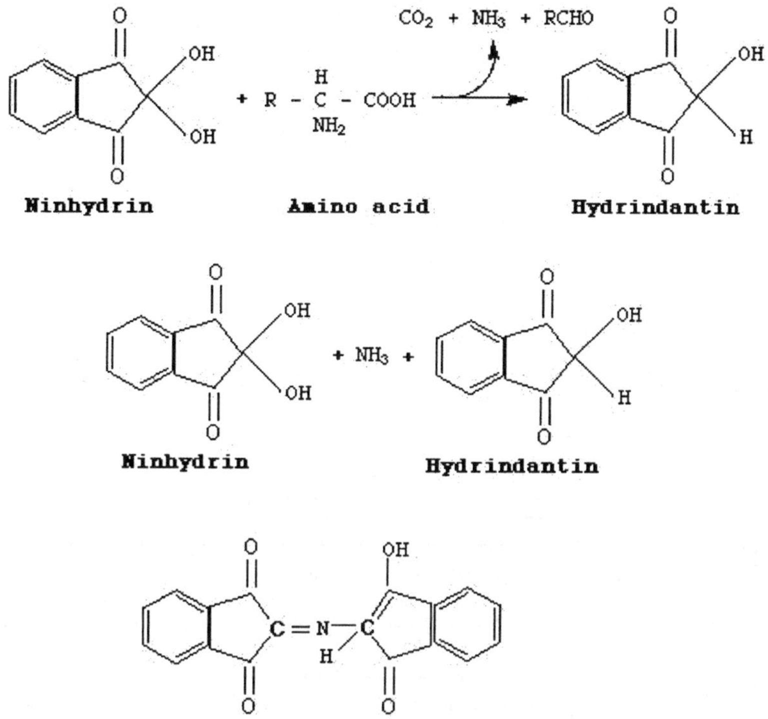

그림 1-30. ninhydrin반응

② 아질산반응

아미노산은 아질산과 반응하면 산화되어 oxyic acid (R-CH(OH)COOH)와 질소가스를 생성한다. 이 반응에서 발생한 질소가스의 부피를 정량하여 아미노산의 양을 측정할 수 있으며, 이 방법을 Van slyke의 아미노태 질소 정량법이라 한다.

③ formaldehyde와의 반응

아미노산용액에 formalin을 가하면 methylene amide유도체를 형성한다. 그런데, 이 유도체는 염기성인 amine의 성질을 상실하고, 산의 성질만 가지게 되므로 알칼리로 중화 적정하여 아미노산을 정량할 수 있다. 이 방법을 formol법이라 한다.

④ 탈탄산반응

아미노산은 세균이 분비하는 탈탄산효소에 의하여 carboxyl기에서 이산화탄소가 유리되고 amine을 생성한다. 생성된 아민 중에는 유독한 것이 많고, 식중독의 원인이 되는 것이 있다. 단백질이 부패하면 악취가 발생하고 독성이 나타나는 원인의 하나가 amine이다.

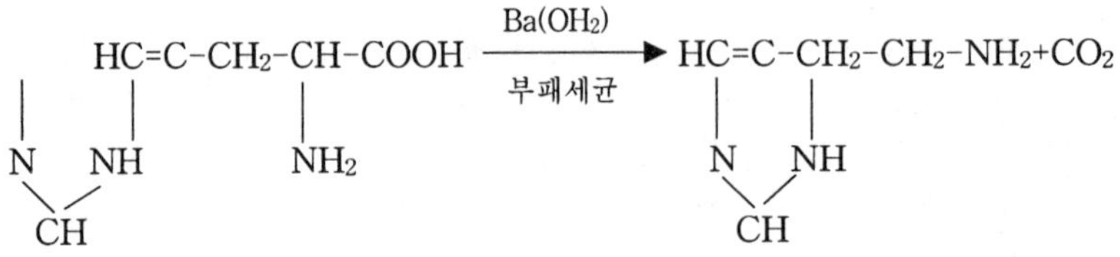

histidine histamine

그림 1-31. 탈탄산 반응

(6) 정미성

일반적으로 단백질은 맛이 없으나 아미노산은 대체로 <표 1-12>와 같은 특유한 맛을 가지고 있다.

표 1-12. 아미노산의 맛

단맛	glycine, alanine, serine, threonine, proline
쓴맛	arginine, methionine, valine, leucine, isoleucine, phenylalanine, histidine, tryptophan
신맛	aspartic acid, glutamic acid, asparagine
지미	glutamic acid

6) 아미노산의 종류

(1) 단백질 구성 아미노산

아미노산의 일반식 (R-(NH_2)COOH) 중에서 R의 화학 구조상의 차이에 따라 지방족 아미노산, 방향족 아미노산 및 환상아미노산 등으로 분류하며, 이것을 <표 1-13>에 나타내었다.

(2) 필수 아미노산(essential amino acid)

단백질을 구성하는 아미노산 중에서 필수 아미노산은 인체 내에서 합성되지 않으나 인체의 단백질 합성에 필수적인 아미노산을 말하며, 반드시, 식품으로부터 공급을 받아야 하므로 매우 중요한 아미노산이다. 그 중 사람에게 필요한 필수 아미노산은 threonine, valine, leucine, isoleucine, lysine, methionine, phenylalanine, tryptophan 등의 8가지이나, 성장기 어린이 및 회복기의 환자에게는 arginine 및 histidine과 같은 아미노산이 2종류가 더 있다.

(3) 제한 아미노산(limiting amino acids)

섭취된 아미노산의 효과는 대체로 섭취된 필수아미노산 중에서 섭취량이 가장 적은 아미노산의 양을 기준으로 하여 정하여진다. 이 때, 그 전체의 효과를 정하여 주는 가장 섭취량이 적은 필수 아미노산을 제한 아미노산이라고 한다.

곡류 단백질의 제한 아미노산은 lysine 및 threonine 등이 있다.

표 1-13. 단백질 구성 아미노산

지방족 아미노산

(1) 중성 아마노산(Neutral amino acid)

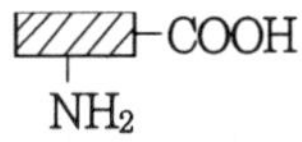

명칭	약호	화학식	등전점(pI)
Glycine	Gly	CH_2-COOH NH_2 (on CH_2)	5.97
Alanine	Ala	$CH_3-CH-COOH$ NH_2 (on CH)	6.00
Valine *	Val	$CH_3-CH-CH-COOH$ CH_3 NH_2	5.96
Leucine *	Leu	$CH_3-CH-CH_2-CH-COOH$ CH_3 NH_2	5.98
Isoleucine *	Ile	$C_2H_5-CH-CH-COOH$ CH_3 NH_2	6.02

(2) hydroxy 아미노산

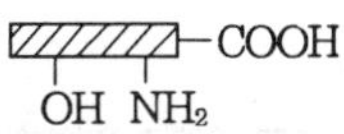

명칭	약호	화학식	등전점(pI)
Serine	Ser	$CH_2-CH-COOH$ CH NH_2	5.68
Threonine *	Thr	$CH_3-CH-CH-COOH$ OH NH_2	6.16

(3) 함황 아미노산

명칭	약호	화학식	등전점(pI)
Cysteine	Cys	$HS-CH_2-CH(NH_2)-COOH$	5.07
Cystine	Cys-Cys	$S-CH_2-CH(NH_2)-COOH$ $S-CH_2-CH(NH_2)-COOH$	4.60
Methionine *	Met	$CH_3-S-(CH_2)_2-CH(NH_2)-COOH$	5.74

(4) 산성 아미노산 및 아미드

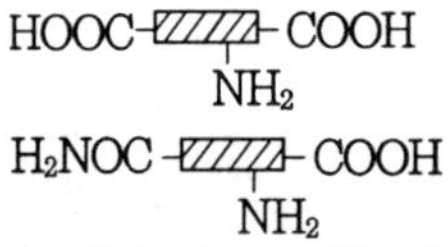

명칭	약호	화학식	등전점(pI)
Aspartic acid	Asp	$HOOC-CH_2-CH(NH_2)-COOH$	2.77
Glutamic acid	Glu	$HOOC-(CH_2)_2-CH(NH_2)-COOH$	3.22
Asparagine	Asn	$H_2NOC-CH_2-CH(NH_2)-COOH$	5.41
Glutamine	Gln	$H_2NOC-(CH_2)_2-CH(NH_2)-COOH$	5.65

(5) 염기성 아미노산(일반적으로 염기성 아미노산에는 His도 포함됨)

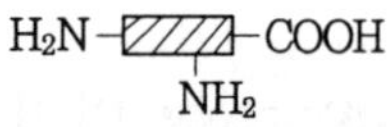

명칭	약호	화학식	등전점(pI)
Lysine *	Lys	$H_2N-(CH_2)_4-CH(NH_2)-COOH$	9.74
Arginine	Arg	$(H_2N)(HN=)C-NH-(CH_2)_3-CH(NH_2)-COOH$	10.75

환상 아미노산

(1) 방향족 아미노산

명칭	약호	화학식	등전점(pI)
Phenylalanine *	Phe	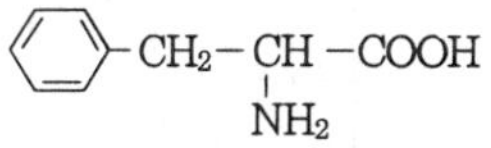	5.48
Tyrosine	Tyr	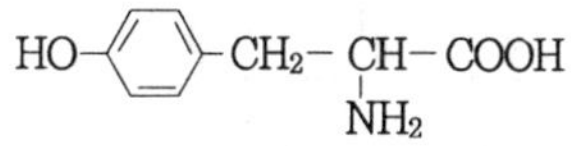	5.66
Tryptophan *	Trp	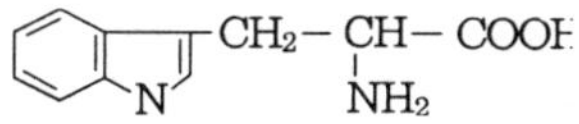	5.89
Histidine	His	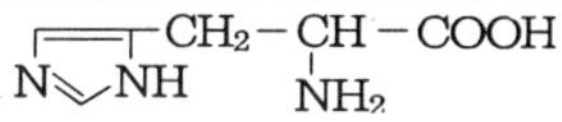	7.59

(2) 이미노산

명칭	약호	화학식	등전점(pI)
Proline	Pro	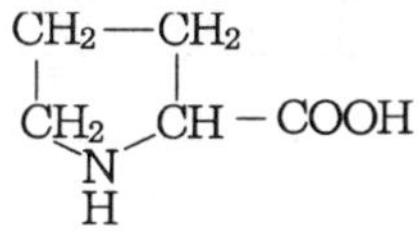	6.30
Hydroxyproline	Hyp	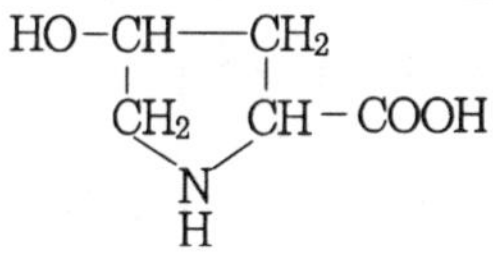	5.83

주) *는 필수 아미노산을 의미함.

5. 무기질

무기질은 식품을 구성하고 있는 주요한 유기물의 구성원소인 탄소, 수소, 질소 및 산소를 제외한 모든 원소를 말하며, 약 100가지 정도가 된다. 즉, 식품을 550~600℃에서 태우고 남은 재부분이 회분(ash)이며, 일반적으로, 이 성분을 무기질이라고 한다. 이러한 원소는 대부분 무기염의 형태로 식품 중에 존재하고, 단백질의 황 및 인과 엽록소의 마그네슘, 혈색소의 철처럼 유기물과 결합한 유기태로 존재하는 것도 있다. 식품 및 인체의 구성성분으로 중요한 무기질은 약 20여종에 이른다.

표 1-14. 식품 중의 무기질 조성(단위 : mg/100g 무기질)

무기성분	우유	쌀	소고기	시금치	무
Ca	21.5	4.0	2.9	12.1	22.4
P	16.9	58.0	40.8	10.2	8.2
K	26.0	28.0	36.9	17.2	34.7
Na	9.3	2.0	9.7	36.3	14.3
Mg	2.2	8.0	2.9	6.4	6.1
Fe	0.4	-	1.5	2.5	-
S	4.4				
Cl	19.3				

표 1-15. 인체의 무기질 조성

무기성분	함량(%)	무기성분	함량(%)	무기성분	함량(%)
Ca	1.5	Na	0.15	Cu	0.0002
P	1.0	Cl	0.15	Mn	0.0003
K	0.35	Mg	0.05	I	0.00004
S	0.25	Fe	0.004		

1) 생체 내에서 무기질의 기능

(1) 체내 조직의 pH 및 삼투압 조절

무기염류는 체액 중에서 이온으로 존재하여 혈액 중의 단백질 및 무기질이 완충작용을 받게 되어 혈액의 pH가 7.3~7.5로 유지되어 있다. 이 혈액의 완충작용은 주로 나트륨이온(Na^+), 칼륨이온(K^+), 탄산염(CO_3^{2-}), 인산염(PO_4^-)에 의하여 일어난다. 생체 내의 유기물 및 염류의 농도가 반투막을 사이에 두고 부분적으로 다르면 농도가 낮은 부분에서 높은 부분으로 수분이 이동하게 되어 삼투압을 나타내는데, 생체세포가 삼투압을 나타내는 것은 단백질 등의 유기물에 기인하기도 하나, 무기질 때문에 일어나기도 한다. 따라서 세포 중의 액체의 이동은 염류농도 차이에서 오는 삼투압 때문이다.

(2) 체성분 구성 및 대사생리에 역할

무기성분 중 인과 같이 세포 핵의 성분인 핵단백질 및 lecithin과 같은 체성분을 구성할 뿐 만이 아니라, ATP 등과 같이 대사에 관여하는 물질의 성분을 이루는 것도 있다. 또한, K^+· Mg^{2+}· Mn^{2+}· Zn^{2+}· Ca^{2+}· Cu^{2+}· Mo^{2+}와 같이 효소의 성분이 되거나 또는 그 작용을 촉진하는 것도 있다.

(3) 체조직의 경도 강화

무기성분 중에는 난용성 염의 형태로서 뼈, 이와 같은 조직을 단단하게 한다. 뼈의 무기성분으로 중요한 것은 apatite($Ca_5(PO_4)_2$)이고, 이 성분 외에 Mg, Si, F 등도 미량 들어 있다.

2) 식품 중의 무기질 함량

식품 중에 존재하는 무기질은 일반적으로 무기염류의 형태로 존재하며, 때로는 유기화합물인 단백질, 지방, 당질 등과 결합하여 존재하는 경우도 있다. 가축, 어패류 등과 같은 동물체 내에서는 그 부위에 따라 무기질의 함량과 형태가 매우 다르다.

동물체 중의 무기질은 주로 뼈에 가장 많이 들어 있으며, 그 함량은 전 회분량 중의 80%이상이나 된다. 중요한 것은 칼슘(Ca), 인(P) 및 마그네슘(Mg)인데, 주로 apatite의 형태로 존재한다. 혈액 중에는 헤모글로빈의 구성성분인 철(Fe)이, 근육 중에는 단백질의 구성성분인 황(S)이, 핵단백질 중의 핵산(nucleic acid)에는 인(P)이 존재한다.

채소, 과일 및 곡류 등의 식물성 식품의 무기질은 생육, 토양, 기후 및 비료 등의 생육환경에 따라 다소 차이가 있다. 칼륨(K)은 잎채소, 뿌리채소, 과일 등에 많이 들어 있고, 마그네슘(Mg)은 엽록소의 중요 구성성분으로 씨앗, 곡식, 푸른 잎 채소에 많이 들어 있으며, 칼슘(Ca)은 잎과 줄기에, 철(Fe)은 푸른 잎에 많이 들어 있다.

3) 무기질 함량에 따른 식품의 분류

(1) 식품의 산도 및 알칼리도

식품의 산도 및 알칼리도는 식품 100 g을 연소하여 얻은 회분을 중화하는데 소요되는 0.1N 산(HCl) 또는 알칼리(NaOH)의 mL수로써 표시한 값이다. 보통 식품의 산도 및 알칼리도는 <표 1-16>과 같다.

표 1-16. 식품의 산도 및 알칼리도

산성 식품	산도(mL)	알칼리성 식품	알칼리도(mL)
육고기류	10~20	해 조 류	10~20
어 류	10~20	과 실 류	5~10
곡 류	5~10	채 소 류	5~12
두 류	1~ 3	버 섯 류	5~ 7

(2) 알칼리성 식품

알칼리성 식품은 체내에서 분해되어 생성된 양이온(Na^{+}, K^{+}, Ca^{++}, Mg^{++}, Fe^{++})에 의해 사람의 체액을 알칼리로 변화시키는 식품이다. 양이온을 다량 함유하고 있는 과일, 야채, 해조류 및 우유 등이 여기에 해당한다.

(3) 산성 식품

산성 식품은 체내에서 분해되어 생성된 음이온 (PO_4^{2-}, SO_4^{2-}, Cl^{-})에 의해 사람의 체액을 산성으로 변화시키는 식품이다. 음이온을 다량 함유하고 있는 곡류, 어류 및 육류 등이 여기에 해당한다.

(4) 무기성분의 종류

주요 무기성분의 종류 및 특성을 간략히 나타내면 <표 1-17>과 같다.

표 1-17. 무기질의 생리작용과 결핍증

원소	필요량(/일)	생리작용	분포
K	4 g	세포내액의 삼투압, pH 조절, 신경근육의 흥분성 유지, Na이온의 배출	곡류, 야채류
Na	5 g	세포외액의 수분 평형, 삼투압조절, 완충작용	동식물계에 널리 분포
Ca	0.6～10 g	뼈, 치아형성, 신경계의 흥분억제, 근수축, 막투과성 조절, 혈액응고	뼈, 우유, 해조류
Mg	0.2～0.7g	뼈, 치아형성, 신경근육의 기능억제, 대사조절, 효소 활성화	곡류, 서류
Fe	10 mg	hemoglobin구성성분, catalase 등의 활성화	야채류, 동물 간
Cu	2.5 mg	hemoglobin형성시에 철의 흡수 이용에 필요, hemocyanin구성성분	야채류, 동물 간
Co	0.1 mg	비타민 B_{12}의 구성성분으로서 조혈작용, 적혈구 생성에 관여	야채류, 동물 간
Mn	4 mg	phosphatase, dicarboxylase 등의 효소 활성화, 지방산 합성 반응의 활성화	야채류, 두류
Zn	15 mg	insulin 구성성분, dicarboxylase의 활성화	곡류, 야채류
Cl	7 g	위액의 염산성분으로서 trypsin의 활성화	식염으로 첨가
P	0.6～09 g	뼈, 치아성분, 신경자극의 전달, ATP, 핵산, 인지질의 구성성분	뼈, 우유, 계란, 육류, 야채류
S		함황아미노산, 비타민 B_1, H의 구성성분	육류, 어패류
I	0.1～0.3 mg	갑상선 호르몬의 구성 성분으로서 기초 대사를 촉진	해조류
F		치아의 에나멜질을 강화	해조류

6. 비타민(vitamin)

1) 정 의

비타민을 한마디로 정의하기는 곤란하나 반드시 정의하여야 한다면 다음과 같은 요건을 충족하는 물질이어야 한다.

- 미량이어야 한다.
- 현저하게 영양을 지배하는 유기화합물이어야 한다.
- 체내에서 생성하지 못하여 일부를 제외하고는 반드시 외부로부터 섭취하여야 한다.

여기에서 현저하게 영양을 지배하는 요인으로는 당질, 지질 및 단백질이 있고, 이 성분들은 다량 섭취하여야 효과가 있다. 그리고 철, 칼슘 및 요오드 등은 미량으로 현저하게 영양을 지배하는 요인에 해당하나, 이 성분들은 유기화합물이 아니고 무기질이어서 여기에 해당되지 않는다. 특히 호르몬의 경우 미량으로 현저하게 영양을 지배하는 유기화합물이나 체내에서 생합성되므로 외부로부터 섭취하여야 한다는 대목과 상치된다.

표 1-18. 지용성 및 수용성 비타민의 일반적 성질

지용성 비타민	수용성 비타민
유지와 유기용매에 가용	물에 가용
섭취량이 과다하면 배설되지 않고 체내에 저장	섭취량이 과다하면 체내에 축적되지 않고 배설
결핍증세는 완만히 나타남	결핍증세는 신속히 나타남
매일 공급할 필요 없음	매일 공급되어야 함
전구체 있음	전구체가 없음
구성원소는 탄소, 수소 및 산소임	구성원소는 탄소, 수소, 산소 및 질소이고, 어떤 것은 코발트, 유황을 함유함
비타민 A, D, E, K 등이 속함	비타민 B군 및 C 등이 속함

2) 비타민의 기능

비타민은 일반적으로 생체 내에서 성장촉진 작용, 소화기관의 정상적인 작용, 신경의 안정성 유지, 조효소로서 체내 대사작용 조절, 전염성 질병에 대한 저항성과 같은 작용을 한다.

표 1-19. 지용성 비타민의 종류 및 특성

종류	기능	결핍증	급원식품
A	눈 망막 세포의 성분이고, 상피조직의 보호 기능을 하며, 감염 및 암의 예방 효과	야맹증, 식욕 감퇴, 성장 정지, 면역성 저하, 각막 건조증	동물성 식품, 간, 계란 노른자, 치즈, 버터, 우유
Pro A	체내에서 비타민 A로 전환하여 비타민 A와 같은 기능	비타민 A와 같은 결핍증	녹황색 채소, 당근, 호박, 고추
D	칼슘의 흡수 촉진, 자외선에 의해 피부에서 합성	구루병, 골연화증	간, 계란 노른자, 버섯, 강화식품
E	항산화작용, 동물의 성장에 관여	빈혈	식물성 기름, 맥아, 견과류 등
K	혈액 응고, 성인은 장내세균에 의해 합성 가능	혈액 응고 지연	녹색채소, 우유, 육류, 계란

표 1-20. 수용성 비타민의 종류 및 특성

종류		기능	결핍증	급원식품
B군	Thiamin(B_1)	탄수화물 대사에 조효소로 작용	각기병, 신경계와 심장혈관의 이상	미도정의 곡류, 육류, 콩류, 견과류, 생선류
	Riboflavin(B_2)	탄수화물, 단백질, 지방대사에 필요한 조효소의 성분	구각염, 설염, 구순증	우유, 치즈, 계란, 육류
	Niacin	여러 대사과정에 관여하는 조효소의 성분, tryptophan 60 mg이 niacin 1 mg으로 전환	피부염, 설사, 치매 등	간, 육류, 콩류, 채소류, 우유
C	Ascorbic acid	콜라겐의 합성에 관여, 항산화 작용, 철의 흡수 촉진	괴혈병	감귤, 레몬, 딸기, 토마토 등

3) 비타민의 종류

비타민의 분류는 일반적으로 그 용해성에 따라 수용성 비타민과 지용성 비타민으로 나누어지고, 개략적인 차이는 <표 1-18>에, 지용성 비타민의 종류 및 특성은 <표 1-19>에, 그리고 수용성 비타민의 종류 및 특성은 <표 1-20>에 각각 나타내었다.

4) 관련 용어

(1) provitamin

provitamine은 비타민과 관련된 물질이나 체내에 흡수되어 활성으로 변하여야 만이 비타민의 역할을 하는 물질을 말한다. 즉, 동물체 내에서 비타민으로 전환될 수 있는 물질을 말한다.

carotene은 소장벽에서 vitamin A로 전환하고, cholesterol은 피부로 가서 7-dehydrocholesterol이 되며, 이것이 자외선에 의해서 피하(皮下)에서 비타민 D_3로 전환된다.

tryptophan은 간장 내에서 niacin으로 전환된다.

(2) antivitamin

antivitamin은 비타민의 역할을 방해하는 물질로서 화학적으로 비타민과 관련되어 있는 것이 보통이나 그렇지 않은 것도 있다. antivitamin은 효소로서의 역할을 하지 않은 것은 물론이고, 화학변화를 계속시킬 적당한 물질로 대치되지도 않는다. pyrithiamine의 경우 비타민 B_1의 antivitamin이다.

(3) Avitaminosis

avitaminosis는 vitamin 결핍증을 의미한다.

식품에는 수분, 지질, 단백질, 탄수화물 및 무기질 등과 같이 영양에 반드시 필요한 일반성분 외에도 동식물체 내의 신진대사를 정상적으로 유지하는 데에 필수 불가결한 효소와 더불어 소비자들의 기호를 자극하는 색채, 향기 및 맛을 내는 특수성분도 있다.

7. 색소(color)

모든 과실류, 채소류 및 육류 등과 같은 자연식품에는 각각 고유의 색소에 의하여 특유한 색깔을 갖게 하고, 식품에서 이 고유의 색은 다음과 같은 역할을 한다.

- 사람들에게 구매 및 섭취하고자 하는 의욕을 갖게 한다.
- 가공 및 저장 중 품질지표 성분이 된다.

따라서 가공업자의 경우 가능한 천연의 색을 유지하는 것이 바람직한 가공방법의 하나로 볼 수 있다. 이로 인해, 실제 축육가공품의 제조시에 축육 자체의 선홍색을 유지하기 위하여 색소 고정제로 질산염 및 아질산염을 첨가하기도 한다.

1) 식품에서 색소의 의의

식품에서 색소는 관능적 욕구를 야기하는 중요한 성분으로, 영양적 중요성이 결여된 성분이나 신선도를 판정하는 아주 중요한 성분이다.

2) 분류

표 1-21. 식품 색소의 분류

분류 근거		색소	소재
재료에 의한 분류	식물성	chlorophyll	채소류의 특유한 푸른 색
		carotenoid	감귤류, 고추, 토마토 및 당근 색소의 주성분
		flavonoid	감귤류, 양파, 곡류에 존재
		anthocyanin	딸기류, 사과, 복숭아, 포도 등의 주요 색소
		tannin	무색이나 쉽게 산화 및 중화되어 흑갈색의 중합체 형성
	동물성	myoglobin	근육
		hemoglobin	혈액
용해성에 의한 분류	지용성	chlorophyll, carotenoid	
	수용성	flavonoid, anthocyanin, tannin	

3) chlorophyll

chlorophyll은 4개의 pyrole ring이 methin기 (-CH=)로 연결된 tetra pyrole환 형태의 porphyrin으로 중심부위에 Mg원자가 결합되어 있으며, 청록색의 chlorophyll a와 황록색의 chlorophyll b로 구성되어 있다.

구조식의 R이 chlorophyll a는 CH_3로, chlorophyll b는 CHO로 이루어져 있다. chlorophyll a와 chlorophyll b의 비는 육상식물이 약 3:1이고, 해조류는 녹조류가 1.3:1, 갈조류가 19:1이다.

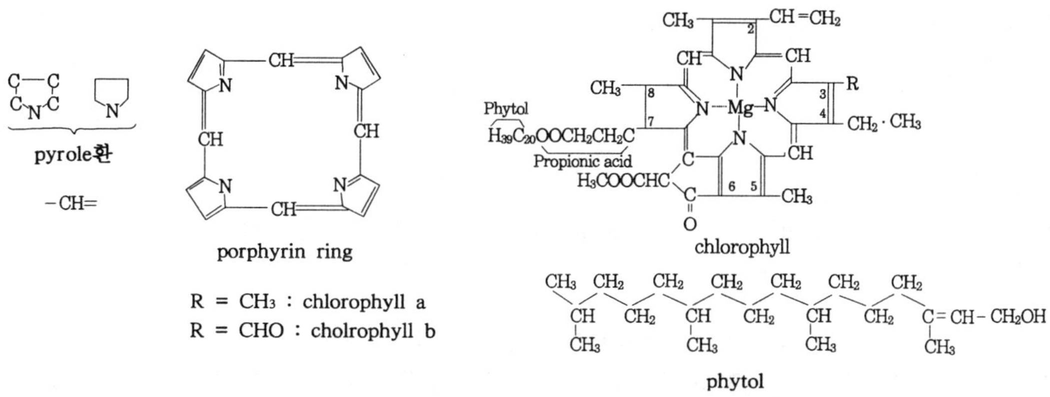

그림 1-32. porphyrin 및 chlorophyll의 구조

4) carotenoid계 색소

carotenoid는 당근(carrot)에서 얻어졌다 하여 이렇게 불리는 색소로 오렌지색, 황색, 적황색을 나타내는 지용성 색소이다.

carotenoid는 ionone핵과 여러 개의 이중 결합을 가지고 있는 색소로, isoprene의 축합체인 carotene류와 -OH, =CO 등을 갖는 carotene의 유도체인 xanthophyll류로 나눈다.

(1) carotenoid류

carotene류는 α-, β-, γ-carotene 및 lycopene으로 구성되어 있다.

· α-carotene : β-, γ-carotene과 함께 당근, 살구, 찻잎, 고추 등에 함유되어 있다.

· β-carotene : 빨간색 색소도 당근, 고추, 귤, 콩, 고구마, 호박, 시금치 등에 많이 함유되어 있다.

· γ-carotene : 당근, 살구, 감귤류 등의 채소류와 과실류에 널리 분포되어 있으며, 빨간색 색소인 lycopene은 수박, 감자, 토마토, 감, 앵두 등에 들어 있다.

(2) xanthophyll류

xanthophyll류는 노란 옥수수, 오렌지 껍질, 감잎, 달걀 등에 들어 있는 황색색소이다.

· cryptoxanthin, 밀, 고추, 오이, 일부 채소류의 녹엽, 달걀 등에 널리 분포되어 있는 황색색소인 lutein, 옥수수, 감, 고추, 달걀 등에 들어 있는 황색색소인 zeaxanthin, 버섯류, 해조류, 송어, 새우 등에 널리 분포되어 있는 적색색소인 canthaxanthin, 바닷가재, 새우, 연어 송어, 게 등에 들어 있는 astaxanthin, 대개의 화초류에 함유되어 있는 taraxanthin, 고추 및 과실의 껍질에 들어 있는 capsanthin, 또는 해조류에 들어 있는 fucoxanthin 등이 있다.

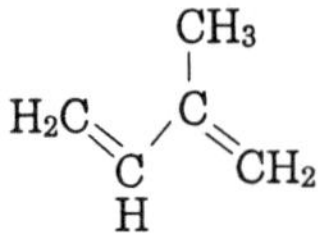

isoprene

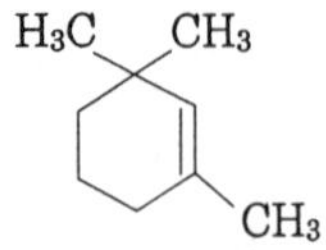

β-ionone핵

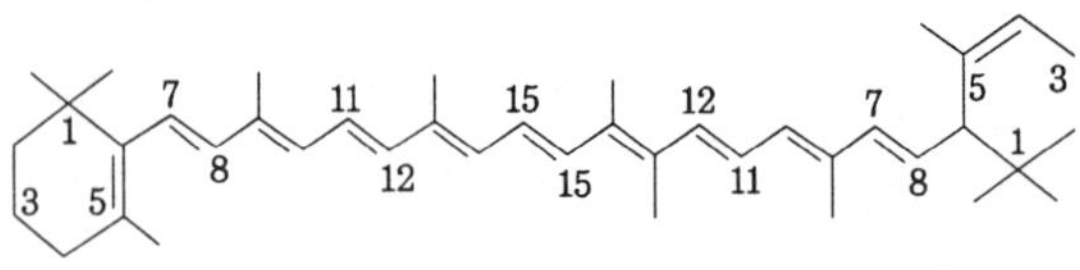

그림 1-33. isoprene과 carotenoid의 일반식

표 1-22. carotene류 및 xanthophyll류의 구조

색	소	구 조	분 포
carotene류	α-carotene	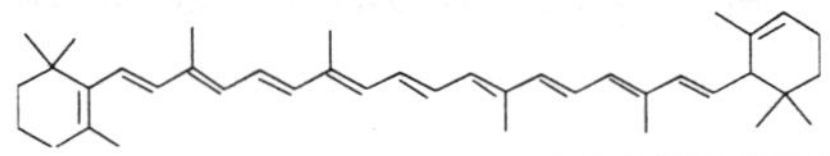	당근, 찻잎 고추 등
	β-carotene	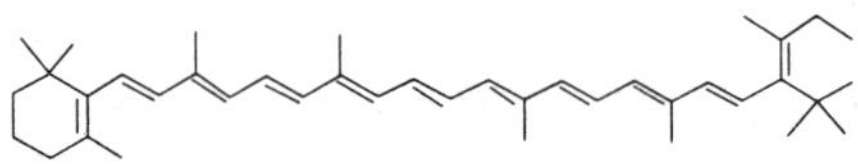	당근, 고추 귤, 콩 고구마, 호박
	γ-carotene	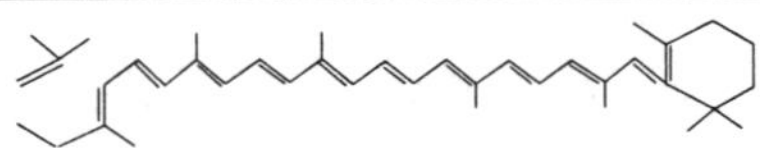	당근, 살구 밀감 등
	lycopene	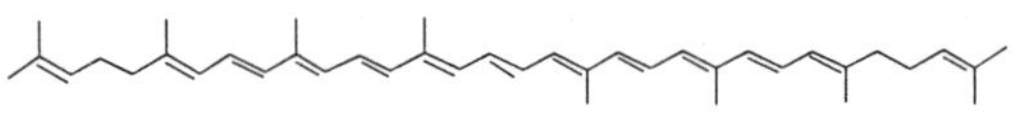	수박, 감자 토마토, 감
xanthophyll류	capsanthin	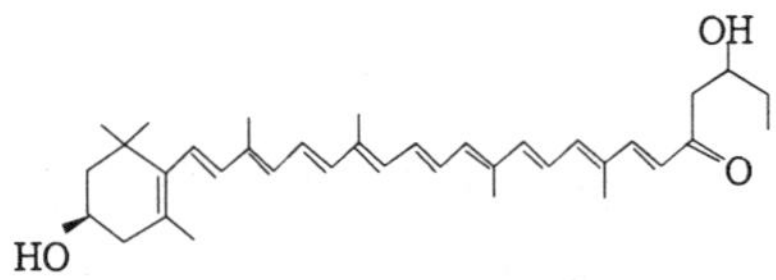 	고추
	cryptoxanthin	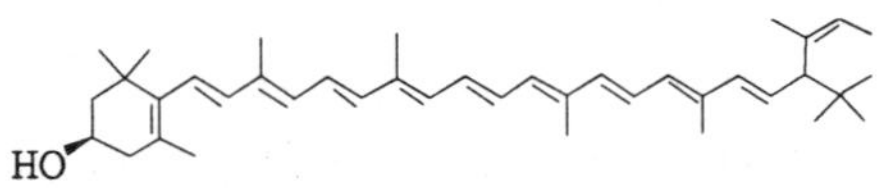 	옥수수 오렌지 껍질 감잎
	lutein	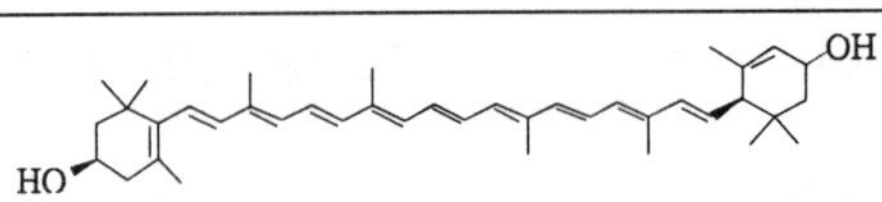 	고추, 오이 달걀
	zeaxanthin	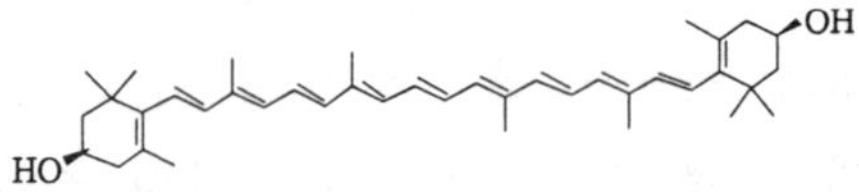 	감, 고추
	astaxanthin	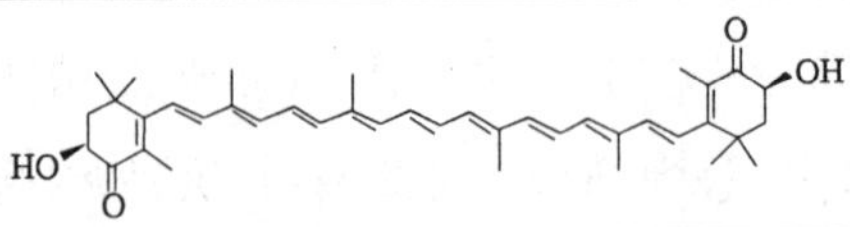 	새우, 게

5) flavonoid계 색소

flavonoid계 색소는 식물계에 널리 존재하는 황색색소로 화황소(花黃素)로도 불리우며, 밀감이나 연한 색의 채소 등에 유리상태 또는 배당체 형태로 존재한다. flavonoid는 flavone 및 이의 유도체로 다섯 종류의 기본형을 가진다.

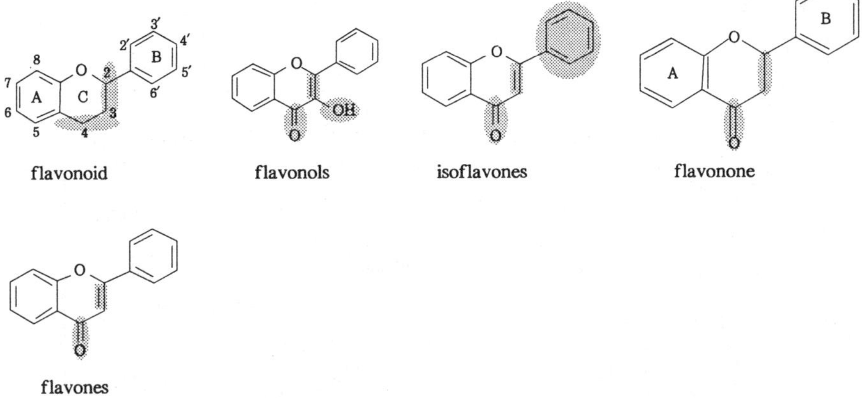

그림 1-34. flavonoid의 기본 구조 및 flavone의 유도체

표 1-23. 식품 중의 flavonoid계 색소

종류	색소명	소재
pelargonidin 배당체	fragarin (적색)	양딸기
cyanidin 배당체	cyanin, shisonin (적색)	자소
	keracyanin (농적색)	버찌
	chrysanthemin (암적색)	흑두, 뽕나무 열매
delphinidin 배당체	nasnin (정자색)	가지
	hyasin (청색)	가지
malvinidin 배당체	oenin (적자색)	포도껍질
	negletin (적색)	자주감자 껍질

6) anthocyan계 색소

과실이나 꽃은 일반적으로 anthocyan계 색소이고, 화청소(花青素)라고도 한다. 이와 같은 anthocyan계 색소는 식물체의 세포액에 용해되어 있는 수용성 색소이며, 배당체로 존재한다. anthocyanin은 영양가는 없으나 식품의 빛깔을 아름답게 하여 식욕을 돋구는데 도움을 준다. 기본구조는 <그림 1-35>에 나타낸 바와 같이, B핵에 붙는 치환기에 따라 4가지로 구별된다.

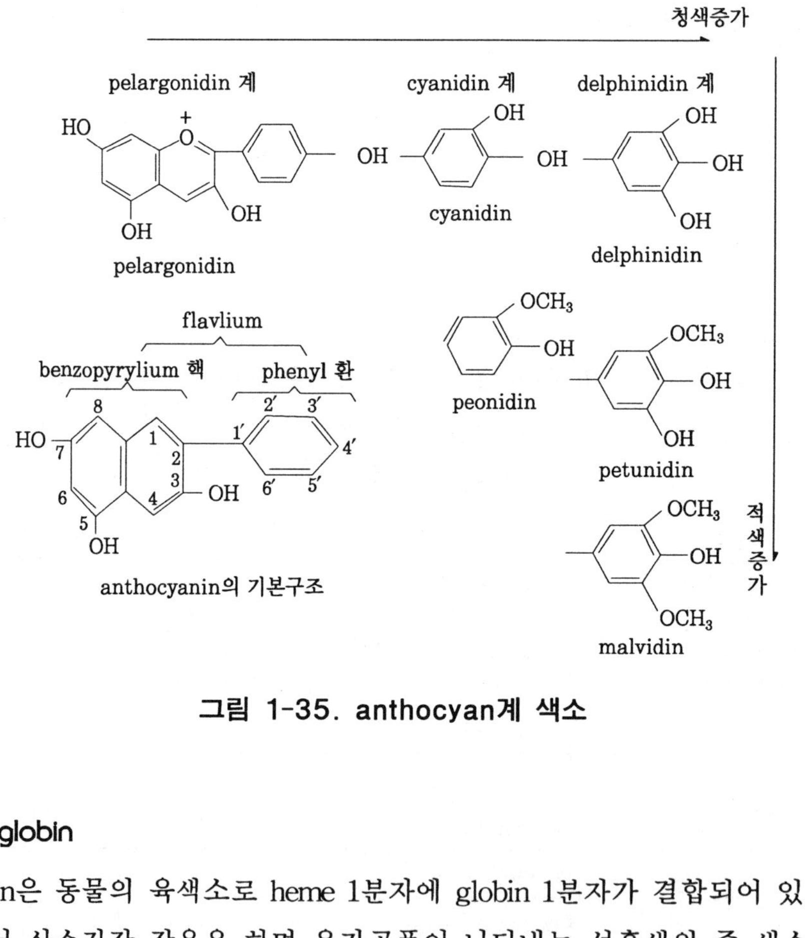

그림 1-35. anthocyan계 색소

7) myoglobin

myoglobin은 동물의 육색소로 heme 1분자에 globin 1분자가 결합되어 있는 형태로 생체 내에서 산소저장 작용을 하며 육가공품이 나타내는 선홍색의 주 색소이다.

8) hemoglobin

hemoglobin은 동물의 혈액색소로 heme 4분자에 globin 1분자가 결합되어 있는 형태로 생체 내에서 산소 운반 작용을 한다. hemoglobin의 철함량은 0.34%이다. 일반적으로 동물생체 내에서 myoglobin과 hemoglobin의 구성비율은 5:95이나, 육가공품에서 이들의 비율은 95:5로 역전되어 있다. 이러한 이유는 육을 이용하기 위하여 반드시 처리하는 방혈공정 때문이다.

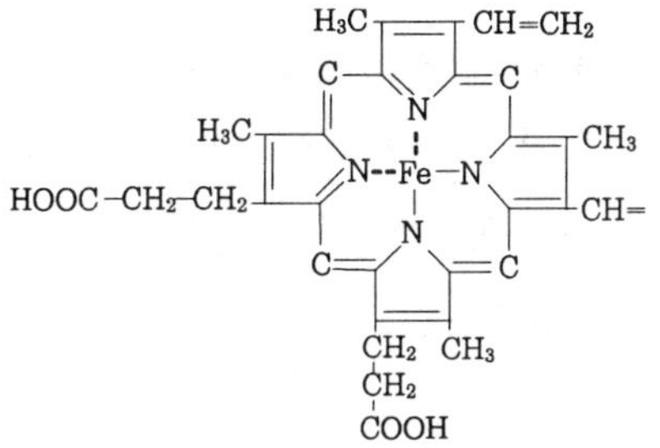

heme(ferroprotoporphyrin)

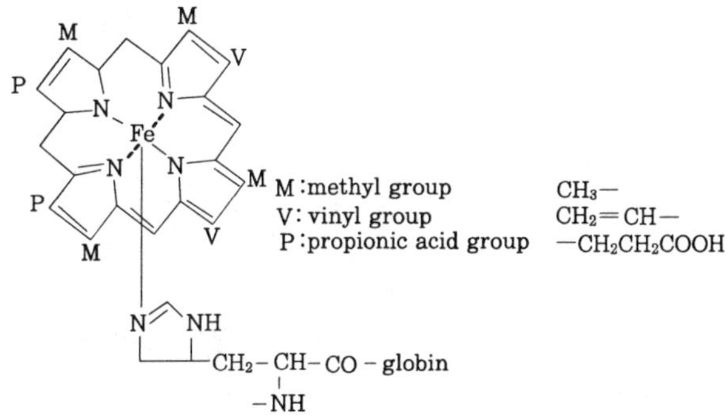

그림 1-36. myoglobin의 구조

8. 효소(enzyme)

효소는 동, 식물, 미생물의 생활세포에 의하여 생산되는 물질로 극미량으로 복잡한 화학반응을 촉진시키거나 지연시키는 촉매작용을 가지며, 세포조직에서 분리하여도 그 작용을 상실하지 않는 고분자의 유기화합물을 말한다.

1) 효소의 일반적 특성

(1) 기질 특이성

효소 (E)는 기질(S, 효소 반응에서 작용을 받는 물질)과 결합하여 효소-기질 복합체 (ES)를 형성하고, 이것이 분해하여 새로운 물질(P)을 만든다. 즉, E+S=ES --- E + P와 같은 반응을 나타낸다. 이 때, 효소는 특정한 물질에만 작용을 하는 기질 특이성을 갖는다.

(2) 기질 농도

효소 농도가 일정할 경우 기질 농도가 낮으면 반응 속도는 기질 농도에 정비례한다. 하지만, 기질농도가 어느 범위를 넘으면 기질농도에 정비례하지 않고 일정하게 된다. 기질농도가 일정한 경우 초기에는 효소농도에 정비례하여 반응속도가 증가되지만, 반응이 어느 정도 진행되면 반응 생성물에 의해 효소가 저해를 받아 정비례하지 않는다. 따라서 최대 효소반응속도를 유지하기 위하여는 효소농도와 기질농도를 조절하여 주는 것이 매우 중요하다.

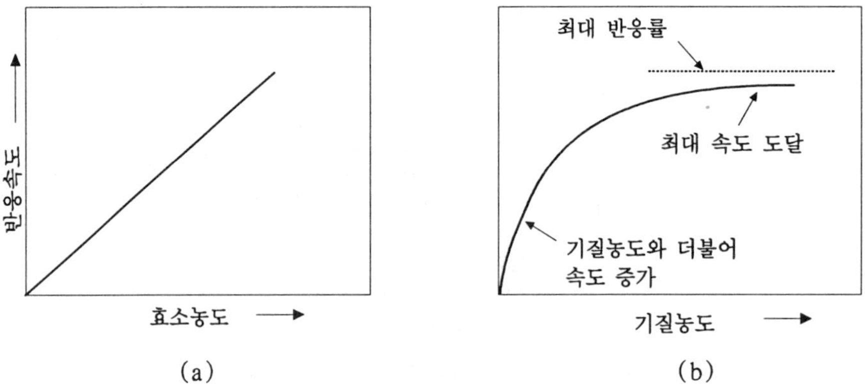

그림 1-37. 효소 및 기질농도와 반응속도와의 관계

(3) 온 도

화학반응이 온도의 영향을 받듯이, 효소반응도 온도의 영향을 받는다. 그 관계는 <그림 1-38>과 같은 형의 곡선으로 된다. 0℃에서 효소의 반응속도는 0에 가까우나 계속 온도를 상승시키면 반응속도도 증가하여 최대값에 도달한다. 그러나 온도를 그 이상 상승시키는 경우 반응속도는 급격히 저하하기 시작하여 거의 0으로 된다. 반응속도가 최대로 되는 온도를 최적온도(optimum temperature)라고 한다. 효소는 단백질이므로 온도 상승에 따른 열변성이 일어나 활성을 가진 효소농도가 감소하여 반응속도가 적게 된다. 더욱이 온도가 상승하면 효소는 열변성하여 완전히 실활한다. amylase의 최적온도는 60℃이나, 이것은 예외이고, 일반적인 효소의 최적온도는 30~40℃이다.

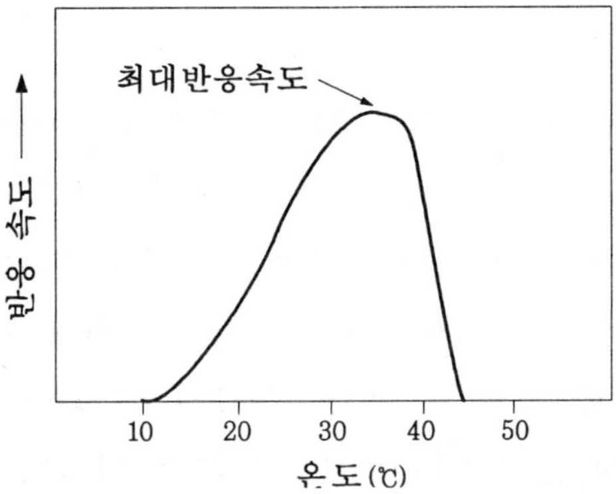

그림 1-38. 반응온도에 따른 효소의 반응속도

(4) pH

효소용액의 pH도 효소활성에 현저하게 영향을 미친다. 강산 및 강염기에서는 효소가 변성하여 그 활성을 잃는다. 효소활성과 pH와의 관계는 <그림 1-39>와 같다. 대부분의 효소는 미미한 정도의 pH변화에서도 활성이 현저하게 변화한다. 이러한 현상은 효소 표면의 amino group이나 carboxyl group의 이온화 정도가 pH에 의하여 변화하기 때문이다. 즉, 만약 효소-기질 복합 중간체를 형성하기 위하여 효소의 활성부위에 그림과 같이 NH^{+}· COO^{-} group이 1개씩 필요하다고 가정하면 이 NH^{+}· COO^{-}기의 한쪽 또는 양쪽이 하전하지 않은 효소분자는 촉매능력을 잃는다고 생각된다. 또한 이와 같은 group 이외에도 다른 group의 이온화 정도가 변하여도 구조에 변화가 일어나 그것이 NH^{+}· COO^{-} group에 이온화의 정도에 영향하여, 그 결과 활성에 변화가 일어난다. 즉, 효소의 활성은 반응 용액 중의 pH변화에 대하여 민감하게 반응한다. 이와같은 현상은 기질에 대하여도 일어난다. 일정 pH에서 반응속도가 최대일 때 이 pH를 최적 pH라고 한다.

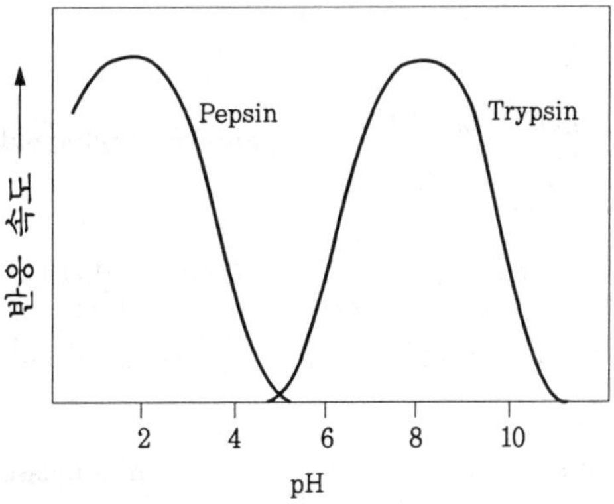

그림 1-39. 효소의 반응속도와 pH와의 관계

(5) 효소활성 저해

효소는 여러 가지 조건에서 활성이 저해된다. 효소는 단백질이므로 가열, 강산 및 강알칼리, 알코올 첨가 등에 의하여 효소가 변성되어 활성을 잃게 된다. 이와같이 일반적인 효소작용의 저해 이외에 특이적으로 저해하는 경우가 있는데, 그 하나는 길항적 저해(competitive inhibitor)이고, 나머지 하나는 비길항적 저해(competitive inhibitor)이다.

길항적 저해의 경우 기질과 구조가 유사한 물질이 존재하면 효소의 활성 부위에 기질과 길항하여 효소의 반응을 저해하는 것을 말하고, 이 화합물을 길항적 저해제라고 한다. 이때 기질의 농도를 높여주면 효소의 활성이 회복된다.

비길항적 저해의 경우 저해제가 효소의 활성부위나 다른 중요 부위에 길항되어 저해를 일으키는 경우에 기질의 농도를 증가시켜 주어도 회복되지 않는 경우이다. 이러한 저해제로는 Ag^{+}, Hg^{++}, Pb^{+++}와 같은 중금속이온이나 황화물, 계면활성제 등과 같은 물질이 있으며, 단백질을 변성시키는 물질들도 여기에 해당된다.

2) 식품공업 관련 효소

(1) 탄수화물 관련 효소

전분을 가수분해하는 효소를 총칭하여 amylase라고 한다. 이들은 비환원 말단으로부터 특정 수의 glucose를 절단하는 exo형과 거의 무작위적으로 분해하는 endo형이 있다.

① α-amylase

전분, glycogen 등과 같은 다당류의 α-1,4결합을 무작위적으로 절단하는 endo형이다. 그러나, α-1,6 결합 및 그 결합의 근처에는 작용하지 못한다. 따라서, α-amylase의 경우 α-1,4결합과 α-1,6결합이 혼재하여 있는 amylopectin에 작용하는 경우 α-1,6결합 및 이 결합 근처에는 작용을 하지 못한다.

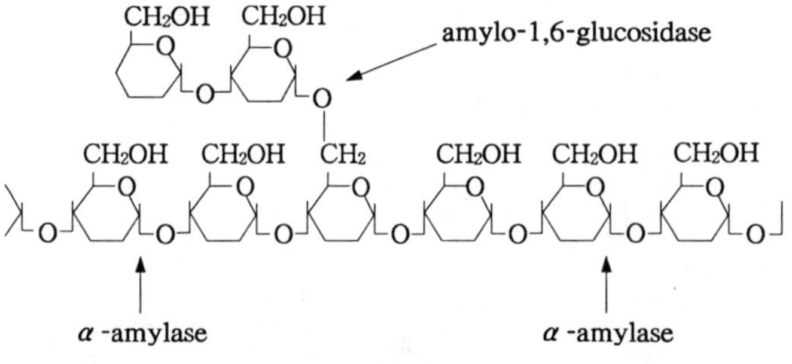

그림 1-40. α-amylase의 작용 부위

이와같이, α-amylase가 작용하지 못하고 남은 부분을 α-amylase 한계 dextrin이라고 한다. 이와 같은 α- amylase는 전분을 가수분해하여 물엿 또는 결정 포도당을 만들 때에 주로 사용한다. *Asperigillus oryzae*의 α-amylase 최적 pH는 5~7, 분자량은 51,000이다.

② β-amylase

β-amylase는 pH 5.2 부근에서 전분을 비환원 말단으로부터 β-maltose를 순차적으로 산생하는 exo형의 효소이다. 또한, β-amylase는 전분분자 중의 α-1,4 결합 만을 절단하고, α-1,6 결합과 기타의 결합은 절단할 수 없다. 따라서, 이 효소가 전분 용액에 작용하는 경우 맥아당과 포도당의 함량이 증가하여 단맛이 급격하게 증가한다.

β-amylose의 작용은 α-1,4결합만으로 이루어져 있는 amylose의 경우 순조로이 진행되나 완전히 가수분해되지는 않고, amylopectin의 경우 α-1,6 결합 또는 이 결합의 근처에서는 가수분해되지 않는다. 이와같이 가수분해되지 않고 남은 부분을 β-amylase 한계 덱스트린류라고 한다.

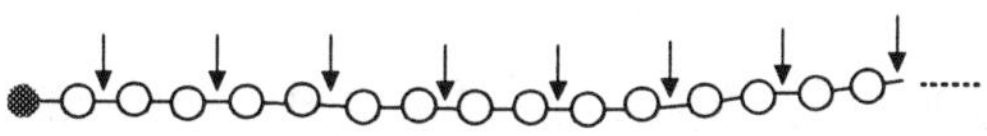

그림 1-41. β-amylase의 작용 부위

③ glucoamylase

glucoamylase 및 amylopectin 분자들의 α-1,4 결합을 포도당의 단위로 끝에서부터 순서대로 가수분해하며 α-1,4 결합 뿐 만이 아니라 α-1,6 결합, α-1,3 결합도 차례로 가수분해할 수 있다. 따라서, 이 glucoamylase는 α-1,6 결합의 존재에 관계없이 가수분해 가능하여 α- 및 β-amylase와 함께 사용하는 경우 전분은 포도당의 단위까지 지속적으로 가수분해가 가능하다.

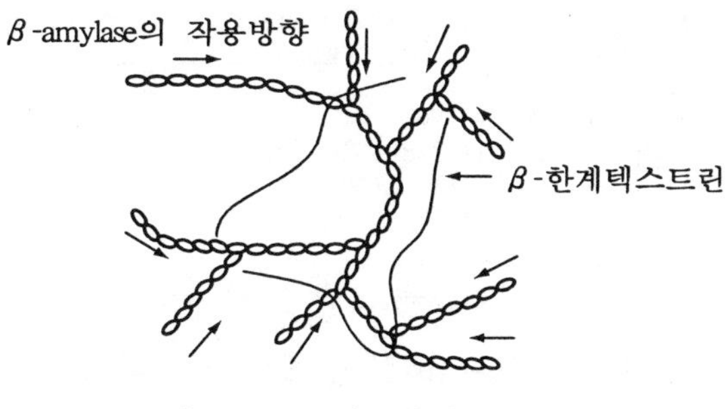

그림 1-42. β-한계 dextrin

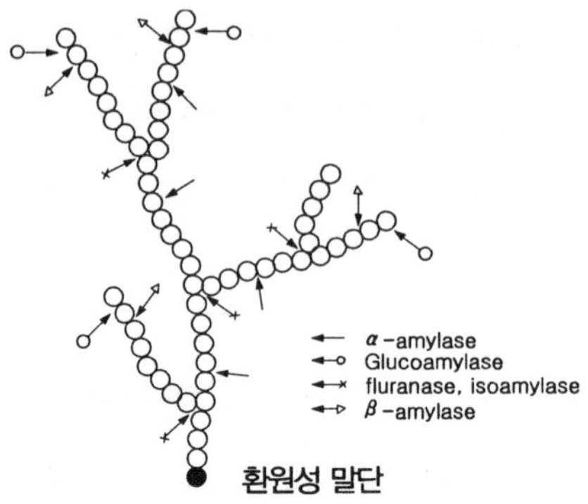

그림 1-43. glucoamylase의 작용 부위

(2) 식물조직 분해효소

식물조직의 분해는 수종류의 효소가 복합적으로 작용하여 일어난다. 이와같은 식물조직을 분해하는 효소는 비타민 등의 영양소나 색조의 손상없이 생야채의 풍미를 가진 야채 엑스분 등의 제조에 이용된다.

① pectinase

pectin질은 D-galacturonic acid의 α-1,4결합으로 이루어진 다당류로 galacturonic acid의 carboxyl group이 methyl ester화 되어진 것이 pectin이고, ester화 되어지지 않은 것이 펙틴산이다. pectinase에는 pectin의 methyl ester결합을 가수분해하는 pectinesterase와 주쇄(主鎖)의 α-1,4 결합을 분해하는 pectin demethoxylase가 있다. pectin demethoxylase에는 가수분해 만이 아니고, lyase(가수분해가 아닌 다른 방법으로 기질을 분해하는 효소)활성을 가진 것도 있다.

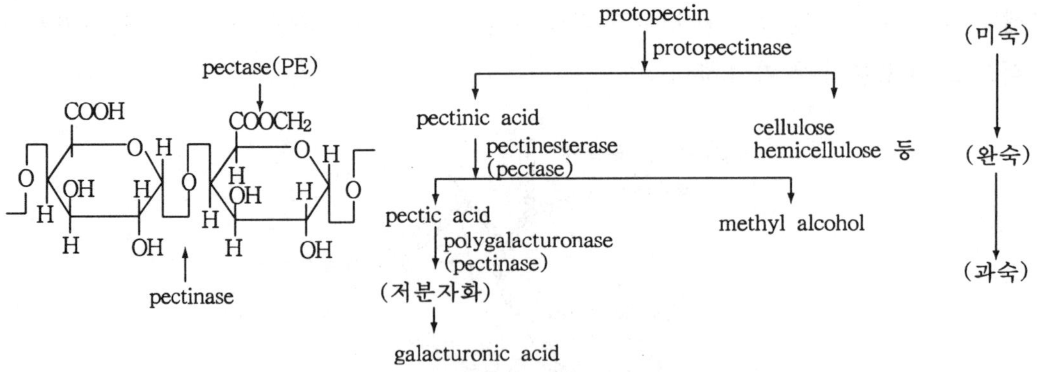

그림 1-44. Pectin질 분해효소의 작용부위

과즙의 청정화에는 pectinesterase보다도 lyase가 이용되어 지는 것은 1단계에서 pectin을 단시간에 분해가 가능하여 분해산물의 carboxyl group이 ester화 되어져 있어 반응성이 결여되고, methanol의 생성이 없는 등의 특징이 있다. pectinase는 사과 및 포도의 착즙률의 향상, 밀감 주스 펄프로부터의 가용성 고형분의 회수, 밀감 내피의 분리 등에 이용되고 있다.

② hemicellulase

식물조직으로부터 알칼리 추출되는 다당류가 hemicellulose이고, 이 결합을 분해하는 것이 hemicellulase이다. 밀감 과즙의 청정화 또는 곡류의 껍질 분리에는 일반적으로 hemicellulase와 pectinase가 함께 이용된다.

③ cellulase

D-glucose가 β-1,4 결합한 다당류가 cellulose인데, 이 결합을 분해하는 효소이다.

(3) 단백질 분해 효소

① protease

protease는 단백질을 구성하고 있는 peptide결합의 가수분해를 촉매하여 peptide를 생성하는 효소의 총칭이다.

protease는 자연계에 널리 존재하고, 그 기원에 의하여 동물, 식물 및 미생물 protease로 분류된다. 효소의 최적 pH에 의하여 알칼리성, 중성 및 산성 protease로 분류된다. 또한 peptide결합의 내부로부터 절단하는 endopeptidase와 peptide쇄의 말단으로부터 아미노산을 절단하는 exopeptidase가 있다. exopeptidase로는 N말단으로부터 작용을 하는 aminopeptidase와 C말단으로부터 작용을 하는 carboxypeptidase가 있고, endopeptidase로는 pepsin, trypsin, chymotrypsin, rennin, papain 등이 있다.

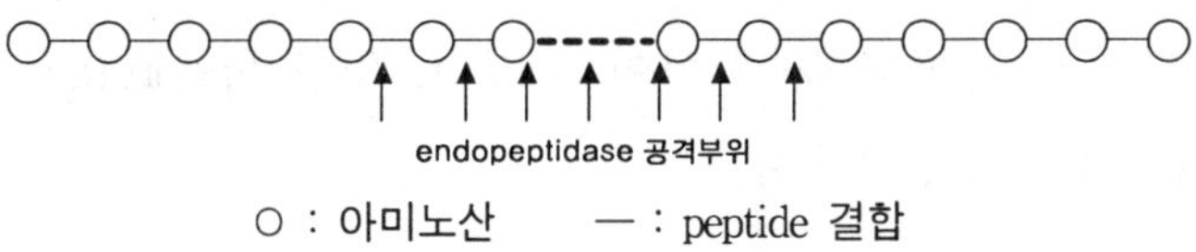

그림 1-45. endopeptidase의 작용부위

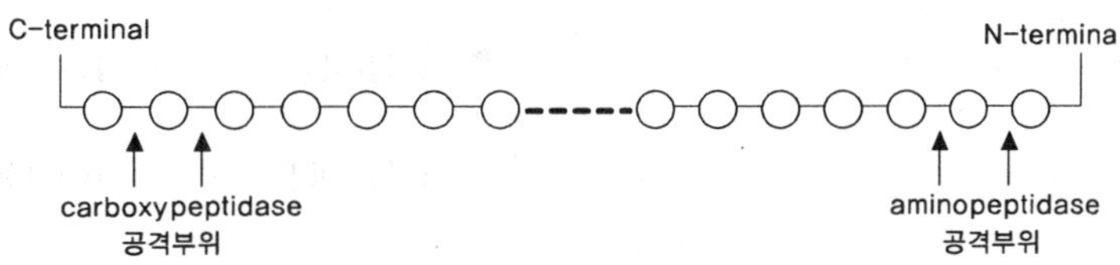

그림 1-46. exopeptidase의 작용 부위

② 단백질의 일반적 분해 특성

변성 단백질은 알칼리성, 중성, 산성의 endopeptidase에 의하여 분자량 수백~수천의 peptide로 분해되고, 이어서 exopeptidase에 의하여 아미노산으로까지 분해된다. 이들 peptide 및 아미노산에는 풍미강화, 물성개선, 가용화 등의 특성이 있다.

표 1-24. protease의 종류

<table>
<tr><td rowspan="5">protease</td><td rowspan="3">pH</td><td colspan="3">산성 protease</td></tr>
<tr><td colspan="3">중성 protease</td></tr>
<tr><td colspan="3">알칼리성 protease</td></tr>
<tr><td rowspan="2">절단부위</td><td>peptide결합의 외부 절단</td><td>exopeptidase</td><td>aminopeptidase (N말단으로부터 작용)
carboxypeptidase (C말단으로부터 작용)</td></tr>
<tr><td>peptide결합의 내부 절단</td><td>endopeptidase</td><td>pepsin, trypsin, chymotrypsin, rennin, papain 등</td></tr>
</table>

(4) 핵산분해효소

핵산가수분해 효소는 우선 exo형과 endo형으로 나누어지고, 이어서 RNA 만에 작용하는 RNase, RNA와 DNA 모두에 작용하는 nuclease 등으로 나누어진다.

조미료 산업에서는 RNA를 완전히 5′-mononucleotide로 분해하는 RNase 또는 nuclease가 중요하다.

(5) 지질분해효소

① lipase

lipase는 중성지질 (triglyceride)을 가수분해하여 2-monoacylglycerol과 지방산을 유리한다. lipase는 천연계에 널리 분포하고, 그 단백질의 구조, 최적 pH, 최적온도, pH 안정성, 열안정성 및 기질 특이성 등은 차이가 있다. 또한 lipoprotein lipase는 단백질에 결합한 triacylglycerol을 가수분해한다.

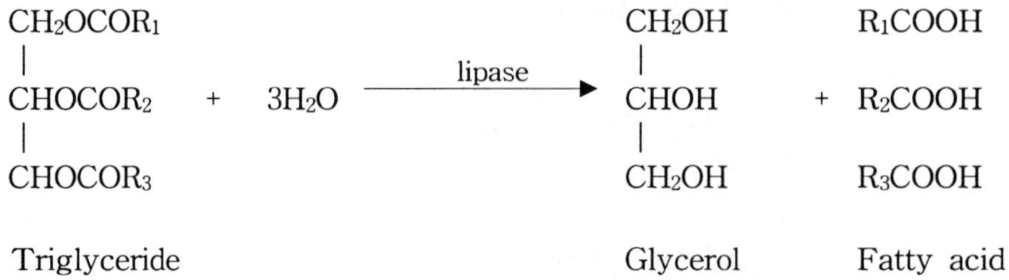

그림 1-47. lipase에 의한 지질의 분해

식품공업에서 lipase의 반응은 식품(청주, 된장, 간장 및 치즈 등)에 향기의 증강에 사용한다.

② lipoxygenase

lipoxygenase는 콩과 식물을 중심으로 식물계에 널리 분포하여 있는 효소로, $-CH=CH-CH_2-CH=CH-$의 구조를 가진 linoleic acid, linolenic acid 및 arachidonic acid 등에 산소를 첨가하여 hydroperoxide를 생성한다. 이 hydroperoxide는 분해반응에 의하여 radical을 생성하여 자동산화가 시작된다. 빵의 표백제로도 이용된다.

(6) 응유효소

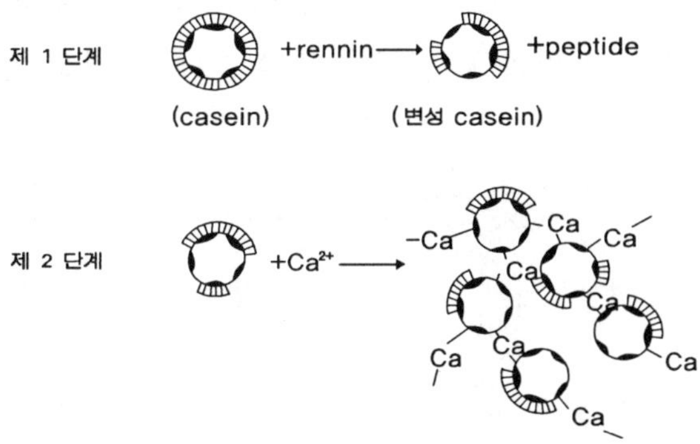

그림 1-48. rennin에 의한 우유의 응고

rennet은 송아지 제4위의 점막으로부터 추출되어진 chymosin을 주성분으로 하고 기타 pepsin 등을 함유하는 분말 또는 정제로서 시판되고 있는 상품명이다. renent의 1 mL 또는 1 g은 35℃에서 40분으로 우유를 응고(액상의 것으로 1만~1.5만배, 분말 또는 정제의 것으로 10만~15만배)시키는 것이 가능하다.

chymosin은 등전점이 pH 4.5이고, 아미노산 잔기는 323개이며, 분자량은 35,652이다. 그리고, 단백분해활성의 최적온도는 35~45℃, 최적 pH는 3.5부근이고, 응유활성의 최적온도는 40~41℃, 최적 pH는 4.8부근이며, 칼슘을 필요로 한다. 숙성 중에는 β-casein보다는 α_s-casein을 잘 분해한다.

9. 맛성분(taste compunds)

식품은 탄수화물, 지방, 단백질, 무기질 및 비타민과 같이 영양적 가치를 좌우하는 성분도 중요하나, 소비자의 기호를 자극하여 구매 의욕을 증진시키는 맛, 향기 및 빛깔 등과 같은 기호적 성분도 중요하고, 특히 가공품의 경우는 필수 요건적으로 갖추어야 하는 성분들이다.

1) 맛의 기초

(1) 맛의 감지 구조

맛은 맛성분이 입안의 침에 녹아 혀의 유두에 있는 미뢰라는 맛세포를 자극하여 신경섬유를 거쳐 중추에 전달함으로써 감지된다. 그러나, 혀의 유두에 있는 미뢰는 혀의 끝 둘레, 혀의 안쪽 부분 및 뒷면에만 있어 혀의 중앙부는 거의 맛을 느끼지 못한다. 그리고, 혀는 맛성분에 따라 강하게 느끼는 부분이 <그림 1-49>와 같이 각각 달라, 단맛은 주로 혀 끝에, 쓴맛은 혀 안쪽에, 신맛은 혀 둘레에, 그리고 짠맛은 혀끝에서 강하게 느끼게 된다.

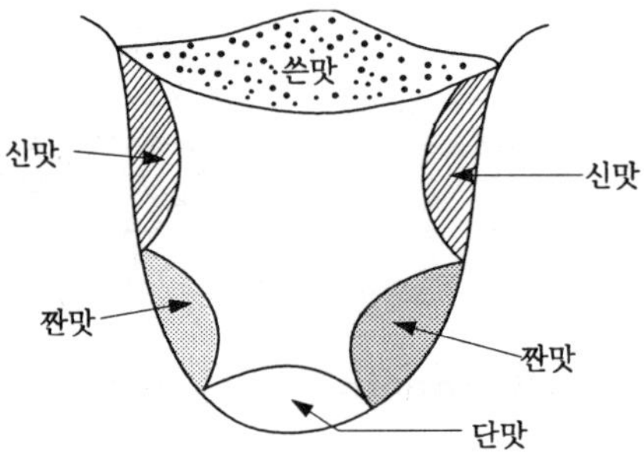

그림 1-49. 맛을 느끼는 혀의 위치

(2) 맛의 역치(threshold value)

맛을 느끼는 민감도를 수량적으로 나타내기는 어려우나 맛성분이 명백히 느껴지는 최저농도 (minimum detectable concentration)를 그 성분의 역치라고 한다. 몇 가지 맛성분의 역치는 <표 1-25>와 같다.

표 1-25. 맛성분의 역치(%)

성분	남자	여자
소금	0.297	0.288
설탕	0.496	0.418
초산	0.0181	0.0133
quinine chloride	0.00104	0.00088

(3) 맛의 상승효과

상승효과는 맛성분의 혼재시에 주된 맛성분의 맛이 강하게 느껴지는 현상으로 10% 설탕용액에 상당하는 단맛은 saccharin의 경우 0.0525%, dulcin의 경우 0.1430%이어야 하나, 두 용액을 혼합하는 경우 saccharin 0.0280%와 dulcin 0.0120% 만으로 같은 단맛을 낼 수 있는 경우가 여기에 해당한다. 이 뿐 만이 아니라 상승효과는 단맛에 소량의 짠맛을 혼합하든가, 짠맛에 소량의 신맛을, 감칠맛에 소량의 짠맛을 혼합하는 경우에도 주성분의 맛이 강하여져 상승효과가 나타난다.

(4) 미맹 및 피로

미맹은 쓴맛성분인 PTC (phenyl thiocarbamide)의 맛을 느끼지 못하는 사람을 말하며, 피로는 한가지 맛을 오랫동안 경험하는 경우 차차 감각이 둔하여지는 현상을 말한다.

(5) 맛과 온도

혀의 미각은 10~40℃에서 잘 느껴지고, 30℃전후에서 가장 예민하며, 이보다 온도가 낮아질수록 미각도 둔감하여진다. 맛을 느끼는 최적온도는 <표 1-26>과 같다.

표 1-26. 맛의 최적온도

맛의 종류	온도(友)	맛의 종류	온도(友)	맛의 종류	온도(友)
쓴맛	40~50	매운맛	50~60	신맛	25~50
짠맛	30~40	단맛	20~50		

2) 맛성분

맛성분은 단맛, 짠맛, 신맛 및 쓴맛과 같은 4가지 기본 맛과 이외에 매운맛, 맛난맛, 떫은맛 등이 있다. 이들 중 기본 맛에 대하여 간략히 살펴보면 다음과 같다.

(1) 단맛 (sweet taste)

일반적으로 단맛을 나타내는 물질로는 당류, 당알코올, 아미노산과 같은 천연 감미료와 인공 감미료가 있다.

① 당류

5탄당, 6탄당 및 이당류와 같은 당류는 단맛을 나타내나, 다당류의 경우 그대로는 단맛을 나타내지 않고, 가수분해하여야 단맛을 나타낸다.

② 당알코올

glycerol, erythritol, sorbitol, mannitol 및 dulcitol 등이 있고, 실제로 산업계에서 수분

활성 저하, 감미증진의 목적으로 가격이 대체로 저렴한 sorbitol을 많이 사용한다.

③ 아미노산

glycine, alanine, proline, leucine 등이 단맛이 있고, 이 중 leucine의 경우 $-NH_2$를 $-OH$로 치환한 leucinic acid는 설탕보다 감미가 강하기 때문에 당뇨병 환자의 감미료로 사용한다.

④ 기타 천연 감미료

감초의 glycyrrhizin과 감차의 phyllodulcin 등이 있다.

⑤ 인공감미료

식품위생법규로 허용되고 있는 인공감미료로는 sodium saccharin과 D-sorbitol, sodium glycyrrhizinate가 있다.

- sodium saccharin : 설탕 감미의 250~500배정도이나 농도가 0.02~0.03% 이상인 경우 강한 쓴맛을 나타낸다. 그러나, 장시간 (100℃, 2시간 이상)동안 가열하는 경우 분해되어 단맛이 없어진다.
- D-sorbitol : 빵, 캔디, 비스킷 등에 많이 이용된다.
- sodium glycyrrhizinate : 된장, 간장 등의 조미에 많이 이용된다.
- cyclamate 및 dulcin : 한때에는 감미료로 사용되었으나, 독성이 문제가 되어 현재에는 사용이 금지되어 있다.

이상의 감미물질의 상대적 감미도는 <표 1-27>과 같다. 여기서 감미의 기준은 10% 설탕용액의 단맛을 100으로 하였다.

표 1-27. 감미물질의 상대적인 감미도

감미물질	상대적 감미도	감미물질	상대적 감미도
sucrose	100	invertose	65
raffinose	22	fructose	114
rhamnose	33	dulcitol	41
lactose	39	sorbitol	51
maltose	46	mannitol	69
galactose	63	glycerol	78
xylose	67	glycyrrhizin	15,000
glucose	69	saccharin	30,000
mannose	59		

(2) 짠맛 (saline taste)

짠맛은 맛성분들 중에서 가장 생리적 욕구가 강한 맛성분으로, 무기 및 유기의 알칼리염이 해리하여 생긴 이온의 맛이다.

① 무기염

0.1N의 중성 무기염에 대한 미각 시험 결과, 짠맛이 강한 것으로는 NaCl, KCl, NH_4Cl이 있고, 짠맛과 쓴맛이 같은 정도의 것은 KBr, NH_4I 등이 있으며, 쓴맛이 강한 것으로는 KI, $CaCl_2$ 등이 있다. 이 중 순수한 짠맛의 대표적인 것으로는 소금을 들 수 있다. 무기염 중 음이온은 짠맛을 나타내고, 양이온은 짠맛을 강하게 하거나 부가적인 맛을 나타낸다.

음이온의 짠맛 강도는 $SO_4^{2-} > Cl^- > Br^- > I^- > HCO_3^- > NO_3^-$의 순이다.

② 유기염

disodium malate, diammonium malonate, diammonium sebacinate, sodium gluconate 등이 있으며, 식염과 가까운 정도의 짠맛을 가지고 있다.

(3) 신맛 (sour taste)

산이 해리되어 생성되는 수소이온에 의한 맛으로, 그 강도는 수소이온농도에 정비례하지는 않지만 수소이온을 생성하는 무기산, 유기산, 산성염 등이 신맛을 나타낸다.

표 1-28. 식품의 pH

식품	pH	식품	pH	식품	pH
0.1N HCl	1.0	복숭아	3.4~4.6	고구마	5.3~5.6
위액	1~3	포도	3.5~4.5	어류	6.0~6.8
레몬	2.2~2.4	맥주	4~5	밀가루	6.0~6.5
식초	2.4~3.4	감자	4.1~4.4	우유	6.4~6.8
사과	2.9~3.3	호박	4.8~5.2	모유	7.2
밀감류	3~4	당근	4.9~5.2	쌀밥	6.7
딸기	3.2~3.6	콩	5~6	증류수	6.8~7.0
앵두	3.2~4.1	시금치	5.1~5.7	해수	8.0~8.4
잼	3.5~4.0	양배추	5.2~5.4	0.1N 중조	8.4

① 무기산

무기산은 신맛 이외에 쓴맛, 떫은 맛 등이 혼합되어 불쾌한 맛을 내는 등의 이유로 인해 식품에 주로 이용되고 있지 않으며, 식품에 주로 이용되는 것은 청량음료에 사용되는 탄산과 인산 등에 한정되어 있다.

② 유기산

유기산은 대부분이 상쾌한 신맛을 나타내고, 일반식품 중에 널리 분포되어 있다. 이 중 신맛을 나타내는 주요 유기산의 종류는 <표 1-29>와 같다.

표 1-29. 식품 중의 주요 유기산

종류	구조식	소재식품
acetic acid	CH_3COOH	식초, 김치류
lactic acid	$CH_3CHCOOH$ (OH on CH)	발효유제품, 김치류, 젖산음료
citric acid	CH_2COOH / HO-C-COOH / CH_2COOH	감귤류
malic acid	CH_2COOH HO CHOOH	사과 등 과실류
tartaric acid	HO-CHCOOH HO-CHCOOH	포도, 파인애플
succinic acid	CH_2COOH CH_2COOH	사과, 딸기, 청주
oxalic acid	COOH COOH	시금치, 상치, 양배추
butyric acid	$CH_3(CH_2)_2COOH$	부패김치, 산패식품
gluconic acid	$CH_2OH(CHOH)_4COOH$	양조식품, 건시
fumaric acid	CHCOOH	일반동식물체
ascorbic acid	CHCOOH	감귤류

(4) 쓴맛성분 (bitter taste)

쓴맛은 식품의 기호성을 감소시키나 다른 맛성분과 어우러지는 경우 오히려 기호성을 높이게 되고, 그 대표적인 예가 coffee, 맥주, 코코아 등이 있다. 식품 중의 쓴맛은 크게, alkaloid 배당체, 무기염류, ketone류 및 황화합물 등이 있다.

① alkaloid

식물체에 함유되어 있는 함질소 염기성 물질의 총칭으로, 차나 coffee 중의 카페인 등이 여기에 속한다.

② 배당체

식물계에 널리 분포하고, 과일, 채소 등의 쓴맛성분으로 감귤류 과피에 존재하는 naringin, 오이꼭지의 cucurbitacin 등이 여기에 속한다.

③ ketones

쓴맛을 가지고 있는 ketone으로는 hop에 존재하는 humulone과 lupulone 등을 들 수 있고, 이 성분은 강한 항균성 및 방부성도 가지고 있다.

④ 기타 쓴맛성분

무기염류 중 간수성분인 염화칼슘, 염화마그네슘과 아미노산 중 L-tryptophan, L-leucine, L-phenylalanine 등이 있으며, 콩, 도토리 등에 존재하는 saponine 등도 여기에 속한다.

10. 향기성분

식품의 냄새성분은 몇가지 용어로 이야기되고 있으며, 그 중에 대표적인 것이 향기, 풍미 및 취기이다. 이 중에서 향기 (aroma)는 바람직한 향을 의미하며, 취기 (stink)는 불쾌하게 느껴지는 불쾌취를 의미한다. 그리고 풍미 (flavor)는 맛을 고려한 향미를 의미한다.

1) 향기성분의 화학구조

(1) 저급지방산

일반적으로 저급지방산은 자극성의 악취를 발생하나, 이의 ester는 좋은 향을 발생한다.

(2) 이중 및 삼중결합 화합물

유기화합물에 이중결합이 존재하는 경우 일반적으로 향이 강한 것이 많고, 삼중결합이 있으면 지방족 화합물은 향이 나빠지는 것이 많으나, 방향족 화합물은 일반적으로 좋아진다.

(3) 이성체와 향기

이성체 중에 방향족 화합물은 측쇄위치에 따라 향기가 달라 ortho, para의 순으로 향기가 적고, meta는 향이 없다. 그리고, 측쇄가 alkyl기인 경우 alkyl기의 탄소원자가 5개까지는 향이 좋으나, 그 이상인 경우에는 향이 없는 것이 보통이다.

(4) 저분자 알코올

지방족 알코올 중에서는 탄소수 10개 이하의 저분자가 향기가 좋고, 특히 탄소수 8~9개의 것이 좋다.

(5) 기타 향기를 발생하는 관능기

일반적으로 -OH, -CO, -CHO, R-O-R, -COOH, -COOR, C_6H_5, NO_2, NH_2, N=C=S 등의 관능기가 존재하는 경우 일반적으로 향기를 발생한다.

3) 식품의 향기성분

(1) 식물성 식품

식물성 식품에 존재하는 향기성분은 ester류, 알코올류, 알데히드류, terpene류 및 황화합물이다.

(2) 동물성 식품

① 암모니아

암모니아는 가축 또는 어류의 자극성 냄새 중의 주성분으로 선도저하에 의해 생성하는 요소가 세균작용으로 분해되어 생성한다.

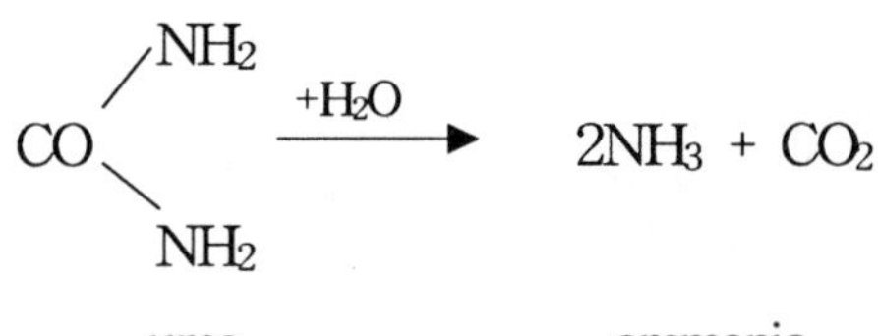

그림 1-50. 식품에서 암모니아 생성 반응

② amine류

TMA(trimethylamine)는 해산어류 어취의 주성분으로 무취의 TMAO(trimethylamine oxide)가 저장 중에 세균에 의해 환원되어 생성한다. lysine이 세균작용에 의해 분해되어 생성하는 piperidine, δ-amino valeraldehyde, δ-amino valleric acid 등은 담수산

어류의 어취 주성분들이다.

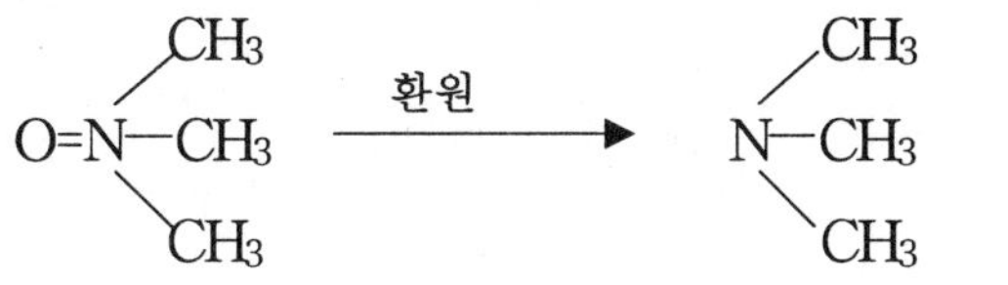

trimethylamine oxide　　　　trimethylamine

그림 1-51. 식품에서 amine 생성 반응

③ carbonyl화합물 및 지방산류

생우유의 특유한 향기는 aceton, acetaldehyde, butyric acid 및 methyl sulfide에 의한 것이며, 발효유 제품의 풍미는 주로 젖산발효에 의하여 생기는 carbonyl화합물과 지방산에 기인한다.

제2장

식품성분의 변화 요인

식품의 품질은 반드시 갖추고 있어야 하는 기본적 특성과 갖추고 있음으로 인하여 가치를 향상시키는 기능적 특성, 그리고 가치 유지 및 편리성 추구를 위한 유통 및 부가 특성으로 크게 3가지로 나눌 수 있다.

식품의 기본적 특성은 다시 단백질, 지질, 탄수화물, 비타민, 무기질 등의 함량으로 판단하는 영양특성과 농약, 중금속, 미생물 등의 혼재로 판단하는 안전성으로 나누어진다. 기능적 특성은 맛, 향기, 색, 외관, 조직감 등에 의한 기호특성과 항종양, 항변이원성, 혈압조절 등과 같은 생체조절 기능 특성으로 분류된다. 유통 및 부가 특성은 성분 변화에 결정되는 유통특성과 편리성, 경제성 등으로 고려하는 부가특성으로 분류된다.

이상에서 언급한 식품의 품질에 영향하는 요인은 <표 2-1>과 같다.

식품은 천연 또는 가공품에 관계없이 각종 영양소가 서로 혼재되어 있어 단순하지 않아 이것을 방치할 경우, 식품 특유의 색, 향 및 맛 등이 변화하여 이취(異臭)와 이미(異味)가 나고 영양가도 저하함과 동시에 결국에는 식용하지 못하게 된다<표 2-2>. 이러한 변화를 식품의 변질 또는 변패라고 하고, 이와 같은 과정을 품질저하라고 하며, 그에 관여하는 인자를 저하요인이라 한다.

한편, 변질은 천연품이든 가공품이든 시간의 차이는 있으나 모두 일어나는 현상이다. 식품의 변질은 각기 식품 특유의 화학적 성분, 물리적 및 조직적 특성 등에 변화가 발생하는데, 변질 원인으로는 곰팡이, 효모, 세균, 곤충, 쥐 및 효소 등과 같은 생물적 요인과 산소, 수분, 광선, 촉매 등과 같은 화학적 요인, 건조, 흡습, 충격 등의 물리적 요인이 있다.

식품의 품질저하 요인과 그 방지법을 간략히 나타내면 <표 2-3>과 같다.

표 2-1. 식품의 품질 요소

<table>
<tr><td rowspan="16">1차 특성</td><td rowspan="6">기본적 특성</td><td rowspan="3">영양 특성</td><td colspan="2">단백질, 지질, 탄수화물, 섬유 등</td><td rowspan="3">영양가</td></tr>
<tr><td colspan="2">아미노산, 유기산 등</td></tr>
<tr><td colspan="2">비타민, 무기질 등의 미량성분</td></tr>
<tr><td rowspan="3">안전성</td><td colspan="2">농약, 독성물질</td><td rowspan="3">필수 전제 조건</td></tr>
<tr><td colspan="2">중금속</td></tr>
<tr><td colspan="2">미생물</td></tr>
<tr><td rowspan="10">기호적 특성</td><td rowspan="9">기호 특성</td><td rowspan="2">맛</td><td>맛성분(단당, 아미노산, 유기산 등)</td><td>선도, 숙도</td></tr>
<tr><td>맛성분(단맛, 신맛, 짠맛, 쓴맛 등)</td><td rowspan="2">풍미</td></tr>
<tr><td>향</td><td>향기성분(알코올, ester류 등)</td></tr>
<tr><td rowspan="3">색</td><td>색소(carotenoid, 엽록소, flavonoid 등)</td><td rowspan="2">품질 지표</td></tr>
<tr><td>천연 착색료, 인공 착색료</td></tr>
<tr><td>광학(색조, 광택 등)</td><td>구매 의욕</td></tr>
<tr><td>형상</td><td>형상(형상, 균일성, 파손, 병충해 등)</td><td rowspan="3">품질 지표</td></tr>
<tr><td rowspan="2">조직적 특성</td><td>파쇄, 전단, 마찰, 점성 등</td></tr>
<tr><td>조직감</td></tr>
<tr><td colspan="2">건강 기능</td><td colspan="2">항변이원성, 항종양성, 혈압조절 등</td></tr>
<tr><td rowspan="7">2차 특성</td><td rowspan="7">유동 부가 특성</td><td rowspan="3">유통 특성</td><td rowspan="3">변화속도</td><td>수분, 식품성분 등</td><td rowspan="3">저장, 수송</td></tr>
<tr><td>외관, 조직 등</td></tr>
<tr><td>미생물, 호흡 등</td></tr>
<tr><td rowspan="4">부가 특성</td><td colspan="3">간편성</td></tr>
<tr><td colspan="3">경제성</td></tr>
<tr><td colspan="3">합리성</td></tr>
<tr><td colspan="3">편의성</td></tr>
</table>

표 2-2. 식품의 품질저하 기구

성분	대상식품	품질 저하기구	변화 현상
단백질	축·수산물	단백질---peptide---아미노산--암모니아 및 아민 등	연화, 변색 및 부패취
지질	축·수산물, 종실류	지방--glycerine 및 지방산---저분자의 산, aldehyde, ketone 등	산패취 및 변색
당질	곡류	· 다당류---저 분자 당류 · α전분---β전분 · 청과물의 당---호흡---당의 감소	부패취, 당도 및 식미 저하
수분	전 식품	건조, 흡습 등	시들음, 중량감소 및 연화

표 2-3. 식품의 품질저하 요인과 방지법

품질 저하 요인		방지법
물리적 요인	수분	건조
	온도	냉동, 냉장
	빛	차광
생리적 요인	공기(산소)	진공, 항산화제, 수분활성조절, 탈산소제 처리
	pH(산, 알칼리)	완충제
	식품성분 반응, 금속이온	가열, 금속용기 사용 억제
생물학적 요인	미생물	가열, 냉동, 보존료, 수분활성조절
	효소	가열, pH조절, 저온
	곤충	훈증
	소동물(小動物)	약제, 기계적 방지

1. 온 도

식품을 고온 또는 저온에 두면 식품에 함유되어져 있는 성분이 변화하여 최종적으로 품질이 크게 저하한다. 일반적으로 물질의 반응속도는 고온에서는 신속하고, 저온에서는 늦다. 이것은 식품 품질저하 속도에도 영향을 미쳐 일반적으로 식품을 저온에 두는 경우 품질저하 속도를 지연시킬 수 있다.

식품 성분으로서 많이 함유되어져 있는 수분은 일상에서 우리들이 경험하는 온도범위에서 간단히 얼음, 물 및 수증기로 상전환이 일어나듯이 식품에 함유되어져 있는 성분도 온도 변화에 따라 물리적, 화학적 변화를 일으켜, 식품의 특성에 영향을 준다.

1) 식품 저장 온도대

식품의 처리온도는 참치횟감 저장 온도인 약 -40℃부터 튀김온도인 약 180℃에 이른다. 이중 저장온도는 대체로 동결저장 온도인 약 -40℃부터 상온인 30℃에 이르고 있으며, 그의 개략적인 것은 <그림 2-1>과 같다.

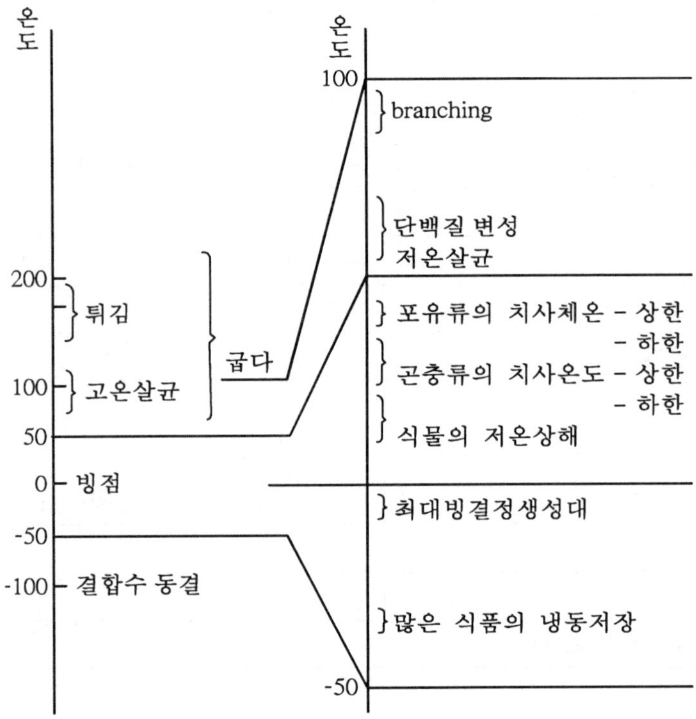

그림 2-1. 식품의 처리 온도대

2) 생물에 의한 품질저하와 온도대

(1) 미생물

거의 모든 미생물은 상온 부근에서 활발히 증식을 하고, 저온(10℃이하) 또는 고온(50℃ 이상)에서는 거의 증식을 안한다. ① 곰팡이는 최고 생육온도가 40℃이고, 생육 최적온도가 25℃ 부근이며, 생육 최저온도는 0℃ 정도이지만, 일부의 곰팡이는 0℃ 이하에서도 서서히 증식을 한다. ② 효모는 생육 최고온도가 40℃ 정도이고, 최적온도는 25~32℃정도이며, 최저온도는 5℃ 정도이지만, 이 역시 5℃ 이하에서도 증식하는 효모가 있다. ③ 세균은 생육최적 온도가 균의 종류에 따라서 현저하게 차이가 나서 고온성 세균, 중온성 세균 및 저온성 세균으로 분류하고 있다.

고온성 세균은 호열성 세균으로도 불리며, 이 세균은 보통의 세균(중온성 세균)이 사멸되는 온도(75℃)대에서도 발육하고, 55~60℃에 최적 온도대를 갖는다. 이 호열성균의 발육 최저온도대는 40℃정도로 상온에서는 거의 발육하지 않는다.

중온세균은 20~40℃에서 생육하며, 37℃ 전후에 최적 온도대를 갖는다. 0℃ 이하 및 55℃ 이상에서는 증식을 하지 않는다. 병원성 세균을 포함한 대부분의 세균이 여기에 포함된다.

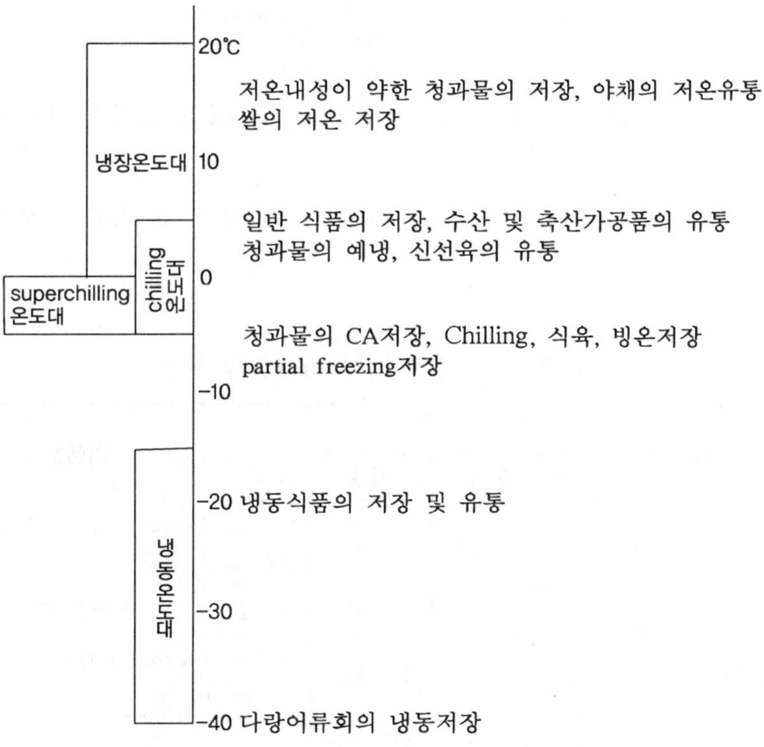

그림 2-2. 식품의 저온 저장 온도대

저온성 세균은 20℃ 부근에 최적 생육온도대가 있고, 7℃ 이하에서도 잘 생육하며 0℃에서도 2주간 이내에 증식을 한다. 특히 저온에서 생육하는 것을 호냉성 세균이라고 하지만 일반적으로 저온세균에 포함시키고 있다.

<그림 2-3>에는 세균의 생육에 미치는 온도의 영향을 나타내었는데, 냉장이라고 하여도 장기저장을 하는 경우 저온세균에 의한 변질은 피할 수 없다.

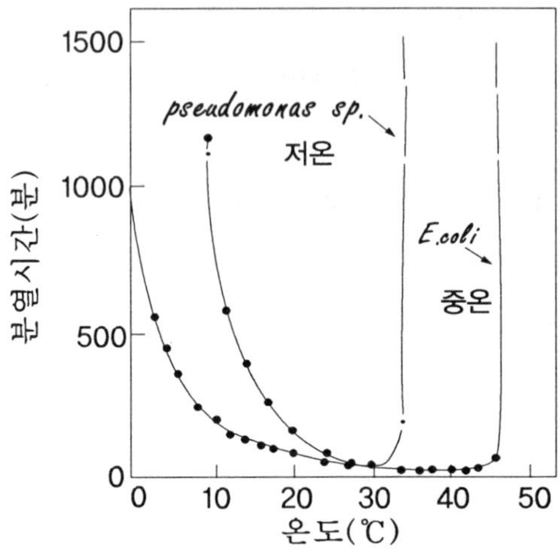

그림 2-3. 중온성 세균 및 저온성 세균의 생육속도에 미치는 온도의 영향

<표 2-4>는 온도에 따른 미생물의 분류이고, <그림 2-4>는 식품 미생물의 생장온도를 나타낸 그림이다.

표 2-4. 온도에 따른 미생물의 분류

분류		발육온도			미생물
		최저	최적	최고	
세균	저온성균	0~5℃	10~20℃	25~30℃	*Vibrio, Pseudomonas, Achromobacter*와 같은 수중 세균
	중온성균	10~15℃	25~40℃	40~50℃	사상균, 효모, 곰팡이, 대부분의 병원균
	호열성균	25~45℃	50~60℃	70~90℃	온천균, *Bacillus coagulance, Clostridium botulinum* 등
효모		0℃부근	25℃부근	40℃부근	
곰팡이		5℃부근	25~32℃	40℃부근	

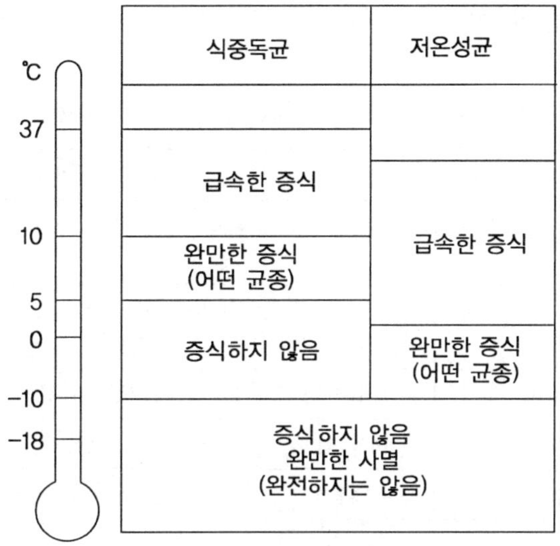

그림 2-4. 식품미생물의 생장온도

(2) 해충

곡류와 그 가공품이 해충에 의한 피해를 받기 쉽다. 해충에 의한 피해로는 먹어치우는 양적인 손실, 이물질에 의한 오염, 발열현상에 의한 품온상승 등을 이야기 할 수 있다. 식품 해충은 종류가 많고, 증식이나 발육에 적합한 온도는 일정하지 않지만 대체로 25~30℃에 최적 발육온도를 가진 것이 많다. 해충의 고온에 의한 치사온도는 대체로 55℃정도이고, 곤충의 종류, 발육한 정도에 따른 차이가 비교적 적다.

따라서, 곤충을 구제하기 위한 하나의 방편으로 열증기가 많이 이용되어지고 있다. 냉동, 냉장과 같은 저온에 의한 곤충 피해 방제도 중요한 하나의 방법이다. 곤충의 저온 발육한계온도의 경우 그 범위가 대체로 크나 5~10℃정도에서 증식 억제가 가능하다. 그러나, 해충의 대부분은 환경 적응 능력이 있고, 저온저장에 의하여도 저온내성을 가지므로 주의를 기울여야 할 것으로 알려져 있다. 일반적으로 냉동 온도대에서는 해충은 사멸한다.

표 2-5. 해충의 생육 한계 온도

발육한계 온도	최적 온도	치사 온도
5~10℃	25~30℃	55℃

식품에 관계하는 해충의 종류는 <표 2-6>과 같다.

표 2-6. 식품에 관계하는 해충의 종류

식품의 종류	해충의 종류
곡류(쌀, 보리, 옥수수, 조, 피, 수수, 메밀 등)	바구미, 곡식 좀나방, 잔응애류, 톱날 머리 대장, 곡식 점부채 좀나방, 곡식 얼룩 좀나방
분류(쌀가루, 밀가루, 메밀가루, 콩가루, 감자가루)	곡식 좀나방, 쌀겨 얼룩명 나방, 쌀도적 붙이, 톱날 머리 대장, 잔응애류, 잔날개 바퀴, 곡식 얼룩 좀나방
두류(콩, 팥, 완두, 낙화생)	콩바구미과의 벌레, 곡식 점부채 좀나방, 곡식 얼룩 좀나방
가공품(건면, 빵, 과자류)	쌀도적 붙이, 쌀겨 얼룩명 나방, 곡식 얼룩 좀나방 등
건과채류(건포도, 건버섯)	톱날 머리 대장, 곡식 좀나방 등
건어류(건어류, 건오징어)	알락수수랭이 등
기타(포장자재 등)	잔응애류, 바퀴류, 거저리, 알락수수랭이, 쌀도적 붙이 등

(3) 효소에 의한 품질저하와 온도

변색(효소적인 색소의 분해, 갈변), 연화 및 이취 발생에 의한 청과물의 품질저하는 효소에 의한 것이 주원인이다. 사과를 절단하였을 때에 갈변하는 것은 phenol류가 polyphenoloxidase 라고 하는 효소의 작용을 받아 산화 중합하기 때문이고, 감이 연화하는 것은 pectin 분해효소에 의한 것이다.

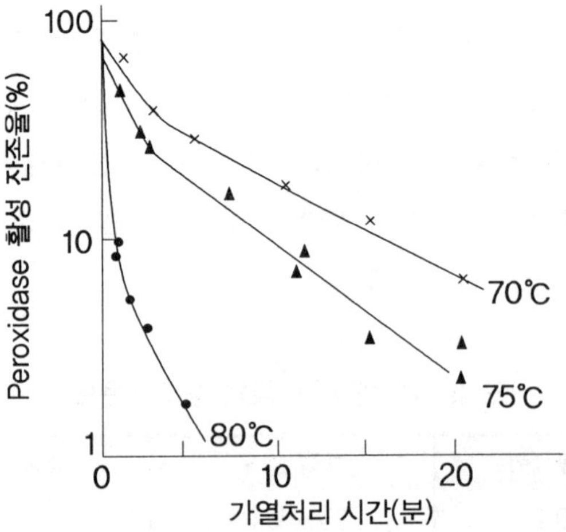

그림 2-5. 일정온도에서 가열한 경우 peroxidase 활성에 미치는 열처리 시간의 영향

효소의 반응속도는 최적온도에 도달할수록 신속하다. 반응 최적온도에서는 효소에 의한 식품의 변질이 급속히 진행되므로 저온에 의하여 효소반응을 저하시키든지, 열처리에 의하여 효소를 실활시켜 효소에 의한 변질을 억제할 필요가 있다. 고온처리에 의한 효소 단백질의 변성은 시간과 온도와의 함수관계이고, 온도가 높을수록 단시간에 효소가 실활한다 <그림 2-5>. 가열에 의하여 효소를 실활시키는 처리를 데치기(blanching)라고 하며, 식품가공에서 주로 이용되고 있는 가공방법의 하나이다. 효소 반응속도는 온도를 낮게 할수록 낮아지나, 그 억제 효과는 적다. 냉동 온도대에서도 미미한 효소반응은 진행되므로 농산물을 냉동하고자 하는 경우 일부를 제외하고는 냉동 실시 전에 blanching을 실시하여야 한다.

(4) 저온장해

청과물 중에는 저온 감수성이 높아, 0～15℃에서 저온에 의한 장해를 받는 것이 있다. 저온장해는 열대 및 아열대산의 청과물에 생기기 쉽다. 청과물이 저온장해를 받으면 호흡량과 조직의 막투과성이 높게 되고, 원형질 유동이 저하하여 환원형 물질이 감소하고 산화형 물질이 증가되어, 갈변, 이취의 발생, 추숙불량 등의 장해가 일어난다. 따라서, 저온내성이 약한 청과물의 유통에 있어서는 저온장해를 받지 않는 온도범위에서 가능한 낮은 온도에서 유통시킬 필요가 있다.

(5) 비효소적 품질저하

효소는 열에 약하므로 생선식품(生鮮食品)을 고집할 경우가 아니라면, 효소적 변질은 blanching 등의 열처리에 의하여 비교적 간단히 억제하는 것이 가능하다. 그러나, 유지류의 산화, Maillard반응(amino-carbonyl 반응)과 같은 비효소적 변질은 일반적으로 가열에 의하여 촉진된다. 따라서, 식품의 가열살균이나 가열농축 등과 같은 열처리 공정에 있어서, 또한 유통 및 저장 중에 온도관리가 불충분한 경우에는 비효소적 변질을 피하기는 어렵다.

(6) 전분의 노화

α화된 전분을 실온에서 장기간 방치하는 경우 전분입자는 β화되어 노화하게 된다. 이러한 현상은 밥, 떡 및 빵 등을 실온에서 오래 방치하는 경우 굳어지는 것은 이들이 노화현상을 일으키기 때문이다.

전분의 노화는 -1～5℃에서 최고 급격히 진행하고 60℃ 이상 또는 -18℃ 이하에서는 거의 노화가 진행되지 않는다. 고온에서는 전분분자간의 수소결합이 어렵고, 따라서 전분분자간의 회합이 어렵기 때문에 노화가 어렵다. 한편, -18℃ 이하의 저온에서는 물분자가 거의 모두 동결하여 전분분자가 그 사이에 고정되기 때문에 노화가 일어나지 않는다.

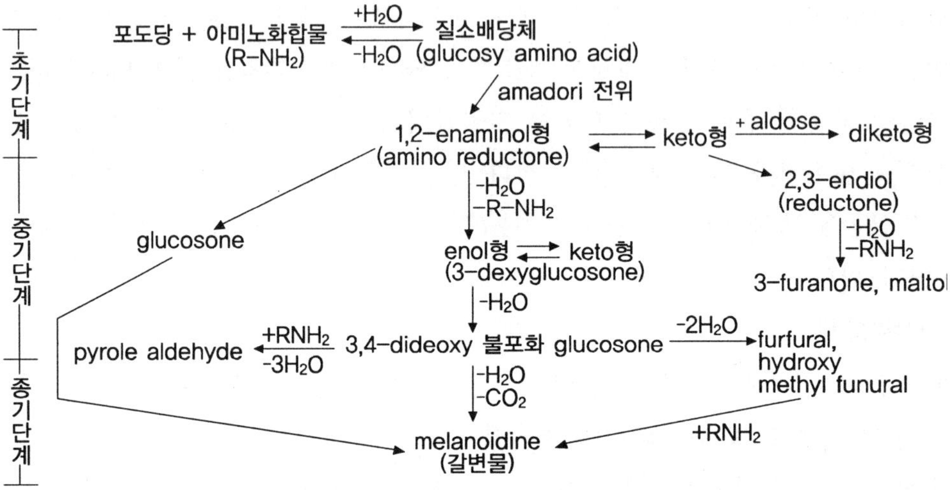

그림 2-6. 비효소적 갈변 기구(Maillard 반응)

2. 수분활성

물은 식품을 구성하는 성분 중 가장 풍부하게 존재하는 물질이며, 모든 식품은 소량 또는 많은 양의 수분을 포함하고 있다. 이러한 수분은 식품 중에 2가지의 형태로 존재하고 있는데, 그 하나는 식품성분과 결합하고 있어 미생물이 이용할 수 없는 형태로 존재하는 결합수와 다른 하나는 식품성분과 결합하고 있지 않은 상태로 있어 미생물이 이용 가능한 형태로 존재하는 자유수이다. 수분활성(전 수분에 대한 미생물이 이용 가능한 자유수의 비율)은 너무 높은 경우 미생물의 공격을 받기 쉽고, 너무 낮은 경우 미생물의 공격을 받을 위험은 다소 낮아지나, 공기 중의 산소와의 접촉이 용이하기 때문에 산화되기 쉽다.

1) 미생물적 품질저하

(1) 세균

일반적으로 세균의 생육 최적 수분활성은 0.98 이상인 것이 많고, 최적값보다 낮으면 생육속도는 급격히 저하한다. 그러나 온도, 산소, pH 등과 같은 생육인자가 최적일 때에는 생육 최적 활성도 다소 저하한다. 이러한 일면으로 볼 때 식품의 품질유지를 위하여는 수분활성 이외의 인자를 조합하여 생육최저 수분활성을 높게 하는 것이 효과적이다.

수분활성이 0.91 이상인 경우의 미생물적 변질은 주로 세균이 원인으로 되지만, 이것은 효모나 곰팡이가 이 수분활성 이상의 범위에서 생육이 불가능한 것이 아니고, 0.91 이상에서는 세균의 생육력이 현저하게 높기 때문에 다른 미생물이 생육하기 어렵기 때문이다. 효모나 곰팡이를 순수하게 배양한 경우에는 최적 수분활성은 일반적으로 0.95 이상이다.

세균에 의한 식품의 변질과 수분활성과의 관계를 검토하는 경우에는 식중독균의 생육최저 수분활성을 아는 것도 중요하다. 중요한 식중독균의 생육최저 수분활성은 0.86~0.97이다. 특히, 혐기성 세균인 *Cl. botulinum*균의 생육최저 수분활성은 0.93~0.94이다. 이 때문에 진공포장한 축 · 수산가공품 중에는 수분활성 0.94이하가 되도록 유통기준을 설정한 경우도 있다. 수분활성을 0.91 이하가 되도록 하여 일반세균에 의한 부패를 억제하는 것이 가능하나, 염장어 등은 호기성 호염균에 의하여 부패한다. 호염균은 식염에 의하여 수분활성을 낮춘 식품에 생육하여 수분활성 0.75의 포화식염수 영역에서도 부패 원인균으로 된다. 이들 호염균은 10℃ 이하의 저온저장에 의하여 효과적으로 억제할 수 있다. 호염성균이나 비교적 저수분활성에서 생육이 가능한 비호염균의 내성에 대한 자세한 원인은 알 수가 없으나 균체에 glutamic acid, proline 등의 아미노산이나 칼륨을 축적하여 환경에 처한 수분활성과 평형을 이루는 것이 하나의 원인이다.

(2) 효모와 곰팡이

Mucor 속, *Rhizopus* 속 등의 일부 곰팡이류는 수분활성이 대단히 높은 영역에서 생육하여 부패의 원인으로 되는 것이 있다.

그러나, 곰팡이나 효모는 일반적으로 수분활성 0.9 이하의 식품의 변패 원인균으로 중요하다. 예를 들면 수분활성 0.85~0.90의 양과자는 일반적으로 상대습도 75%, 30℃의 조건하에서 약 1~2주간 후에 곰팡이가 발생한다. 이 곰팡이는 탈산소제 등에 의하여 환경 산소를 제거하면 완전히 생육이 억제된다.

그러나, 수분활성이 0.88~0.90정도의 경우에 있어서는 효모가 생육하여 수분활성 0.80 이하에서는 건성 곰팡이로는 많은 종류가 알려져 있으나, 그 대부분은 *Asperigillus* 속이고, mycotoxin 생산성의 건성 곰팡이도 알려져 있다.

현재 곰팡이 중에서 생육 최저 수분활성이 가장 낮은 것은 *Xeromyces bisporus*이고, 그 값은 0.61이다. 따라서 *Asperigillus* 속이나 *Penicillium* 속이 수분활성 0.61 이하에서 생육한다고 하는 보고들을 종종 볼 수 있으나, 이는 잘못된 보고들이다. 이와 같은 결과는 대부분의 경우가 시료의 조제법이 잘못된 경우이다. 즉 수분활성이 높은 식품을 탈수하는 과정에 균이 생육할 위험이 높다.

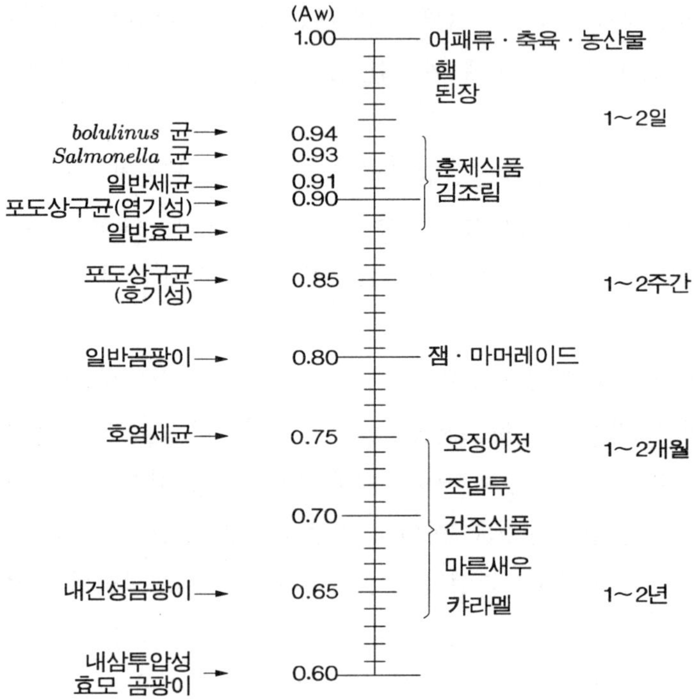

그림 3-7. 식품의 수분활성 및 미생물의 생육을 위한 최저 수분활성

수분활성 0.80 이하의 꿀, 농축 주스에서 문제로 되고 있는 효모는 호삼투압성의 *Zygosaccharomyces rouxii*이고, 수분활성 0.62에서도 생육한다고 보고되고 있다. 이 효모는 보존료나 pH조정으로 억제 가능하다. 균체의 저수분활성 영역에 있어서 내성기구에 대하여는 충분한 검토가 없으나, 저수분 활성에서는 균체내에 다가 알코올이 축적되고 있다고 알려져 있다.

이상에서 언급한 바와 같이 수분활성에 따라 미생물은 발육정도가 달라진다. 따라서, 수분활성의 조절에 의해 식품의 보존성 유지가 가능하며, 이를 이용한 가공 및 보장법으로는 건조, 훈제, 염지 및 당지 등이 있다.

<그림 2-8>은 식염 및 설탕농도에 따른 미생물의 생육정도를 나타낸 그림이다.

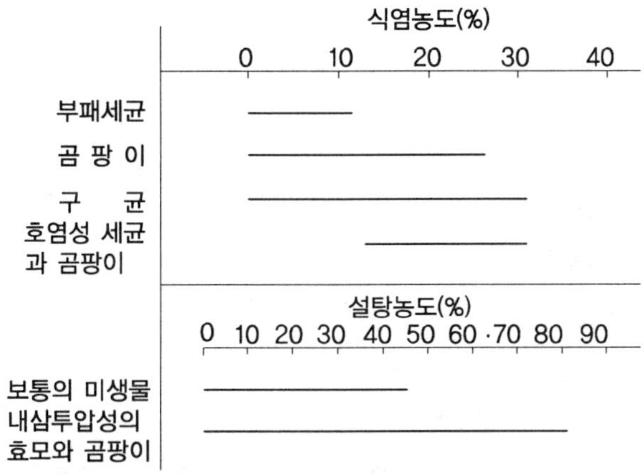

그림 2-8. 미생물의 생육에 미치는 식염 및 설탕농도

2) 화학적, 물리적 품질저하와 수분활성

수분활성을 낮게 하면 할수록 미생물적 변질은 억제되나, 산화나 갈변, 조직감 등과 같은 물리, 화학적 변질은 문제가 된다. 또한 수분활성이 높은 식품에 있어서도 레토르트처리 등에 의하여 미생물에 의한 변패는 억제할 수 있으나 물리, 화학적 변질은 문제가 된다.

(1) 지질의 산화 갈변

식품의 산화는 효소적 또는 비효소적 과정에 의하여 진행한다. 식품의 비효소적 산화에서 가장 중요한 것은 자동산화이다. 감자스낵의 산화속도에 미치는 수분활성은 <그림 2-9>와 같다. 대부분 식품의 산화속도는 단분자층 수분 영역에서 다분자층 수분영역으로 이동하는 영역이 가장 느리다. 이는 물이 산화촉진과 억제의 2가지 작용을 동시에 하기 때문이다.

수분의 산화 억제 작용은 다음과 같이 4가지로 설명된다.

① 자동산화나 광산화에 의하여 생성한 hydroperoxide를 물이 수소결합하여 분해하기 어렵다.

② 산화 촉매물질로서 중요한 금속을 수화하여 불용화시킨다.

③ 지질 radical을 수화시켜 불활성화 시킨다.

④ 지질 radical과 단백질 등의 타 성분과의 반응을 용이하게 하여 지질 radical을 자동산화 연쇄반응에 이용되지 못하게 한다.

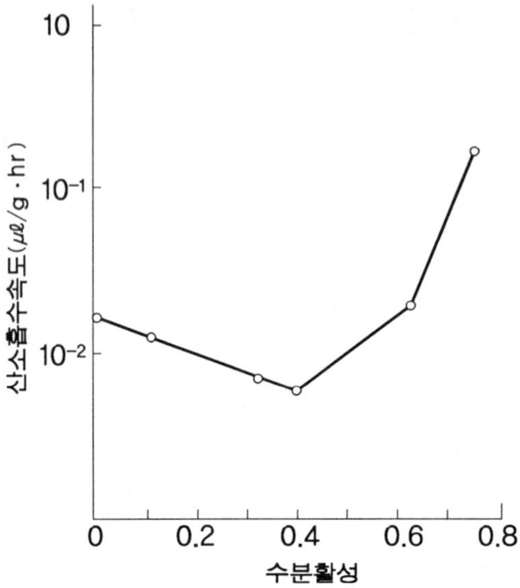

그림 2-9. 감자스낵의 산화에 미치는 수분활성의 영향

수분의 산화촉진 작용은 다음과 같이 2가지로 설명된다.

① 수분활성이 일정한 값을 초월하면 금속촉매의 이동성이 높게 된다.

② 식품의 조직이 물에 의하여 팽윤되고, 표면적이 확대된다.

이와 같은 물의 산화 촉진작용과 억제작용은 단분자층 수분 이상에서는 산화 촉진작용이 산화억제 작용을 상회하고, 산화속도는 수분활성의 증가에 따라 증가한다. 따라서 산화방지를 위하여는 적절한 수분활성을 유지하여야 한다.

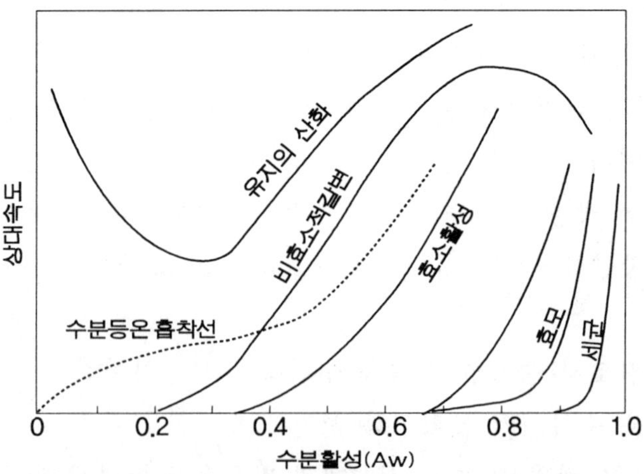

그림 2-10. 식품의 수분활성과 변질의 상대속도

(2) 비효소적 갈변

갈변반응에는 효소에 진행되는 효소적 갈변과 caramel화, Maillard 반응, 지질의 자동 산화 등의 비효소적 갈변이 있다.

비효소적 갈변 중에서는 amino-carbonyl 반응이 가장 중요한 반응이다. amino-carbonyl 반응에 의한 갈변은 수분활성 0.6~0.85의 범위에서 활발하게 진행되고, 수분활성이 이 범위를 벗어나면 갈변속도는 저하한다.

<그림 2-11>은 완두콩의 갈변속도와 수분활성과의 관계인데, 수분활성 0.7정도의 중간수분영역에서 현저하게 진행된다. 이는 당이나 아미노화합물 등의 갈변반응 물질의 경우 수분활성이 높으면 자유수에 용해되기 쉽고, 상대적으로 점도가 저하하여 반응성분의 이동이 용이함에 따라 반응이 진행되기 쉽다. 그러나, 일정 수분활성 이상에서는 반응성분의 농도가 감소하여 반응속도는 저하한다. 또한, amino-carbonyl 반응은 물을 생성하는 축합반응이 진행되기 때문에 질량작용의 법칙에 의해 물은 직접 갈변반응을 저해한다.

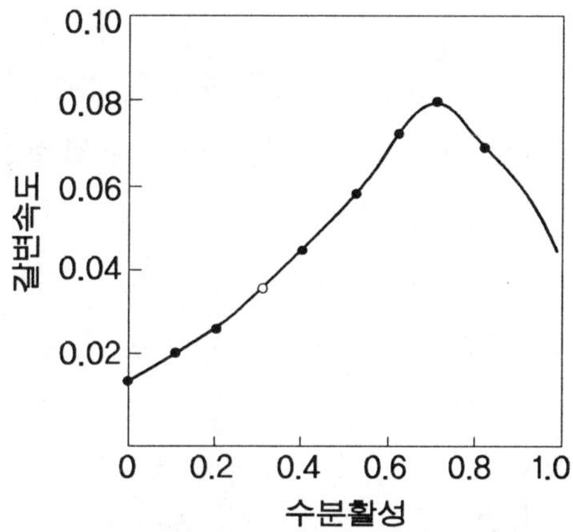

그림 2-11. 완두콩의 갈변속도와 수분활성과의 관계

갈변반응은 미생물 생육의 경향과는 달리 다소 낮은 수분활성의 경우에도 진행을 한다. 예를들면, 유지식품의 경우 단분자층 이하의 저수분 활성에서 산화가 촉진되어 산화 2차 생성물이 생성되고, 이 중 carbonyl 화합물은 갈변을 현저하게 진행시킨다. 또한 당알코올 등을 첨가한 중간수분식품 등에서는 첨가되어진 물질이 물과 같은 작용을 하여 갈변이 최대로 진행되는 수분활성이 크게 저하한다. 이와같은 관점으로 미루어 갈변 억제 방안으로서 수분활성을 적절히 조절하거나 효소를 제거하는 것이 효과적이다.

(3) 물성변화

식품의 물성은 저장 중 변화한다. 그러나, 물성을 객관적으로 평가하기가 곤란하여 물성변화와 수분과의 관계를 정량적으로 검토한 경우는 거의 드물다. 그러나, 근년에 탄성, 경도 등을 측정할 수 있는 많은 장치가 개발되어 금후에 이 분야의 연구도 기대된다.

건조식품의 저장 중 물성변화는 수분활성이 높을수록 현저하다. 이는 수분활성의 증가에 따라 자유수가 증가하여 육의 경도에 관여하는 화학반응을 촉진하기 때문이다. 바삭거림성은 수분활성이 높을수록 저하한다. 그러나, 지질산화의 경우 수분활성이 극단적으로 낮으면 증가하므로 주의를 요한다.

(4) 변색

식품 중에는 다수의 색소가 존재하여 식품의 상품가치를 결정하는 중요한 요인으로 되고 있지만, 이들 색소의 안정성과 수분활성과의 관계는 일정하지 않다.

하지만, 일반적으로 지용성 색소는 단분자층 수분 이상의 수분활성에 있어서는 안정하다. 이와같은 결과는 색소의 산화에 촉매작용을 하는 금속이온이 수분에 의하여 불활성화하기 때문이다.

그러나, 또다른 지용성 색소인 chlorophyll은 수분활성이 낮을수록 안정하다. <그림 2-12>는 마른 김의 chlorophyll 안정성과 수분활성과의 관계를 나타낸 것인데, 단분자층 이상의 수분에서는 chlorophyll이 현저하게 분해된다. 이는 chlorophyll의 경우 수분활성이 높을수록 마그네슘이 이탈하기 쉽기 때문이다. 그러나, chlorophyll의 분해에는 pH, 산소의 유무 등과 같은 여러 가지 요인이 관여하여, 분해기구도 복잡하다.

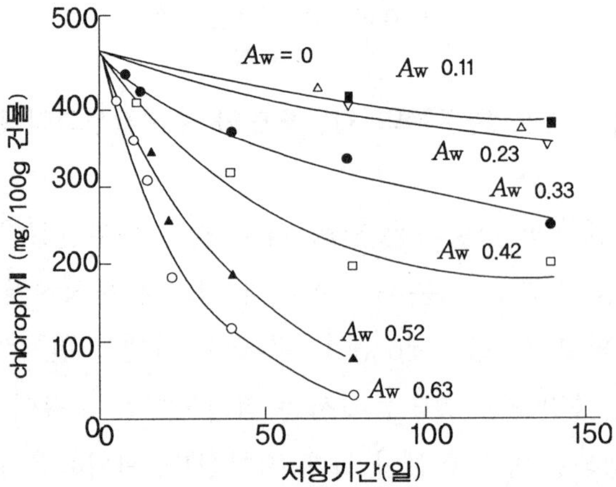

그림 2-12. 마른김의 chlorophyll 안정성과 수분활성

(5) 효소활성

식품의 가공 및 유통 중에 진행하는 변질 중에는 효소에 의한 것도 많다.

효소활성은 일반적으로 수분활성이 낮을수록 저하한다. 대두 과산화효소의 활성에 필요한 최적 수분활성은 약 0.97~0.98, 최저 수분활성은 약 0.23이지만, 저수분활성 영역에 있어서도 모세 응축구의 비율이 큰 식품이나 단분자층 수분이하의 수분활성에 있어서도 비교적 높은 활성을 나타낸다. 이것은 모세관 중에 가두어진 수분에 기질이나 효소가 고농도로 용해하기 때문이다. 그러나, 용해하는 기질이 많이 없기 때문에 반응량은 한정된다.

이상에서 서술한 각종 변질원인과 수분활성과의 관계 및 품질유지 기술을 나타내면 <그림 2-13>과 같다.

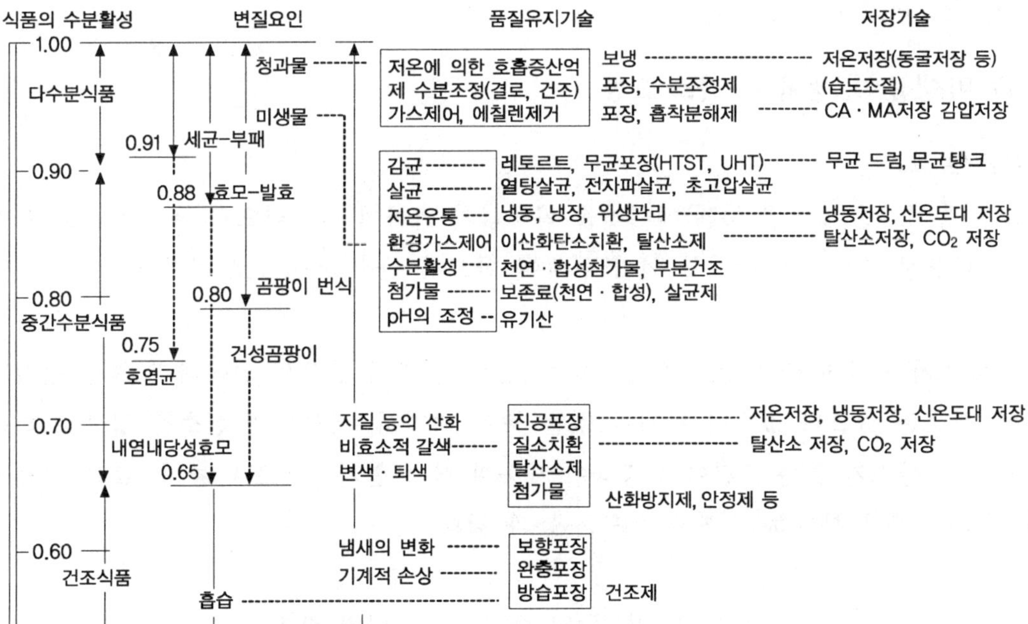

그림 2-13. 식품의 수분활성, 변질요인 및 품질유지 기술

3. 가스환경

일반적으로 식품에 일어나는 변화 종류와 변화 속도는 그 식품이 놓여진 가스환경에 의하여 크게 영향을 받는다.

산소는 호기성 세균, 곰팡이 등의 호기성 미생물의 생육에 의해 식품을 변패시킬 수 있고, 지질의 산화, 색소의 퇴색, 비효소적 갈변 등의 화학적 변화에 의해 또한 식품을 변패시킬 수 있으며, 이들은 산소를 제거하는 가스치환이나 탈산소제 봉입 등에 의하여 포장계 내를 저산소 상태로 만들어 식품의 품질유지를 할 수 있다.

이산화탄소는 청과물이나 미생물 등의 호흡으로 생성되어진 활성이 낮은 기체이나 그 자신이 많은 미생물에 대하여 정균작용을 가지고 있어, 이산화탄소 치환포장에 의해 식품의 변패를 억제할 수 있다.

1) 미생물의 생육과 가스조성

(1) 산 소

고등 동식물은 호흡을 통해 에너지를 획득하기 위하여 필수적으로 산소를 필요로 하지만, 미생물 중에는 에너지를 얻기 위하여 반드시 산소를 필요로 하지 않는 것도 있다.

산소 요구도에 따라 미생물을 분류하는 경우, 산소가 없으면 생육하지 않는 편성호기성, 산소는 있으나 없으나 관계가 없는 통성 혐기성, 저농도의 산소를 필요로 하는 미호기성, 산소가 없는 조건에서 생육이 가능한 편성 혐기성으로 나눌 수 있고, 이들을 이 기준에 따라 분류하는 경우 <표 2-8>과 같다.

표 2-8. 미생물의 증식과 산소와의 관계

구분	미생물	특성
편성 호기성 미생물	*Pseudomonas, Micrococcus,* 대부분의 곰팡이, 일부 효모	산소의 존재하에서 만 증식
미 호기성 미생물	*Streptococcus*, 젖산균	유리산소의 소량 존재하에서 발육
통성 혐기성 미생물	대부분 효모 및 세균	산소의 존재 유무에 관계없이 증식
편성 혐기성 미생물	*Clostridium*속, 파상풍균	무산소 하에서만 증식

① 곰팡이

곰팡이는 거의 모두가 편성 호기성균에 속한다. 그러나, 일반적으로 호기성인 곰팡이의 경우도 세분하면 균종에 따라서 산소 요구도에 있어 차이가 있다 <그림 2-14>. 특히 양과자에 생육하는 주된 곰팡이인 *Asperigillus* 속이나 *Penicillium* 속 등의 균종에서는 산소농도가 1% 정도에서도 어느정도 생육을 한다. 특히, 산소농도가 낮으면 생육은 급격히 저하하나, 대부분은 0.1%에서도 생육이 가능하다. 따라서 산소농도를 낮추는 것에 의하여 식품 중의 곰팡이 생육을 방지하는 것은 곤란하고, 생육저지를 위하여는 잔존 산소농도를 0.1% 이하가 되도록 하여야 한다.

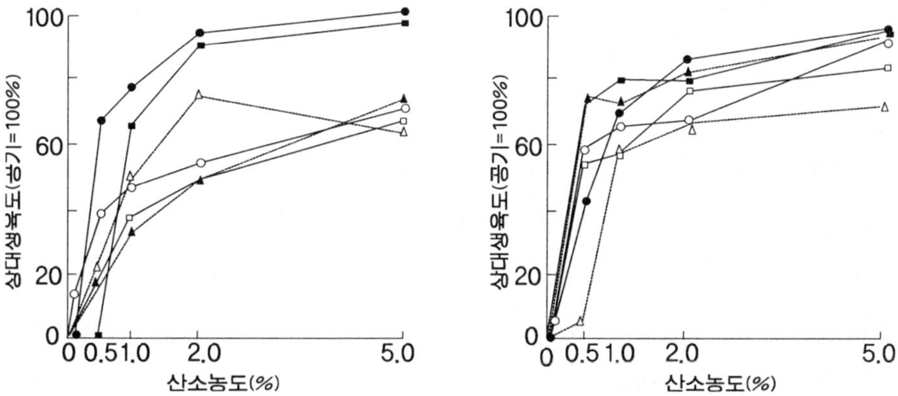

(A) (B)

그림 2-14 곰팡이의 생육에 미치는 산소농도의 영향

(A) ●—● : *Asp. ruber*, ■—■ : *Asp. restrictus*, ▲--▲ : *Asp. awamori*, ○—○ : *Asp. oryzae*, □—□ : *Asp. mangini*, △--△ : *Asp. amstelodami*

(B) ●—● : *Pen. cyclopium*, ■—■ : *Pen. puberulum*, ▲--▲ : *Pen roqueforti*, ○—○ : *Paecilomyces*, □—□ : *Poecilomyces*, △--△ : *Cladosporium*

② 효모

효모는 분류학상 진균류에 속하여 곰팡이에 가깝지만, 산소에 대한 성질은 상당히 차이가 있다. 효모는 편성 호기성 또는 통성 혐기성이어서 대체로 산소가 존재하여야 생육을 잘한다. 그러나, 곰팡이와 같이 산소농도를 낮게 하여 두어도 어느 정도 생육은 저하하나, 최종적으로는 산소가 존재하지 않는 경우에도 어느 정도 생육을 한다<그림 2-15>. 이는 효모의 당대사의 경로가 산소 유무에 의하여 변화하고, 산소가 많은 경우에는 당을 완전히 산화하여 높은 에너지를 얻어 왕성한 증식을 하나, 산소가 부족한 경우에는 분자간 호흡으로 변화하기 때문이다.

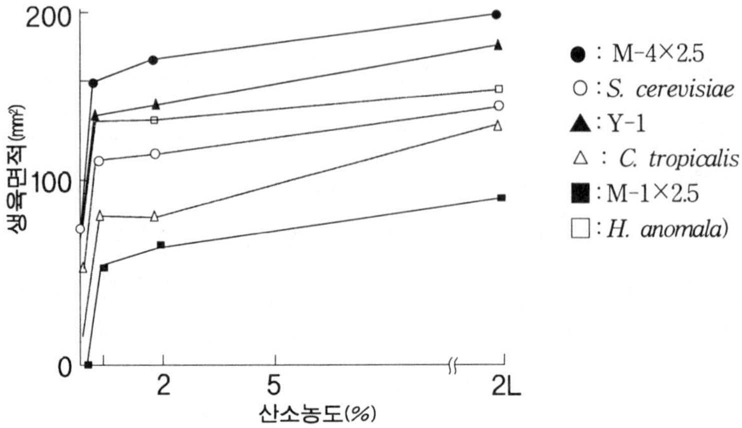

그림 2-15. 효모의 생육에 미치는 산소농도의 영향

③ 세균

산소요구도에 따라 세균을 분류하는 경우 편성 호기성균, 통성 혐기성균, 미 호기성균, 편성 혐기성균 등과 같이 4종류로 나누어져, 단순히 산소농도 만을 낮추는 것에 의하여 생육을 억제하기 어려운 동시에 산소가 없을수록 생육이 촉진되는 균종도 있다.

호기성균에서도 <그림 2-16>과 같이 미량의 산소가 있어도 생육이 가능하고, 0.1% 산소농도에서도 *Achromobacter*나 *Pseudomonas* 등의 호기성 균은 어느 정도 증식을 한다.

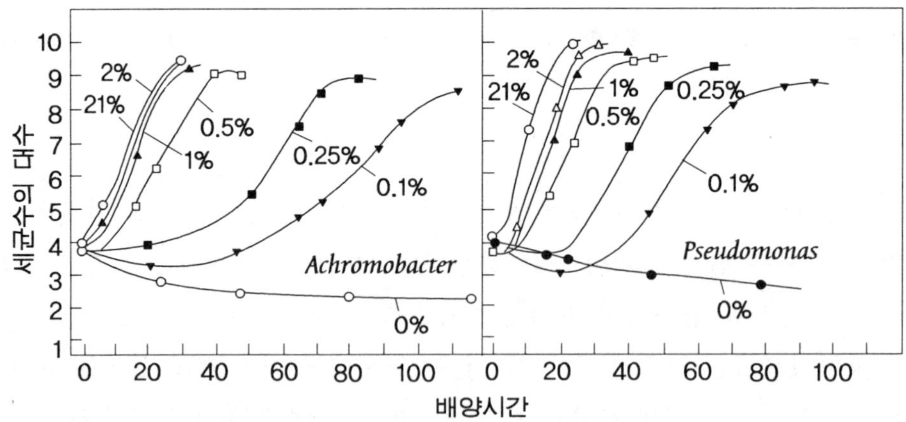

그림 2-16. 산소농도에 따른 호기성 세균의 발육정도

통성 호기성균에는 *Flavobacterium, Proteus, Sarcina,* 대장균군, *Staphylococcus* 등의 많은 균이 포함되어져 있고, 특히 *Staphylococcus*에는 식염 내성도 있다.

미 호기성균의 주된 균은 유산균이다. 수분활성이 높은 식품을 비교적 차단성이 좋은 포장재료로 포장한 경우, 유산균의 생육에 의한 변패가 일어나는 경우가 있다. 유산균 중에는 된장, 절임식품 등에 생육하는 호염성균이 있고, *Pediococcus halophilus*는 식염농도 15% 조건 하에서도 생육을 한다.

편성 혐기성을 대표하는 속은 *Clostridium*이고, 이 중에는 통조림, 병조림 등의 무산소상태의 포장식품 중에서 생육하여 부패, 식중독을 야기하는 단백분해성의 것이 많다(*Cl. botulinum, Cl. welchi*). 또한 혐기성 조건 하의 야채 및 과실 등에서 증식하여 탄수화물을 분해하여, 초산, 이산화탄소, 수소, 알코올류, 아세톤 등을 생산하는 당분해성의 것도 많다.

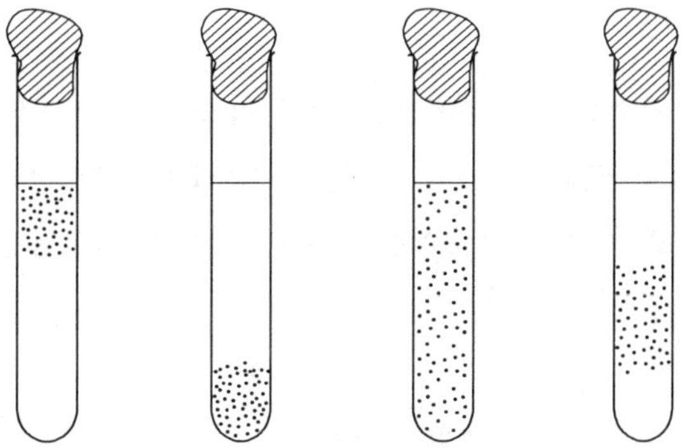

그림 2-17. 한천 배양에서 세균의 생육형태

(2) 이산화탄소

① 곰팡이

이산화탄소의 정균작용은 곰팡이의 종류에 따라 크게 차이가 있으나, 산소의 존재하에서도 상당히 생육억제작용을 나타낸다.

<그림 2-18>은 공기와 동일한 정도의 산소조성 (20%) 하에서 양과자류의 변패에 많은 곰팡이류의 생육을 검토한 것이지만, 이산화탄소농도가 10~30%에서 현저하게 생육이 억제되는 곰팡이도 있다. 특히, 수분활성이 낮은 경우 생육하는 호삼투압성의 곰팡이에 대하여는 효과가 현저히 나타난다.

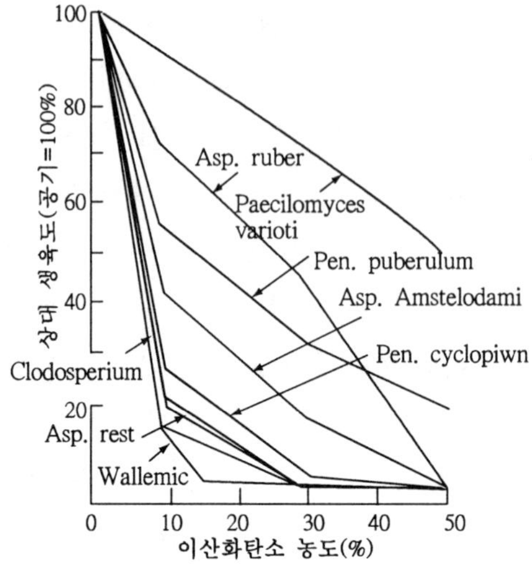

그림 2-18. 곰팡이의 생육에 미치는 이산화탄소의 영향(산소 20% 존재)

② 효모

이산화탄소의 생육 억제작용은 효모에 대하여도 어느 정도 인정되지만, *Saccharomyces cerevisiae*(빵효모) 및 *Candida tropicalis* 등은 이산화탄소 100%의 조건에서도 어느 정도 생육을 나타내어, 효모의 종에 따라서는 충분한 생육 억제작용을 기대하기 곤란한 것도 있다.

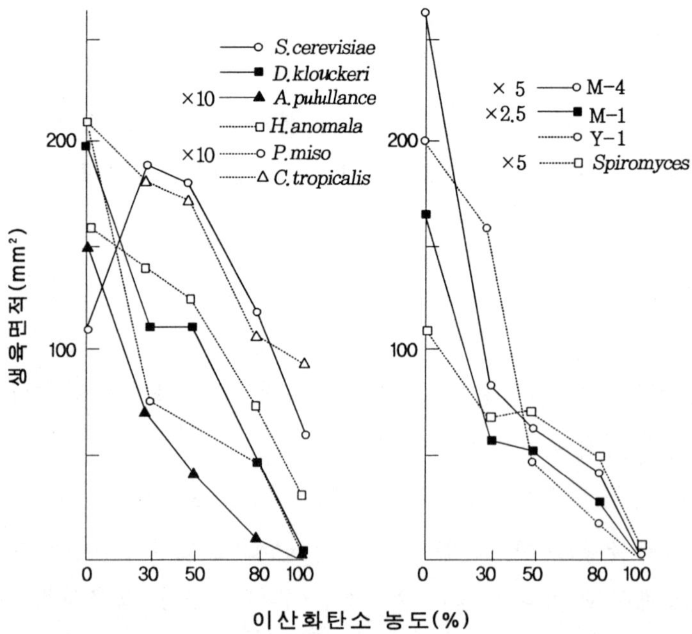

그림 2-19. 효모 생육에 미치는 이산화탄소농도의 영향 (산소 20% 존재)

③ 세균

고농도 이산화탄소는 세균의 증식을 억제하는 효과가 기대된다.

<그림 2-20>은 이산화탄소 50%, 산소 10%의 조건하에서 *Pseudomonas fluolescens* 의 생육을 나타낸 것이지만 생육속도가 공기 중에 비하여 약 절반정도이다.

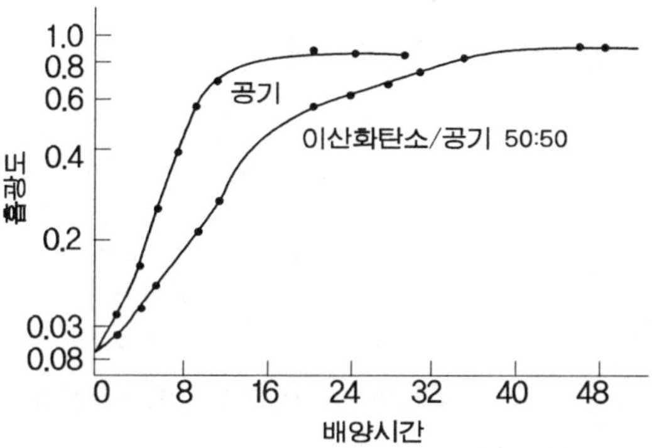

그림 2-20. *Pseudomonas fluolescens*의 생육속도에 미치는 이산화탄소 농도의 영향

2) 가스치환포장과 탈산소제에 의한 변패 억제

(1) 미생물 생육 억제

생과자 또는 반생과자를 탈산소제 봉입 포장을 하는 경우 곰팡이에 대한 생육억제 효과가 있으나, 효모 및 유산균류에 대한 생육억제 효과는 인정되지 않는다.

따라서, 포장재 내에 산소를 제거하고 질소 또는 이산화탄소를 취입하는 경우 곰팡이의 생육은 없고, 효모의 증식은 인정된다.

(2) 식품의 산화방지

식품에 가스치환포장과 탈산소제를 이용하는 경우 지질산화 억제가 가능하다.

일반적으로 사용하는 가스로는 질소를 이용한다. 이산화탄소는 지질에 대한 용해도가 대단히 높아, 지질 중에 흡수되어지기 때문에 포장재 내가 감압되어 포장재가 수축하는 현상이 일어나기 때문에 거의 사용하고 있지 않다.

4. 진동 및 충격

식품의 품질을 좌우하는 요인으로서는 온도, 습도, 가스환경, pH, 미생물, 빛, 바람, 진동 및 충격이 있다. 이 중에서 진동 및 충격은 유통 중에 주로 일어나는 변패요인으로 완충 포장재가 불충분한 경우 주로 발생한다.

5. 광선

광선은 전자파의 일종으로 <그림 2-21>과 같이 분류된다. 이 중 식품 가공 및 저장에 주로 이용하거나 문제가 되는 전자파는 자외선 (200~400 nm), 가시광선 (400~750 nm), 적외선 (750~10^6 nm) 및 마이크로파 (10^6~10^9 nm)이다.

1) 마이크로파

마이크로파는 근년에 식품가공품의 소비에 현저한 공헌을 한 전자렌지에 응용되는 파장이다.

전자렌지에는 주로 2,450 MHz를 사용하고 있는데, 이 주파수에 식품을 놓아 둘 경우 식품 구성분자는 분극을 일으키고, 유극성 분자는 전계에 재배치하려고 하여 심한 회전운동이 일어나면서 진동하는 분자끼리의 마찰로 내부에 열이 발생하여 올라가게 되는 원리를 이용한 것이다.

2) 원적외선

원적외선 역시 식품 가공에 자주 이용되는데, 이는 가열 특성 때문이며, 근적외선 가열과 같이 열매체를 이용하지 않고 가열할 수 있고, 가열속도도 빨라 종래의 가열방법보다 20~30%의 에너지가 절약된다는 장점도 있다.

3) 자외선

자외선은 살균력이 강한 파장대 (200~280 nm)이기도 하나, 광화학 반응을 강하게 일으키는 파장대 (320~360 nm)이기도 하다.

따라서 식품가공 공장이나 창고 등에서는 살균력이 가장 강한 파장대인 254 nm를 조사하여 여러 가지 미생물을 살균하고 있다. 하지만 <그림 2-22>에 나타낸 바와 같이

320 nm 이상에서는 강한 광화학 반응을 일으켜 여러 가지 물질의 화학구조를 파괴하는 등으로 인하여 식품에서는 유지의 산화, 색의 퇴색, 이취 등의 품질저하 원인으로 되고, 또한 무색포장지를 통과하므로 주의를 하여야 한다.

이와 같이 광선에 의한 식품의 품질저하를 억제하기 위한 차광(遮光)방법으로는 금속관, 알루미늄박 적층 필름, 금속 적층 필름, 종이 등의 광선을 투과하지 않는 포장자재로 포장하거나 착색 포장재로 포장한다. 그리고, 전면 인쇄한 포장재로 포장하거나, 투명성이 필요한 경우에는 자외선 차단제, 특수 인쇄 등으로 자외선을 투과하지 않는 특수한 자재를 이용하는 등의 방법도 있다.

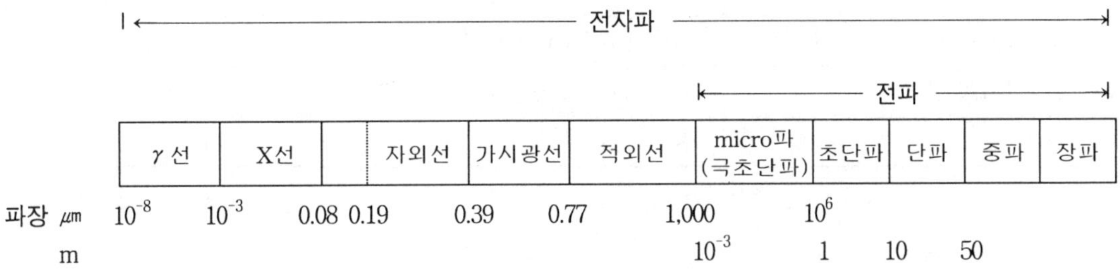

그림 2-21. 전자파의 종류와 파장

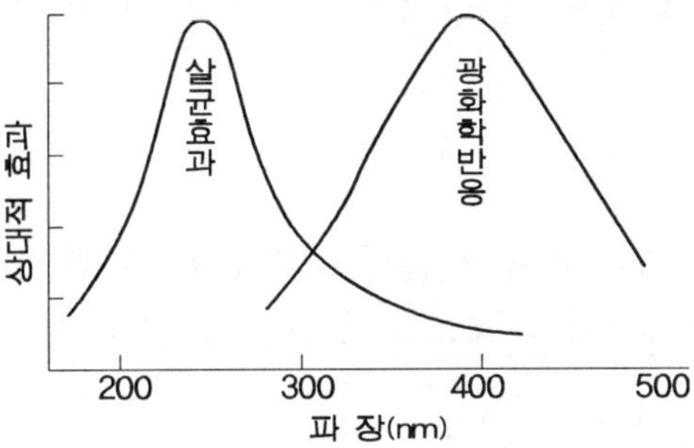

그림 2-22. 자외선의 파장과 그 특성

6. pH

pH는 모든 생물의 환경을 규정하는 중요한 인자의 하나로 pH=−log(H^+)로 표기되고, 여기서(H^+)는 수소이온농도이다. pH는 7을 중성으로, 7이하를 산성 영역으로, 7이상을 알칼리성으로 하고 있다. 즉 pH가 낮을수록 수소이온농도는 높고, 강산성이라 하며, pH가 높을수록 수소이온농도는 낮고, 강알칼리성이다.

대부분의 생물학적 현상은 비교적 좁은 범위로 제한되어 있고, 생물체 내의 pH를 <표 2-9>에 나타내었다.

표 2-9. 생물체 내의 pH

액체	pH 범위	액체	pH 범위
혈액 (사람)	7.3~7.5	위의 내용물 (사람)	1.5~3.0
뇌척수액 (사람)	7.4~7.4	십이지장의 내용물 (사람)	4.5~8.0
체액 (사람 이외의 동물)	6.7~7.9	뇨 (사람)	4.8~8.0
모유 (사람)	6.4~7.6	사과주스	2.9~3.3
우유 (소)	6.4~6.8	레몬주스	2.2~2.4
타액 (사람)	6.4~7.6	라임주스	1.8~2.0
타액 (소)	8.3~8.5		

1) 미생물

모든 미생물은 각자 생육에 적합한 pH가 있는데, 이것을 최적 pH라 하며, 최적 pH보다 높거나 낮으면 생육이 어려워져, pH 4 이하 혹은 9 이상에서도 생육할 수 있는 미생물은 거의 없다.

(1) 세균

<그림 2-23>에 나타낸 바와 같이 세균의 최적 pH는 대체로 7부근이고, 유산균과 같이 산을 만드는 세균에도 pH가 낮을수록 생육은 어렵게 된다.

(2) 효모

일반적으로 효모의 생육에 적합한 최적 pH는 4~5로 세균에 비하여는 다소 낮고, 곰팡이에 비하여는 범위가 좁다.

(3) 곰팡이

곰팡이는 pH 2~8.5사이에서 생육이 가능한데, 일반적으로 산성 영역에서 생육하기 용이하다.

이와같이 pH에 따라 미생물의 생육현상은 달라지며, 그 정도는 산의 종류에 의해서도 영향을 받는다. 예를들면, 같은 pH일 경우 염산과 황산과 같은 무기산보다는 오히려 초산, 젖산과 같은 유기산쪽이 저지효과가 크다.

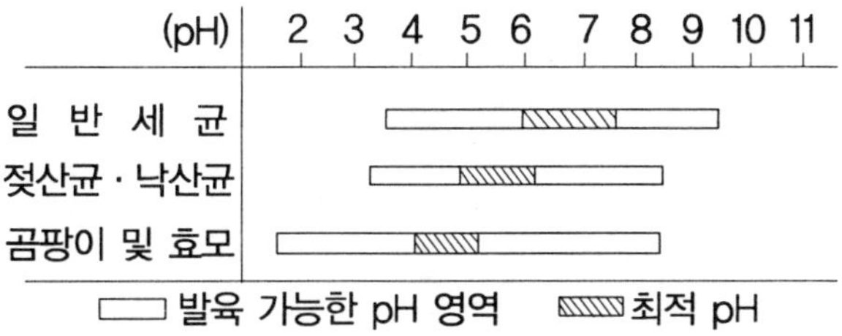

그림 2-23. 미생물의 생육에 미치는 pH의 영향

2) Struvite

Struvite는 게, 연어, 오징어, 참치 등과 같은 통조림 중에 가끔 발생하는 무독성의 유리모양의 결정으로, 그 구조는 $Mg(NH_4)PO_4 \cdot 6H_2O$이다. 이것은 내용물 육 중의 마그네슘 및 인화합물과 육분해 생성물인 암모니아가 가열시에 화합하여 냉각할 때에 용해도가 적은 결정으로 석출한 것이다.

Struvite는 내용물이 산성인 경우에는 용해도가 커서 잘 발생하지 않으나, 내용물이 중성내지 미알칼리성인 경우에는 난용성이어서 쉽게 생성한다.

3) Lysinoalanine

Lysinoalanine은 근년에 발암성물질이라 하여 상당히 기피하는 성분이다. 이는 주로 단백성분을 강알칼리성에 노출한 경우 많이 발생한다. 한 예로 단백질을 산분해시키는 화학간장의 경우 산중화를 위하여 강알칼리를 사용하는데, 이 때에 발생위험이 있어 건강을 중시하는 요즈음에는 상당히 기피하고 있다.

Lysinoalanine의 발생은 독성도 문제가 되며, 곡류 제한 아미노산인 lysine의 감소현상도 동반한다.

제3장

가공 및 저장 중 식품성분의 변화

1. 수분의 변화

1) 건조 및 훈연 중 성분변화

식품의 건조는 내부확산 및 표면증발로 이루어진다. 이 결과 수용성 성분(물, 염류, 당 및 맛성분 등)은 수분과 함께 내부에서 표면으로 이동되고, 이어서 수분 만 표면증발하게 되어 표면에서 염류 및 당류 등이 농축된다.

이와 같은 요인으로 인해 식품의 건조 중에는 다음과 같은 현상이 발생한다.

① 농축 염류 및 당류에 의한 단백질 변성

② 피막형성에 의한 표면경화로 건조 장애

③ 수분증발에 의한 형태의 수축

④ 중량 감소 등과 같은 물리적 변화 발생

⑤ 자유수의 감소로 인한 저장성 증가

2) 동결 중 성분변화

식품을 동결하게 되면 열역학적으로 자유로운 자유수부터 동결하여 빙결정이 성장하게 되고, 이로 인해 식품의 동결 중에는 다음과 같은 현상이 발생한다.

① 자유수 감소에 의한 수분활성 감소로 저장성 증대

② 빙결정의 성장으로 조직 파괴

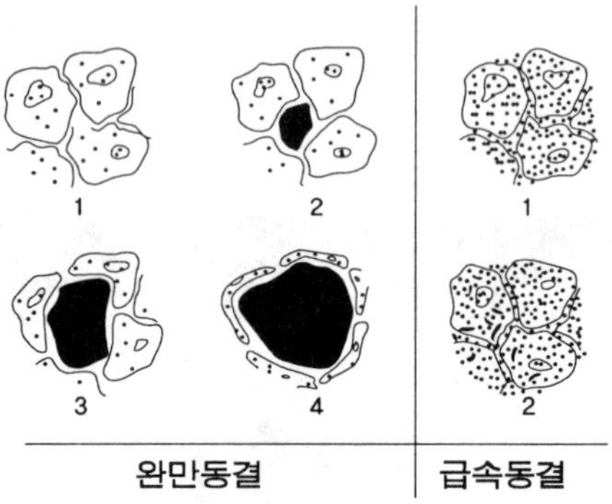

그림 3-1. 빙결정의 생성에 의한 조직의 파괴

3) 저장 중 수분변화에 따른 성분변화

(1) 성분 변화 현상

식품을 건조 및 동결하여 과도한 수분이 감소하는 경우 표면적의 과다 노출로 인하여 지방, 비타민 및 색소 등이 산화하여 품질이 저하한다.

(2) 성분 변화 억제

저장 중 과도한 수분의 감소로 발생하는 산화에 의한 피해를 줄이기 위하여는 다음과 같은 방법을 적절히 취하는 것도 하나의 좋은 방법이다.

① 단분자 막을 형성할 정도의 수분은 남기고 건조

② 탈산소제와 같이 가스제거 또는 조절

2. 탄수화물의 변화

전분은 곡류를 주식으로 하는 우리나라 사람들의 대표적인 섭취 탄수화물이다. 이와 같은 전분은 식품 가공 및 저장 중에 호화, 노화 및 호정화와 같은 현상이 일어난다.

1) 식품의 호화

식품의 호화는 전분에 물을 가하여 가열하는 경우 전분이 물을 흡수하여 팽윤하면서 분자들이 분산 또는 풀어지는 상태로 되어 점도가 큰 콜로이드 용액이 되는 현상을 말하며, 이를 α 전분이라 한다.

이와같이 호화된 전분은 분자입자의 분산으로 전분분해 효소의 작용을 받기가 용이하여 소화되기 쉽다.

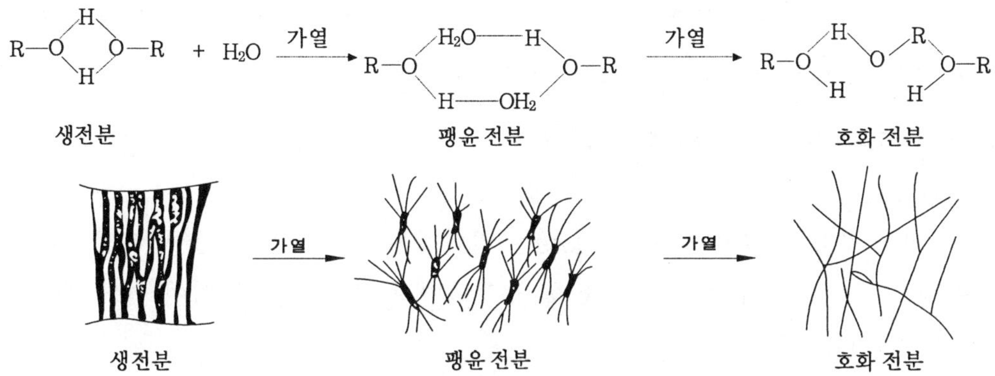

그림 3-2. 전분의 호화과정

2) 식품의 노화

노화는 조직이 다소 풀려있던 α화 전분을 상온에서 방치하는 경우, 서서히 굳어져 부분적으로 규칙적인 분자배열을 가진 β화 전분으로 되돌아가는 현상으로 떡이나 빵이 굳어지는 현상을 말한다.

따라서 노화 전분은 효소의 작용을 받기가 쉽지 않아 소화가 어렵다.

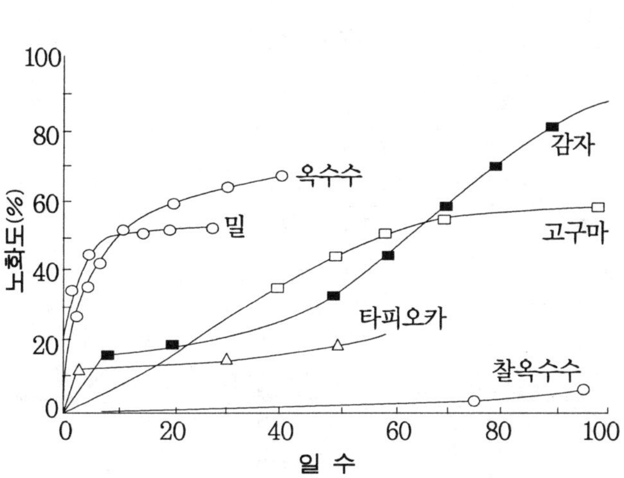

그림 3-3. 여러 가지 전분의 노화속도

3) 호화 및 노화의 영향인자

(1) 전분의 종류

노화도 호화의 경우와 같이 전분의 조직구조가 서로 달라 전분의 종류에 따라 노화의 진행속도가 다르고, 일반적으로 조직구조가 치밀한 옥수수 전분, 밀 전분(지상으로 노출된 전분들) 등이 조직구조가 치밀하지 못한 감자 전분, 고구마 전분 및 타피오카 전분(지상으로 노출되지 않은 전분)보다 노화가 용이하다.

(2) amylose 및 amylopectin 함량

① amylose

직선상의 구조를 가지고 있는 amylose는 입체장해를 받지 않아 물에 분산되어 콜로이드 용액으로 만들기가 용이하여 쉽게 호화하면서, 또한 불안정하여 쉽게 침전되어 노화가 용이하다.

② amylopectin

amylose와는 달리 amylopectin은 입체구조를 형성하고 있어 호화 및 노화의 진행이 어렵다. 따라서 amylose의 조성비가 높은 전분이 호화 및 노화의 진행이 용이하다.

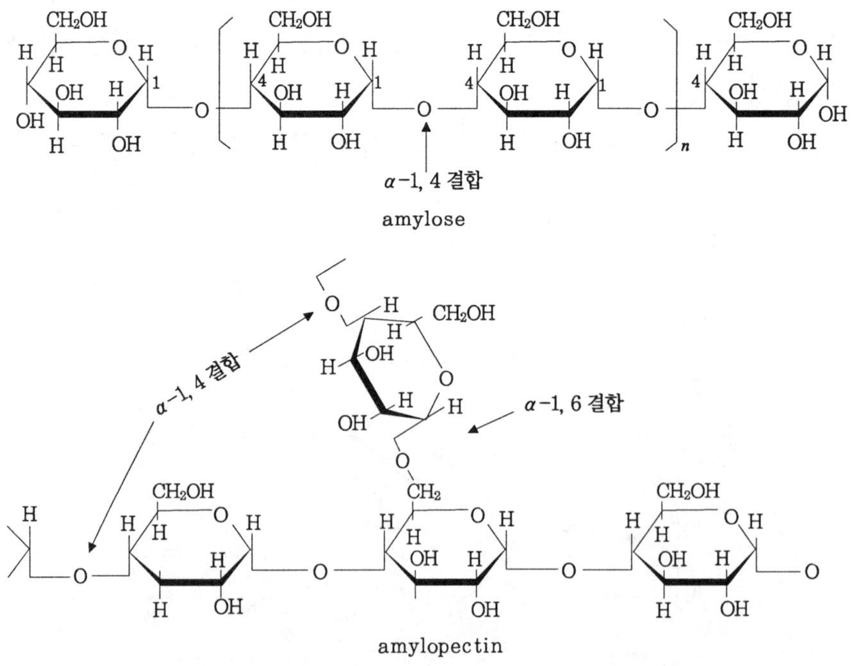

그림 3-4. amylose 및 amylopectin의 구조

(3) 온도

전분의 노화는 온도에 상당히 민감하다. 일반적으로 전분은 60℃ 이상에서는 거의 진행되지 않으나, 이보다 온도가 저하할수록 진행속도가 빠르고, 2~5℃의 온도대에서 가장 용이하다. 그러나 온도가 다시 0℃ 이하로 낮아지는 경우 온도가 저하할수록 노화속도는 감소한다. 이러한 현상은 온도저하에 따라 물분자 간의 수소결합이 안정화되어 전분분자들의 자유로운 이동이 억제되기 때문이다.

표 3-1. 각종 전분의 호화온도

전분 종류	호화 개시 온도(煉)	호화 완료 온도(煉)
감자	66.0	80.0
고구마	68.0	81.0
옥수수	70.5	86.6
쌀	64.5	72.0
밀	55.0	66.5

(4) 수분함량

전분의 노화는 수분함량이 30~60%일 때에 가장 신속하고, 그보다 많거나 적은 경우에는 다소 속도가 저하한다. 일반적으로, 수분이 이 범위보다 많은 경우 전분분자가 회합되기 어렵고, 이보다 적은 경우 전분분자가 고정되기 때문이다.

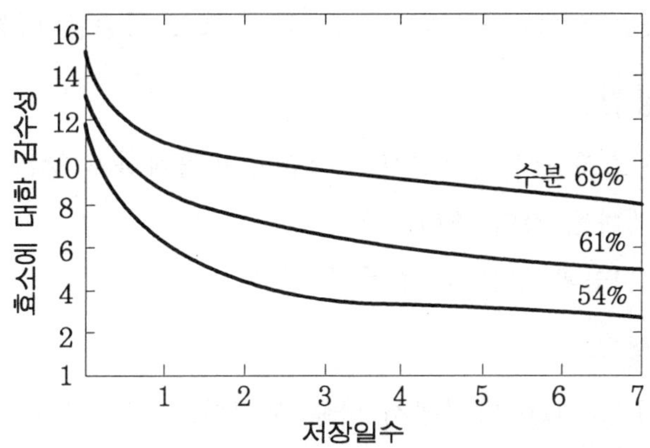

그림 3-5. 쌀밥의 수분함량에 따른 노화속도

(5) pH

노화현상은 수소결합에 의한 분자의 회합이라고 할 수 있다. 이 때문에 수소결합이 생기기 쉬운 pH영역, 어려운 pH영역에 따라 노화진행속도는 달라진다. 일반적으로 알칼리 전분과 같이 다량의 수산이온(OH^-)이 존재하는 경우에는 전분의 swelling이 진행되고 안정한 풀이 생성되어 노화성이 결여된다. 또한 노화성은 중성영역에서는 증대하나, 산성영역에서는 적다.

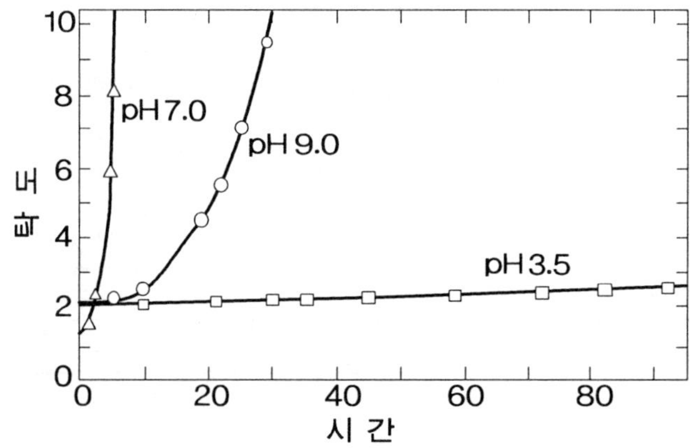

그림 3-6. 감자전분 amylose의 노화와 pH

(6) 각종 유기 및 무기 이온

각종 유기 및 무기 이온은 호화 및 노화에 영향을 미치는데, 이 중에서 음이온은 $CNS^- > PO_4^{3-} > CO_3^{2-} > I^- > NO_3^- > Br^- > Cl^- > CH_3COO^- > F^- > SO_4^{2-}$의 순으로 영향을 미치고, 양이온은 $Ba^{2+} > Sr^{2+} > Ca^{2+} > K^+ > Na^+ > Li^+$의 순으로 영향을 미친다.

4) 노화 억제 방법

전분의 노화현상은 소화율이 낮으면서 조직감이 바람직하지 않은 상태로 변화하기 때문에 가능하다면 억제하는 것이 좋다.

노화 억제 방법은 다음과 같은 몇 종류가 있다.

(1) 수분함량 조절

노화는 수분함량이 30~60%범위에서 아주 용이하게 진행되나, 이 범위를 벗어나는 경우에는 그 속도가 저하하고, 특히 수분함량이 10% 이하인 라면류, 비스킷류 및 건빵류 등은 노화가 거의 진행되지 않는다.

(2) 냉동

빙점 이하의 온도에서는 노화가 억제되기 시작하여 -20～-30℃에서는 거의 진행되지 않는다.

(3) 설탕의 첨가

양갱의 전분은 30～60%범위의 수분을 함유하나, 설탕이 탈수제로 작용하여 전분의 노화를 억제한다.

4) 유화제의 이용

유화제는 전분 용액의 안정도를 증가시켜 전분 입자의 침전이나 결정을 형성하여 노화를 억제한다. 이러한 원리는 빵이나 과자류의 노화 억제에 많이 이용된다.

5) 전분의 호정화

전분을 묽은 산이나 효소로 가수분해하거나 수분이 없는 상태에서 160～170℃로 가열시켜 어느 정도 가수분해한 것을 호정화(dextrinization)라 하며, 전분보다 분자량이 적은 dextrin으로 분해되었기 때문에 물에 녹기 쉽고 효소작용을 받기 쉬우므로 소화가 용이하다.

쌀, 옥수수 등을 튀긴 팽화식품이나 볶은 식품 등은 전분을 호정화시킨 대표적인 제품이다.

3. 지방의 변화

유지의 산화는 크게 상온에서 공기 중의 산소를 흡수하여 발생하는 자동산화와 가열에 의하여 발생하는 가열산화로 나눌 수 있다.

1) 자동산화

(1) 기구

자동산화는 개시단계, 전파연쇄단계, hydroperoxide 및 종결단계가 연쇄적으로 일어나는 반응이다.

① 개시단계(initiation)

기질(RH)이 열, 빛, 산소 및 금속 등의 에너지에 의하여 탈수소되어 유리기(R˙, free

radical)를 생성하는 단계이다.

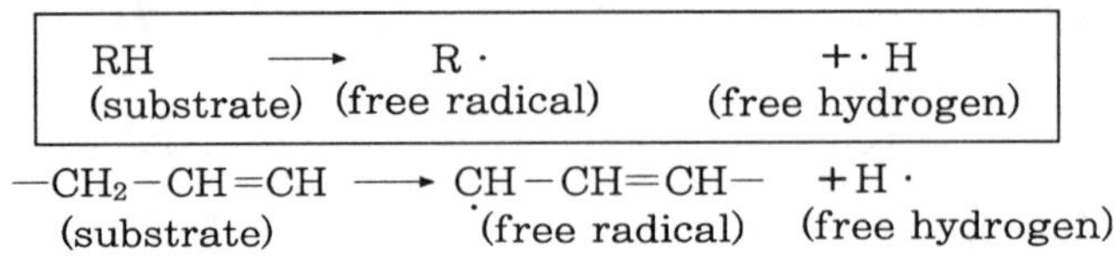

그림 3-7. 지질 자동산화 중 개시단계

② 전파연쇄단계(propagation)

유리기(R·)가 산소와 결합하여 peroxy radical(ROO·)을 생성하고, 이 peroxy radical이 새로운 기질에 작용하여 hydroperoxide(ROOH)와 또 다른 유리기(R·)를 생성하는 단계이다.

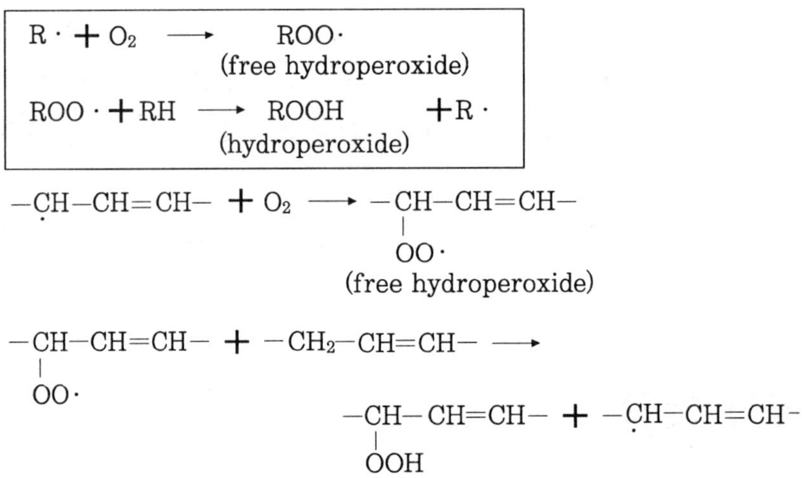

그림 3-8. 지질 자동산화 중 전파 연쇄단계

③ hydroperoxide 분해단계(hydroperoxide decomposition)

불안정한 hydroperoxide가 빛, 열, 금속, pH 등에 의하여 새로운 유리기를 형성하는 단계이다.

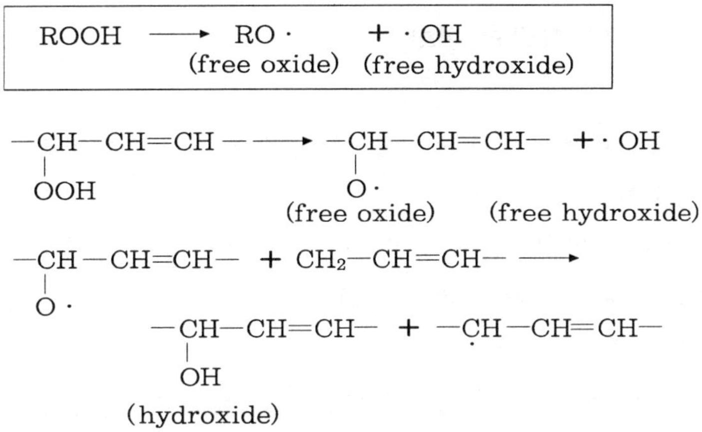

그림 3-9. 지질산화 중 hydroperoxide 분해단계

④ 종결단계 (termination)

자동산화과정에서 발생한 각종 유리기가 서로 반응하여 산화중합물을 생성하는 단계이다.

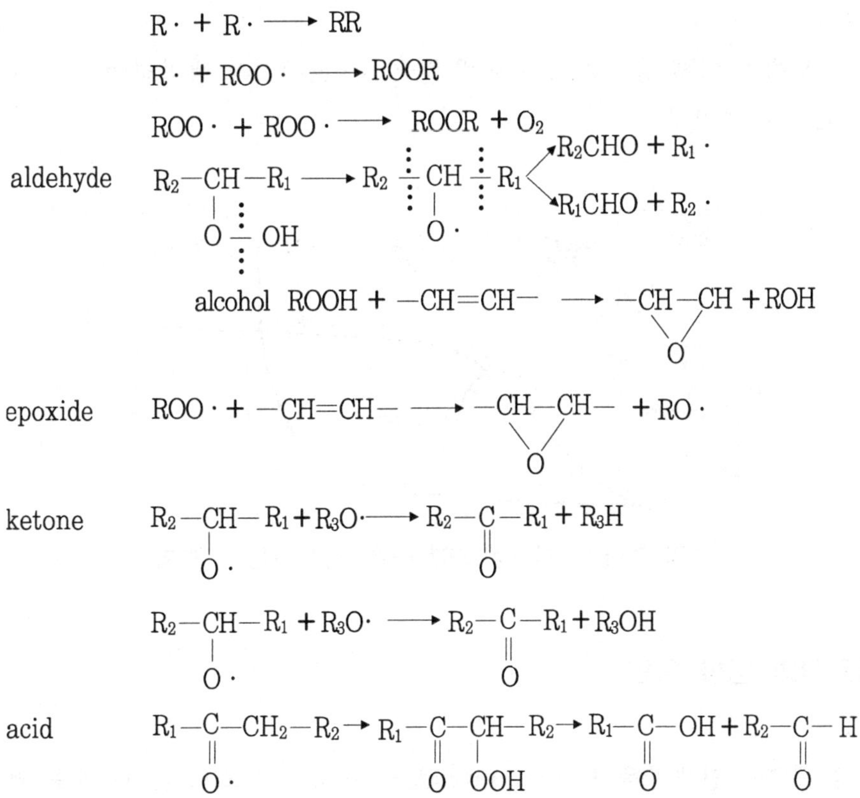

그림 3-10. 지질산화 중 종결단계

(2) 자동산화에 따른 지질의 변화

① 유도기

유도기는 반응의 초기에 해당하는 기간으로 산소를 거의 흡수하지 않고, 과산화물도 거의 생성하지 않는다.

산화억제를 위하여 첨가하는 산화방지제의 경우 이 기간에 첨가하여야 효과가 있고, 이 기간이 경과한 후에 첨가하는 경우 산화 억제 효과는 없다.

② 과산화물 형성기

유도기가 경과하여 과산화물 형성기가 되면 free radical의 생성 및 연쇄반응으로 산소흡수가 크게 늘어나게 되고, 과산화물이 생성되므로 당연히 과산화물값(peroxide value, POV)이 높아진다.

③ 과산화물 분해기

과산화물 형성기가 경과하고 과산화물 분해기가 되면 과산화물의 생성속도보다 분해속도가 빨라 POV값은 감소한다.

④ 중합기

과산화물 분해기 이후 중합기에는 이량체(R-R, ROOR)가 생성하여 고분자화되므로 자연히 점도는 높아진다.

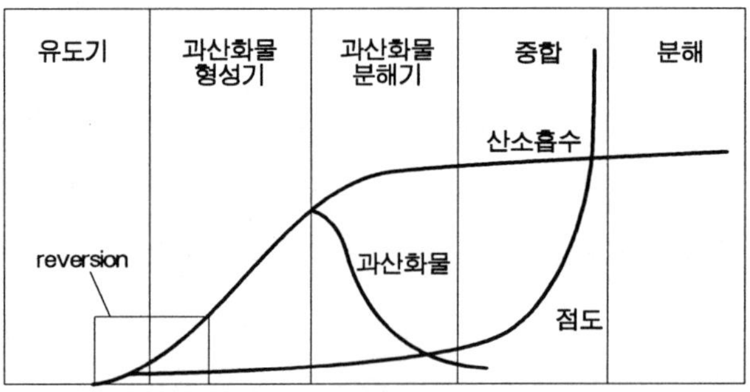

그림 3-11. 자동산화에 따른 지질성상의 변화

(3) 자동산화 영향 요인

① 온도

온도가 높을수록 연쇄반응과 hydroperoxide의 분해 촉진으로 산화속도는 빠르다. 그러나, 0℃ 이하에서는 0℃ 이상보다 오히려 산화가 촉진된다. 이는 식품 중의 수분이 빙결됨에 따라 자동산화를 촉진하는 금속이온 등이 농축되기 때문이다.

② 불포화도

유지분자 중 이중결합이 많으면 활성화되는 methylene기 ($-CH_2$)의 수가 증가하여 자동산화속도는 오히려 빨라진다.

표 3-2. 불포화도에 따른 지방의 산화율

지방산	쇄상 구조	산화율(%)
18:0	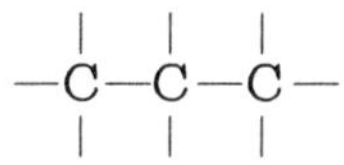	0.6
18:1	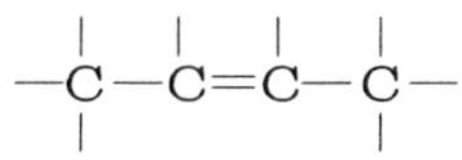	6
18:2	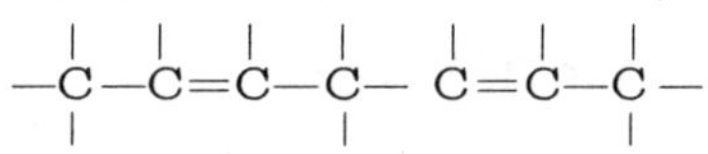	64
18:3	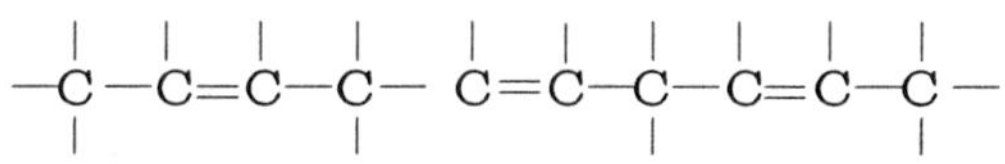	100

③ 금속이온

전자를 받아들일 수 있는 금속이온은 유지산화를 촉진한다. 즉, 철이온은 자동산화의 과정에서 생성된 hydroperoxide의 분해를 촉진하여 free radical을 생성함으로써 산화의 연쇄반응을 촉진한다.

금속이온의 산화촉진 정도는 Cu > Mn > Fe > Cr > Ni > Zn > Al의 순이다.

④ 산소

산소는 자동산화의 필수요소로서 산소농도가 150 mmHg 이하인 경우 산소분압에 비례하여 산화속도가 빠르나, 그 이상인 경우에는 산소분압과는 무관하다.

⑤ 수분

일반적으로 식품성분이 수분에 의하여 단분자층을 형성하고 있을 때 산화에 가장 안정하나, 이보다 수분이 많거나 적은 경우에는 산화가 촉진된다.

⑥ 광선

2537Å 이하의 파장을 가진 광선(특히 자외선과 같은 단파장의 광선)은 개시단계에

서 유리기의 생성을 촉진하므로 산화를 촉진한다.

일반적으로 청색-보라색을 나타내는 파장 325~400 ㎛의 광선에서 산화가 빠르다.

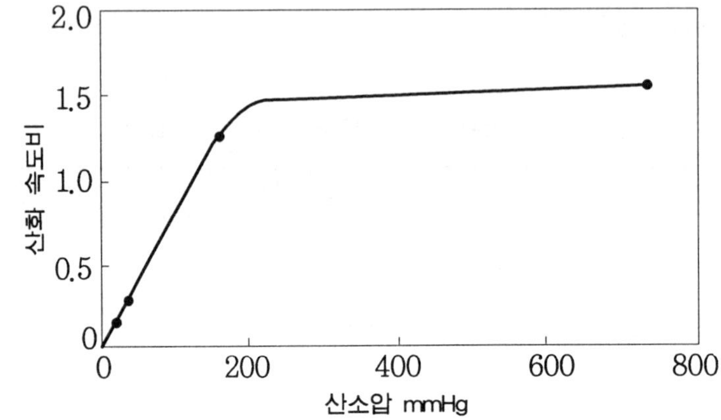

그림 4-12. 지질(ethyl linolate)의 17mmHg에 있어서 산화속도와의 비에 대한 산소분압의 영향

⑦ 햄(heme) 화합물

동물조직에 함유되어 있는 햄 화합물은 육류조직의 지방질 산패를 촉진한다.

육류의 냉동저장 중 산패의 주원인 물질이다.

⑧ 효소

많은 식물조직에서 발견되는 lipoxidase는 불포화 지방산의 자동 산화 과정에서 촉매로 작용하여 hydroperoxide를 생성한다. 이 효소는 낮은 온도에서도 그 활성을 유지한다.

RH + lipoxidase + O_2 ⟶ RH-O-lipoxidase

⟶ (R · + · OOH) - lipoxidase

(R · + · OOH) - lipoxidase ⟶ ROOH - lipoxidase

⟶ ROOH + lipoxidase

hydroperoxide

그림 3-13. lipoxidase에 의한 지질 산화

2) 가열 산화

유지는 공기에 의하여 산화되고, 고온에서는 산화가 촉진되어 중합 및 가수분해 등이 일어난다.

(1) 중합

유지를 200℃ 내외로 가열하게 되면 유리기가 서로 중합하게 되고, 이로 인해 점도가 증가하여 결국 ether 불용성의 피막을 이루는 유지 건조(dryness of oil) 현상을 일으킨다. 이와 같은 중합의 정도는 유지에 따라 차이가 있으나 건성유, 반건성유 및 불건성유의 순으로 용이하다.

(2) 가열분해

고온에서 유지를 가열하면 지방산과 glycerol로 분해되고, 여기서 계속 가열하면 지방산은 저급 지방산과 aldehyde 등의 휘발성 물질을 생성하고, glycerol은 탈수되어 자극취를 가지는 acrolein을 생성한다.

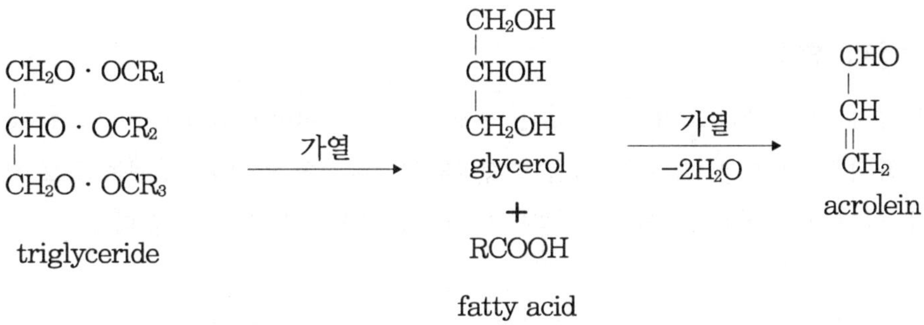

그림 3-14. 고온가열에 의한 지질로부터 acrolein의 생성

3) 항산화제

(1) 기구

항산화제(AH)는 유리기(R·)에 수소를 공여하여 유리기를 봉쇄하는 작용과 유리기와 peroxy radical(ROO·)에 수소를 공여하여 hydroperoxide를 생성하므로 peroxy radical이 제거되어 새로운 유리기의 생성을 억제하는 작용을 한다.

그러나 항산화제는 유도기를 연장하는 기능이므로 항산화제를 첨가하고자 하는 경우 유도기에 첨가하여야 산화 억제 효과를 기대할 수 있고, 튀김식품 등에 첨가하는 경우 항산화제의 고온분해 등을 고려하여 적절한 항산화제를 고려하여야 할 것이다.

$$R\cdot + AH \longrightarrow RH + A\cdot$$

(antioxidants)

$$ROO\cdot + AH \longrightarrow ROOH + A\cdot$$

그림 3-15. 항산화제에 의한 지질의 항산화 기구

(2) 종류

천연항산화제로는 tocopherol, sesamol, gossypol 등이 있고, 합성 항산화제로는 BHA, BHT, sodium erythorbate 등이 있다.

4. 단백질의 변화

1) 단백질 변성

단백질 변성이란 생체조직 속에 있는 천연 단백질(nature protein)이 여러 가지 물리적 작용, 화학적 작용 및 효소적 작용을 받아 2차 및 3차 구조가 부분적으로 변화하여 단백질의 성질이 변화하는 현상을 말하며, 변성요인은 표 3-3과 같다.

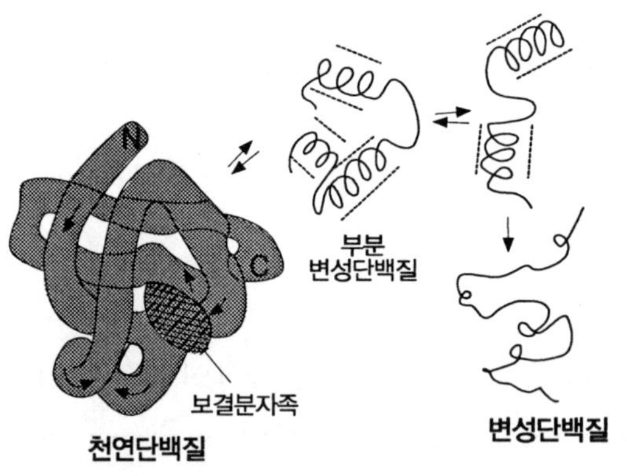

그림 3-16. 단백질의 변성

표 3-3. 단백질의 변성 요인

변성요인	변화 현상
가열	1) 일반 단백질의 가열에 의한 응고 2) 콜라겐과 같은 단백질의 가열에 의한 가용화
동결	1) 동결육의 맛 및 조직에 비하여 좋지 않음 2) 해동시에 다량의 드립 발생
건조	건조육을 물에 침지한 경우 생육의 상태로 복원되지 않음
계면장력	1) mayonnaise의 제조시에 얇은 막 형성으로 ovalbumin의 변성 2) 빵 발효로 생긴 탄산가스의 기포표면에 gluten이 엷게 펴져 변성되어 점탄성 향상 및 부피 증가
산 · 알칼리	젖산발효로 casein이 응고하여 curd를 생성(yoghurt 제조 원리)
염류	두유로부터 염류를 가하여 두부 제조(두부 제조 원리)
효소	casein에 rennet을 가하여 curd 제조(cheese 제조 원리)
유기용매	우유에 alcohol을 가하여 침전 생성 여부 판단(우유 신선도 판정)

2) 단백질의 분해

(1) 효소적 분해

일반적으로 식품 단백질은 단백질 분해 효소인 protease의 작용으로 peptide결합이 가수분해되어 아미노산이나 peptide 등을 생성한다. 이와 같은 protease는 크게 endopeptidase, exopeptidase, dipeptidase로 나누어진다.

① endopeptidase

endopeptidase는 amino기 또는 carboxyl기에서 멀리 떨어진 즉 단백질의 중심부에 있는 peptide를 가수분해하는 효소이다. 이 효소군에는 pepsin, trypsin, chymotrypsin 등과 같은 소화효소가 주류를 이룬다.

표 3-4. endopeptidase의 주요 효소의 기능

효소	작용 부위
pepsin	α-dicarboxyl amino acid와 α-aromatic amino acid의 peptide결합을 분해한다.
trypsin	arginine 또는 lysine의 carboxyl기가 만들고 있는 peptide결합을 절단한다.
chymotrypsin	방향족 아미노산 잔기 중 C말단측의 peptide결합을 특이적으로 절단하지만, leucine 등의 C말단측을 절단하는 것도 있다. 이것들의 잔기를 함유하는 ester 및 amide결합에도 작용한다.

표 3-5. exopeptidase의 주요 효소 기능

효소	작용 부위
carboxypeptidase	peptide사슬의 유리 carboxyl기가 있는 말단에 작용하여 1개의 아미노산을 분리한다. 이 분해에 의하여 또 다시 유리 carboxyl기가 생기므로 차례로 peptide사슬을 분해한다.
aminopeptidase	carboxypeptidase와는 달리 peptide사슬의 amino기 말단부터 가수분해한다.

② exopeptidase

exopeptidase는 주로 미생물이 생산하는 효소들로 carboxypeptidase와 aminopeptidase가 있다.

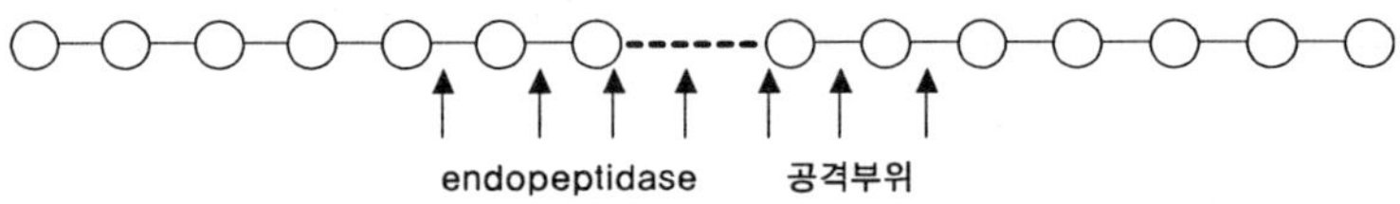

○ : 아미노산 — : peptide 결합

그림 3-17. endopeptidase의 작용 부위

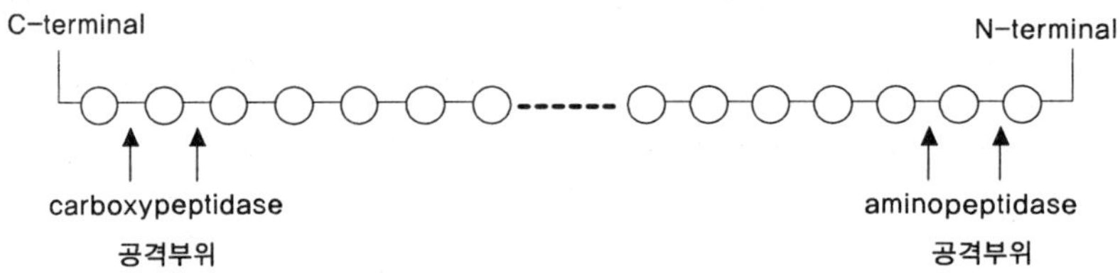

○ : 아미노산 — : peptide 결합

그림 3-18. exopeptidase의 작용 부위

③ dipeptidase

dipeptidase는 dipeptide에 작용하여 두 개의 아미노산으로 가수분해하는 효소이다. 기질에 따라 glycylglycine dipeptidase, leucylglycine dipeptidase 등이 있다.

(2) 자가소화

동물은 사후에 자가소화 현상이 필연적으로 진행되고, 그 정도는 어육과 축육 간에 다소 차이가 있다. 동물의 자가소화는 근육 중의 소화효소에 의하여 단백질이 분해되어 일어나는 현상으로, 이의 적당한 진행은 가용성 단백질, peptide, 아미노산 등의 수용성 질소 화합물이 증가하여 맛이 개선된다.

(3) 산에 의한 분해

단백질에 적당 농도의 산을 작용시키는 경우 아미노산으로 분해되며, 이를 이용하여 만든 대표적인 제품이 화학간장이다. 화학간장은 대두와 같은 단백질에 6N 염산으로 가수분해한 다음, 다시 강알칼리로 중화시켜 식용한다. 단백질을 산가수분해시키는 경우 tryptophan은 완전 분해되어 사라지고, cysteine, serine 및 threonine 등도 약간 분해된다.

(4) 알칼리에 의한 분해

단백질에 적당 농도의 알칼리를 가하는 경우에도 아미노산으로 분해된다. 그러나 단백질의 알칼리 분해는 구성 아미노산이 racemi화, arginine, cysteine 및 lysine 등이 파괴되는 결점이 있다.

5. 비타민류의 변화

비타민류는 특수 유기물질로, 동식물 조직 내에 미량 함유되어 있으면서, 영양학적으로 없어서는 안될 필수성분이나, 여러 가지 물리, 화학적 요인에 의하여 변화되기 쉽다.

물리, 화학적 요인에 의한 비타민류의 안정성은 <표 3-6>과 같다.

표 3-6 비타민류의 물리, 화학적 안정성

비타민		열	빛	공기	금속	환원제
지용성 비타민	A	o	+	+	−	−
	carotene	o	+	+	−	−
	D	o	+	o	−	−
	E	o	+	+	−	−
	K	o	+	o	−	+
수용성 비타민	B_1	+	o	+	+	+
	B_2	+	+	o	+	+
	B_6	o	+	o	o	−
	nicotinic acid	o	o	o	+	−
	B_{12}	o	+	+	−	+
	folic acid	+	+	+	−	+
	pantothenic acid	+	o	o	−	−
	biotin	+	o	o	−	−
	C	+	+	+	+	o

안정 : o, 불안정 : +

6. 무기질

무기질의 식품 가공 및 저장의 변화는 크게 없고, 이들의 존재에 의한 단백질의 변성, 색소 고정, 비점 상승 등을 야기할 수는 있으나, 이들의 상태 및 함량에 있어서 큰 변화는 인정할 수 없다. 다만 pH 이동에 의한 이온화 및 비이온화의 가역적 반응과 과일, 채소 등의 가공시에 삼투압 차이에 의한 무기질의 유출 정도에 지나지 않는다.

7. 맛성분

1) 미생물에 의한 변화

식품 가공업계에서는 미생물 및 효소의 작용을 저장 측면에서는 억제하려고 노력하나, 어떤 가공품에서는 오히려 이용하려고 하며, 그 대표적인 제품이 발효제품이라 할 수 있다.

(1) 발효

발효에 의한 맛은 미생물에 의해 탄수화물, 단백질 등이 분해되어 생기는 올리고당과 같은 당 분해물, 유기산, 아미노산, 염기류 등과 같은 함질소 화합물 등이 적절히 조화된 맛이라 할 수 있고, 이중 한성분 또는 몇 성분이 주체를 이루어 특유한 맛을 나타낸다. 즉 식혜의 경우 단맛을, 간장의 경우 짠맛을 나타낸다.

(2) 부패

일반적으로 부패한 식품의 맛은 불쾌한 맛을 나타낸다.

부패는 식품의 맛 중 쉰밥의 경우 초산에 의한 신맛을, 선도저하 생선의 경우 지방분해에 의해 생성하는 지방산, aldehyde 등의 떫은맛이나 아미노산 분해에 의해 생성하는 histamine, tyramine 등에 의한 매운 맛을 나타낸다.

2) 물리화학적 처리에 의한 변화

식품 가공에 의해 조직 파괴, 삼투압 차 등에 의하여 조미료 등이 쉽게 조직 내로 침투하고, 또한 가열 등의 가공조작에 의해 농축, 이성화 가수분해, 전분의 호화, 단백질 변성 등으로 맛의 변화가 일어난다.

8. 냄새성분의 변화

1) 가공에 의한 냄새성분의 변화

(1) amino-carbonyl 반응

아미노산과 당을 가열하면 소위 amino-carbonyl 반응이 진행하여 갈변하지만, 그 과정에서 아미노산 산화 분해의 결과 탄소 1원자가 적은 휘발성 aldehyde가 산생하고, 따라서 특유의 냄새를 갖게 된다. 이와 같은 반응을 strecker 분해반응이라 한다.

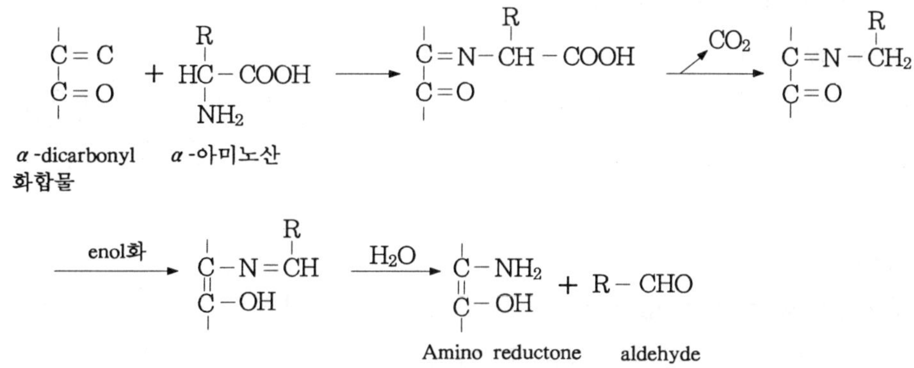

그림 3-19. Strecker 분해에 의한 aldehyde와 enaminol의 생성

(2) dimethyl sulfide의 생성

파래, 김 등을 말릴 때 dimethyl-β-propiothetin 등의 분해로 dimethyl sulfide가 생성되어 독특한 냄새를 낸다.

(3) 발효취

알코올류 등의 방향은 탄수화물, 단백질, 아미노산 등이 효소에 의해 분해되어 산생된 유기산류, 알코올류, 에스테르류, 케톤류 등이 혼합되어 내는 향이다.

(4) 변패취

식품 저장 중에 미생물에 오염되어 변패가 일어나면 식품 중의 성분이 분해되어 유기산, methyl mercaptan, 황화수소, indole, skatole, δ-amino valeraldehyde, ammonia 등을 생산하고, 이들 성분의 혼합에 의하여 불쾌취를 발생한다.

(5) 기타 향료

근년에는 향기술의 발달로 인하여 천연향보다는 인공적으로 강화한 향이 지배를 하는 경우가 많고, 또한 좋지 못한 향의 경우는 오히려 강한 향으로 차폐 (masking)를 시도하는 경우도 많다. 그 일예가 생선취를 맛술, 향신료 등으로 차폐하는 것이다.

9. 색소의 변화

1) 식물성 색소의 변화

(1) carotenoid의 변화 및 방지

① carotenoid의 변화

carotenoid는 동식물 조직 중에 널리 분포되어 있고, 산소에는 상당히 약하여 생조직에서는 상당히 안정한 상태로 존재하나, 수송 및 저장 중에 손상을 입는 경우 변색하기 용이하다.

- 이성화

자연계에서는 대부분이 trans 형으로 존재하나, 가열, 산 및 광선 등의 조사에 의하여 일부가 cis형으로 이성화하는 경우가 있다. 또한 과일, 채소 등의 epoxide형의 carotenoid는 대개 5,6-epoxide이지만, 5,8-epoxide로 이성화가 일어나는 경우도 있다.

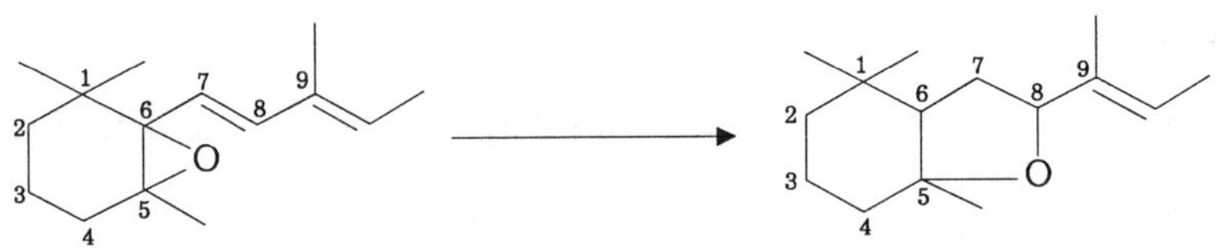

5,6-epoxide　　　5,8-epoxide

그림 3-20. epoxide 이성화

- 효소적 산화

식물조직이 정상적인 경우에는 carotenoid가 대단히 안정하다. 그러나 식물조직이 수송 및 저장 중에 손상을 받는 경우 peroxidase, lipoxidase, lipoperoxidase 등에 의하여 효소적 산화가 진행된다.

과산화수소가 존재하는 경우 peroxidase는 carotenoid에 작용하여 5,6-epoxide가 생기고, 이것이 산성조건 하에서 5,8-epoxide로 이성화한다.

lipoxidase는 불포화지방산에서 유리기를 만들고, 이를 이용하여 carotenoid를 분해한다.

lipoperoxidase는 불포화지방산의 과산화물을 이용하여 carotenoid를 분해한다.

이와 같은 효소적 분해는 저온을 유지함으로써 효소의 작용을 억제시켜 반응을 제어할 수 있다.

• 비효소적 산화

carotenoid의 비효소적 산화는 산소, 금속이온 등에 의하여 산화하는 경우로 효소를 불활성화시킨 식품에 있어 carotenoid가 산화하는 주체이다.

• 산, 알칼리 및 광선에 의한 변화

carotenoid산, 알칼리 및 광선에 대체로 안정하다.

• 변색 방지

식물성 색소의 변색을 방지하기 위하여는 효소의 불활성화(가열처리 등에 한 효소 실활), 산소와의 접촉 방지(탈기, 가스 치환, 탈산소제 처리 등에 의한 산소 제거), 산화 방지(산화 방지제 처리) 등의 처리를 하여야 할 것이다.

(2) chlorophyll의 변화

① chlorophyll의 변화

야채, 과실의 chlorophyll은 비교적 안정하나, 저장 또는 가공처리 과정에서 변색이 진행된다. chlorophyll의 산, 알칼리 및 효소 등에 의하여 분해되는 과정은 그림 3-21과 같다.

• 손상

식물조직이 손상을 받으면 chlorophyll은 chlorophyllase에 의하여 서서히 분해되어 녹색을 소실한다.

야채 등의 blanching 목적은 이와 같이 품질저하에 작용하는 효소의 작용을 억제하기 위함이다.

• 가열

식물조직을 가열하는 경우 단백질과 약한 결합을 형성하고 있는 chlorophyll이 유리되고, 이와 동시에 생성하는 유기산에 의해 녹갈색의 pheophytin 으로 분해된다. 녹색 야채의 가열조리나 blanching에 의하여 이와같은 변색이 진행된다. 이 정도의 가열에 황산구리($CuSO_4$) 등이 존재하는 경우 구리이온과 마그네슘 이온이 치환되어, 안정한 선홍색의 구리 chlorophyll이 된다.

이와 같은 처리는 green pease 통조림, 시금치 통조림의 제조 중에 많이 이용하고 있다.

② 변색 방지

- 알칼리나 알칼리염으로 가공 중의 pH를 8.0 부근으로 조절
- 원료에 chlorophyllase처리
- 황산구리 용액 처리
- 가열시 유기산의 휘발을 위하여 뚜껑 개방 등의 처리

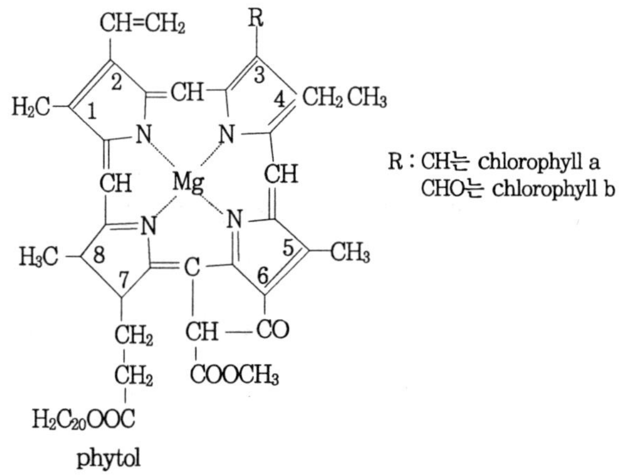

(chlorophyll의 구조)

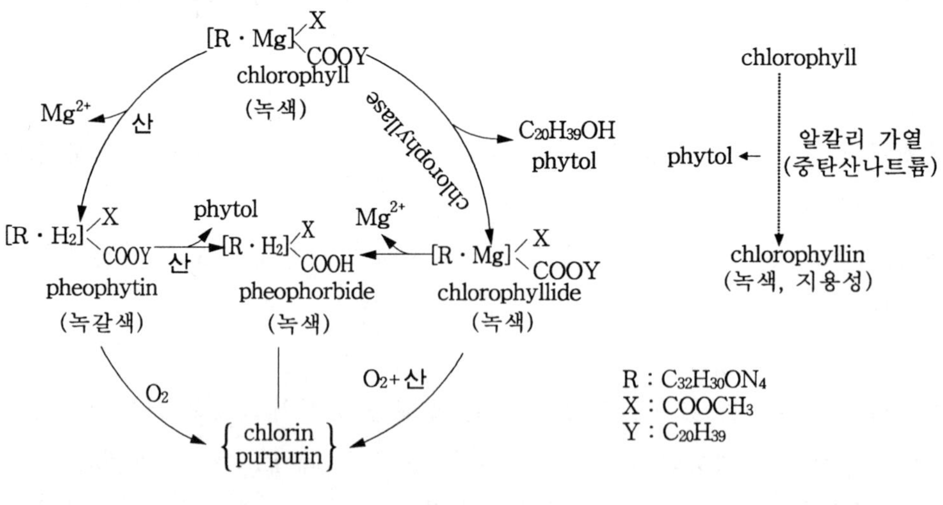

그림 3-21. chlorophyll의 분해 기구

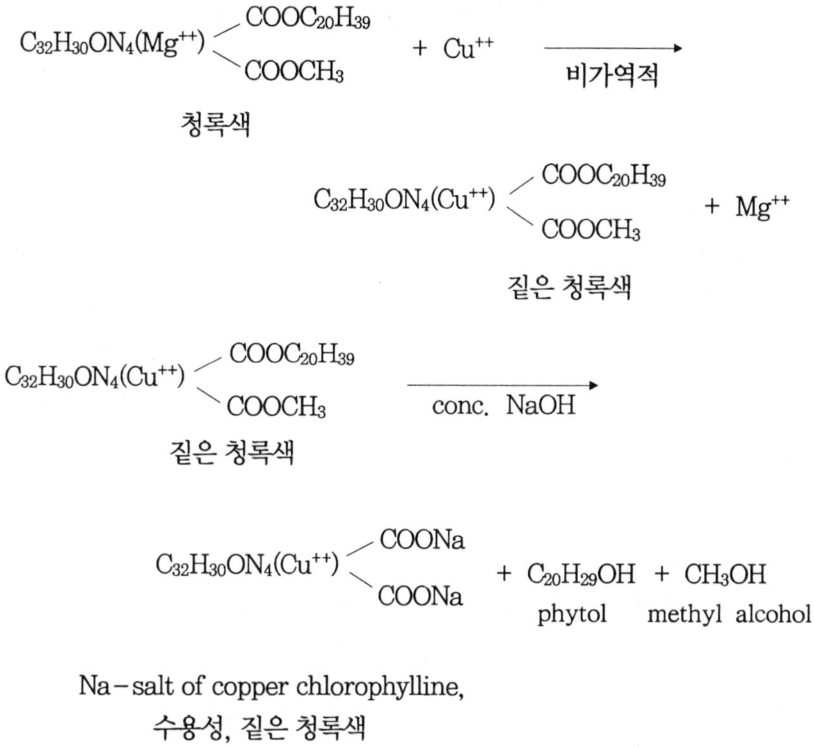

그림 3-22. chlorophyll의 금속과의 반응

(3) flavonoid의 변화

① 금속이온과의 반응에 의한 변화

flavonoid는 phenol성 수산기를 가지고 있어, 금속이온과 반응하여 착화합물을 형성한다. 예를들면, 알루미늄 이온은 황색, 철이온은 청색, 보라색, 청갈색 등의 착염을 형성한다.

② 알칼리에서의 변화

알칼리 영역에서 flavonoid는 불안정하여 황갈색으로 된다. 실제, 밀감 통조림 제조시에 알칼리 탈피액이 등황색으로 되는 것은 이 때문으로 알려져 있다.

이 알칼리분해는 flavonoid의 구조 결정에 자주 이용되어진다.

2) 갈변

식품의 갈변반응은 외관, 풍미, 영양가에 변화가 있다는 점에서 상당히 중요하다. 식품 가공에 있어서는 이와 같은 갈변반응을 이용(커피, 홍차, 맥주, 토스트 등)하기도 하고, 억제(일반적인 청과물, 냉동식품 및 건조식품 등)하기도 한다.

이와 같은 갈변반응을 대별하면 ① 효소적 갈변, ② 비효소적 갈변, ③ ascorbic acid의 산화 갈변 및 ④ caramel화 등이 있다.

(1) 효소적 갈변

① 반응

효소적 갈변 반응은 감자, 사과, 홍차, 바나나 등에 일어나는 갈변반응으로 <그림 3-23>과 같이, 효소의 존재하에서 phenol성 화합물이 효소에 의해 산화되어 quinone을 생성하고, 이것이 비효소적으로 중합하여 갈색의 melanoidin을 생성하는 반응이다. 기질은 catechol 등의 mono 또는 diphenol류이고, 효소는 구리에 의해서 활성화되고, 염소이온에 의해 활성 억제되는 산화효소로 phenol oxidase 또는 tyrosinase이다.

② 방지

- blanching 등과 같은 효소의 불활성화
- 아황산염 및 염소 이온 등과 같은 효소 저해제의 이용(실제로 효소적 갈변이 잘 진행되는 농산물의 갈변억제를 위하여 식염수에 침지함)
- 수침에 의해 가용성인 tyrosinase의 제거
- diphenol구조의 methyl화 등과 같은 기질 반응기의 block화
- 구연산, 아스코르빈산 등에 의해 pH 3 이하로 조정(갈변에 관여하는 효소의 최적 pH 6~7)

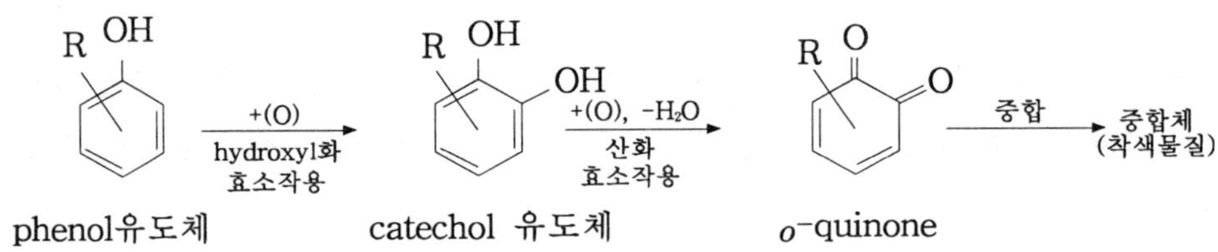

그림 3-23. 효소적 갈변 기구

(2) 비효소적 갈변

비효소적 갈변은 환원당과 같이 유리된 aldehyde group 또는 keton group을 가지고 있는 amino-carbonyl compound와 아미노산 등과 같이 amino group을 가지고 있는 질소화합물 사이에서 일어나는 반응이다. 이와 같은 비효소적 갈변은 amino-carbonyl 반응, 또는 최초로 관찰 및 보고한 과학자의 이름을 따서 Maillard 반응이라고도 하며, 복잡한 반응의 과정을 거쳐 최종적으로 갈색의 melanoidin색소를 형성한다 하여

melanoidin반응이라고도 한다.

① 반응기구

비효소적 갈변반응은 다음과 같이 초기, 중간 및 최종단계와 같이 3단계로 진행된다.

- 초기단계

초기단계에서는 당과 아미노화합물이 반응하고, 분자내 전이를 일으켜 활성화된 질소 배당체를 만들며 이 때까지는 변색이 없다.

- 중간단계

중간단계에서는 활성물질이 산화 또는 분해되어 osone, reductone이 생성되는 동시에 당의 분해에 의하여 furfural류, 카르보닐 화합물 등이 생성되어 반응이 복잡하여지고, 아미노산의 분해로 생긴 aldehyde 등이 축합, 중합 등의 반응을 거친다.

- 최종단계

최종단계에서 갈색의 멜라노이딘(melanoidin) 색소를 형성한다.

이상의 반응기구는 <그림 3-24>와 같다.

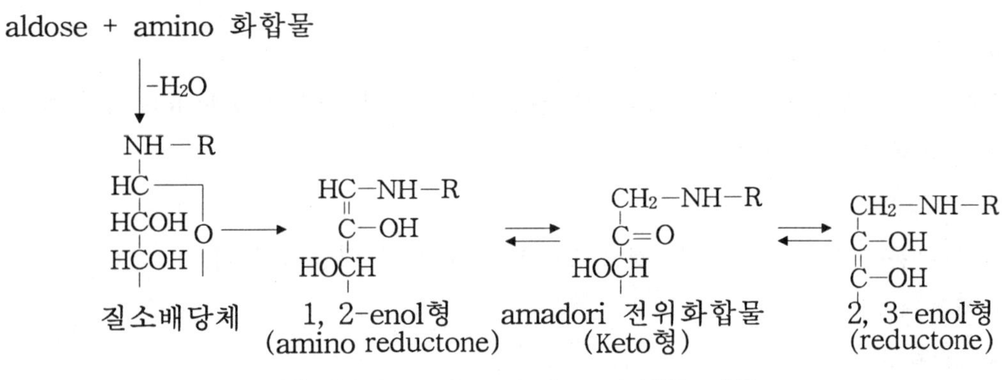

그림 3-24. amino-carbonyl 반응 기구

② 반응 요인

반응요인으로는 온도, pH, amino 화합물, 당의 종류, 반응물질의 농도, carbonyl화합물, 금속이온 등이 있다.

- 온도

온도의 경우 10℃ 이하에서는 갈변반응이 거의 진행되지 않고, 실온에서는 산소가 있으면 갈변이 촉진되며, 80℃ 이상에서는 산소의 유무에 관계없이 같은 정도로 갈변한다. 즉, 온도가 높을수록 반응속도는 빠르다.

• pH

pH의 경우 pH 3이상에서는 pH가 높을수록 갈변속도가 빠르다.

• 당의 종류

당은 종류에 따라 갈변속도가 틀리는데, pentose가 가장 빠르고, hexose는 그 다음이며, sucrose는 가장 느리다.

• amino 화합물

amino 화합물은 일반적으로 amine류가 아미노산보다 갈변속도가 빠르고, 아미노산 중에서는 염기성 아미노산 및 β-alanine이 빠르다.

• 반응물질의 농도

반응물질의 농도에 따른 반응속도는 환원당의 농도에 비례하고, 아미노 화합물의 농도와 경과시간의 제곱에 비례한다. 즉, 반응속도는 반응물질의 농도가 높을수록 빠르다.

• carbonyl 화합물

carbonyl 화합물은 불포화 aldehyde, furfural이 갈변하기 쉽고, keton은 갈변하기 어렵다.

• 금속이온

금속이온은 조건에 따라 다르나, 일반적으로 철이나 구리나 reductone 산화를 촉매하여 갈변반응을 촉진한다.

③ 반응 억제

갈변 반응을 억제하기 위한 것으로는 다음과 같은 것들이 있다.

• 저온 유지
• pH 저하
• 반응물질 희석
• 반응물질 제거
• 수분함량 (10~18%에서 갈변 용이) 저하
• 아황산 또는 그 염과 같은 물질의 첨가 등의 처리

④ 반응 특징

일상적인 조건(반응물질 : 당과 아미노질소 화합물, 저장 조건 또는 pH)에서 진행되는 반응이다.

(3) caramel화

caramel화는 아미노 화합물이 존재하지 않는 경우의 당류의 분해에 의한 비효소적 갈변으로, 당류를 융점보다 고온으로 가열하는 경우에 발생한다. 즉 caramel화는 180~200℃ 이상으로 가열하는 경우 발생하고 산성, 알칼리성의 모든 조건에서 발생한다.

caramel화는 candy 등에서 이용하지만 반응조정에 유의하지 않으면 불쾌취를 가지면서 쓴맛을 가진 제품이 되기 쉽다.

(4) ascorbic acid의 산화 갈변

vitamin C인 아스코르빈산은 야채, 과실(특히 감귤류) 등에 풍부하게 존재하며, 그 환원력 때문에 항산화제, 항갈색화제로서 작용하지만, 그 자체는 갈색화 반응을 수반하는 산화과정에 들어가는 것이다.

아스코르빈산의 산화에 의한 갈색화반응은 아스코르빈산 함량이 큰 감귤류의 가공품인 오렌지 주스나 분말 오렌지 등에 있어 매우 중요한 갈색화 반응이다.

3) 동물성 색소

(1) 사후 근육의 변색

신선한 육류에서는 암적색의 myoglobin(제1철 이온 : Fe^{2+})이 공기 중에 노출시키는 경우 산소와 결합하여 선명한 적색의 oxymyoglobin(제1철 이온 : Fe^{2+})이 된다. 이 경우 철이온은 변화없이 2가이므로 산소화라 한다.

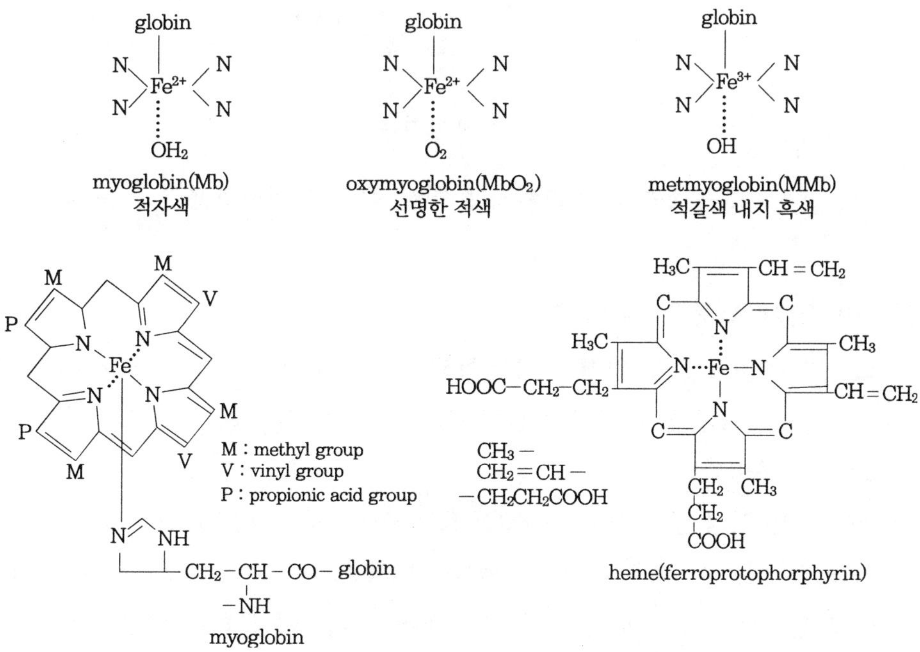

그림 3-25. 사후 근육의 변색과정

oxymyoglobin은 그 자체가 비교적 안정한 색소이나 공기와 계속 접촉하는 경우 서서히 산화되어 heme색소의 중심원자인 제 1철이온이 제 2철 이온(Fe^{3+})으로 변화하여 갈색의 metmyoglobin이 된다.

사후 근육의 변색 과정을 도시하면 <그림 3-25>와 같다.

(2) 가열처리에 의한 변색

육류를 가열하는 경우 myoglobin은 oxymyoglobin을 거쳐 metmyoglobin으로 된다. 이를 가열이 계속되는 경우 metmyoglobin의 단백질 부분인 globin이 변성되어 분리되며, 회갈색의 heme부분인 ferriprotoporphyrin이 유리되며, 이를 hematin(Fe^{3+})이라고 하고, 이와 염류가 결합한 것을 hemin(Fe^{3+})이라 한다. hematin과 hemin을 계속 가열하는 경우 phophyrin유도체가 된다.

육류의 가열처리에 의한 변색과정은 <그림 3-26>과 같다.

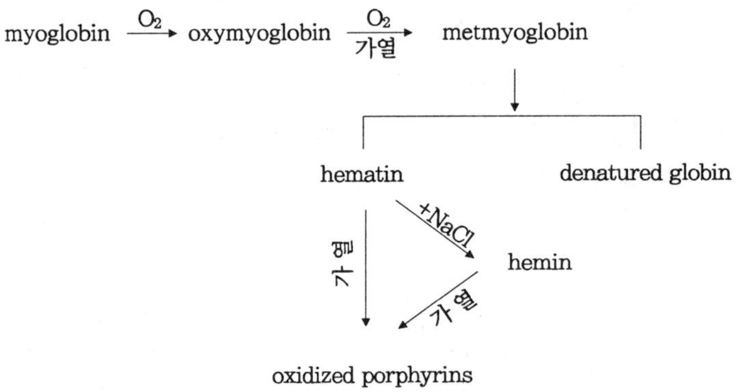

그림 3-26. 가열처리에 의한 육류의 변색과정

(3) 염지에 의한 육류의 육색 고정

햄이나 소시지 등은 살균을 위하여 가열처리를 하여도 갈변되지 않고 적색이 고정된다. 이와같은 이유는 육제품 가공공정 중에 식염, 질산염 및 아질산염으로 육색을 고정하는 염지공정 때문이다.

즉 염지공정에서 사용한 질산염($NaNO_3$ 또는 $NaNO_3$)은 세균(*Bacillus, Pseudomonas, Achrmobacter* 등)의 작용을 받아 아질산염($NaNO_2$ 또는 $NaNO_2$)으로 된다. 이는 다시 육류의 사후 해당작용으로 생성된 젖산(lactic acid)에 의하여 아질산(HNO_2)을 거쳐 생성된 산화질소(NO)가 myoglobin과 결합하여 선명한 적색의 산화질소 myoglobin

(MbNO)을 형성하여 적색이 고정된다. 이와같은 과정을 거쳐 생성된 산화질소 myoglobin(MbNO)은 대단히 안정하다.

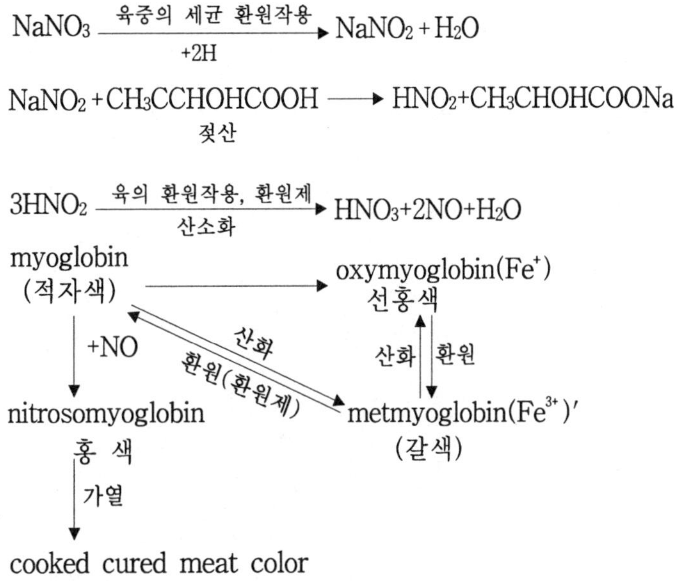

그림 3-27 염지에 의한 육류의 육색 고정

근래에는 아질산과 육류 중의 각종 아민류와의 반응으로 생성된 nitrosamine류의 발암성으로 인한 유해여부가 문제가 됨으로 인해 색소 고정제로 질산염 대신에 비타민 C를 사용하는 경우도 있다.

한편, 육제품의 잔류 nitrosamine의 허용농도는 50 ppb 이하이다.

제4장

식품의 영양

1. 식품 영양의 기능

영양은 건강을 유지하기 위하여 생물체가 필요로 하는 물질을 외부로부터 섭취하는 현상을 말하고, 이 때 외부로부터 섭취한 물질 중 탄수화물, 단백질, 지질, 무기질, 비타민류 등을 영양소라 한다.

식품 영양소의 역할은 <표 4-1>과 같다.

표 4-1. 식품 영양소의 기능

기능	영양소
에너지 원	당질
	지질
	단백질
신체 구성 성분	단백질
	무기질
신체 기능 조절	무기질
	비타민

2. 식품의 열량

1) 열량가 계산

(1) 측정 원리

일상 생활에서 소비하는 열량은 음식물에서 얻어지며, 그 열량은 일정량의 식품을 bomb calorimeter에 넣고, 완전 연소시켜 발생하는 열량을 측정함으로써 알 수 있다.

(2) 기본 열량가

영양소는 고유의 열량가를 가지고 있으며, bomb calorimeter로 측정한 이들의 열량가는 단백질의 경우 5.65 kcal/g, 지질의 경우 9.45 kcal/g, 탄수화물의 경우 4.10 kcal/g이다.

그러나 체내에서는 소화 및 흡수가 완전히 이루어지지 않고, 또한 탄수화물과 지방의 경우 최종적으로 이산화탄소와 물이 되어 거의 대사가 이루어지는 효과를 나타낸다. 하지만 단백질의 경우 질소가 체내에서 완전한 대사 효과를 나타내지 않아 bomb calorimeter에서 연소하는 것과 같이 영양소가 함유하고 있는 열량을 나타내지 못한다.

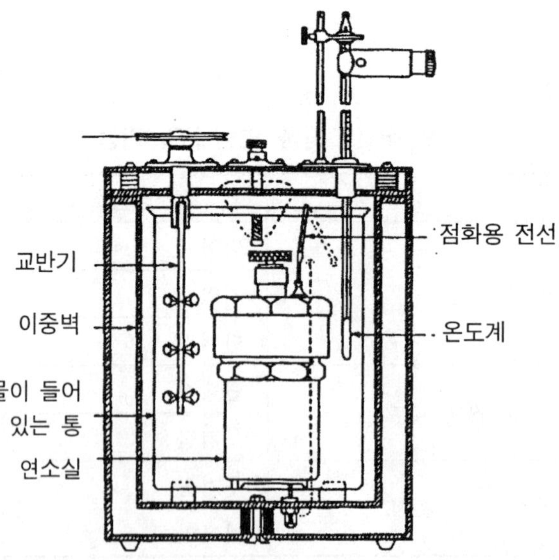

그림 4-1. bomb calorimeter의 단면도

Atwater는 미국 사람들이 먹는 식품을 대상으로 소화 흡수율을 고려하여 탄수화물, 지질 및 단백질의 열량값을 산정하였다. 즉, 단백질의 경우 4 kcal/g, 지방의 경우 9 kcal/g, 탄수화물의 경우 4 kcal/g로 산정하였다. 그러나 이 값들은 서유럽 사람들의 식사 내용을 중심으로 하여, 동양권 국가인 우리나라와는 다소 차이가 있으나, 사용하기에 편리하다는 장점으로 인하여 널리 이용되고 있다.

(3) 열량가의 계산

식품의 구성성분을 알게 되면 Atwater계수에 의하여 식품의 열량가를 쉽게 계산할 수 있다.

즉 우유의 구성성분은 대체로 100 mL당 단백질이 3.0 g, 지질이 3.2 g, 탄수화물이 5.5 g이므로 100 mL의 우유에서 얻을 수 있는 생리적 열량가는 다음과 같다.

단백질	3.0 x 4 kcal = 12.0 kcal
지질	3.2 x 9 kcal = 28.8 kcal
탄수화물	5.5 x 4 kcal = 22.0 kcal
	합계 62.8 kcal/100 mL(milk)

2) 열량가에 따른 식품의 분류

식품은 종류에 따라서 열량가가 각각 다르다. 일반적으로 고열량가 식품은 지방을 많이 함유하거나 수분함량이 극히 적은 것이 일반적이다. 따라서 유지류나 튀김식품과 같은 지방식품과 견과류, 설탕과 같이 수분이 증발된 상태의 식품은 열량이 높다. 저열량가 식품은 수분이 많은 채소와 과일 등이고, 곡류, 육류, 생선 등은 중간정도의 열량가 식품이다.

표 5-2 열량가에 따른 식품의 분류

열량	식품
고열량 식품	유지류, 튀김류, 견과류, 설탕과 같이 수분이 증발된 식품
중열량 식품	곡류, 육류, 생선
저열량 식품	수분이 많은 채소, 과일

3. 식품의 소화 및 흡수

1) 탄수화물

(1) 소화

전분의 소화는 침 속에 있는 중성 혹은 알칼리성인 amylase에 의해서 시작되어 위산이 amylase의 작용을 저지할 때까지 dextrin과 맥아당으로 분해한다. 위에서는 탄수화물을 소화시키는 효소가 분비되지 않는다. 탄수화물의 소화는 췌장에서 분비되는 amylase에 의해서 소장의 상부인 십이지장에서 다시 시작되어, 전분을 dextrin, maltose 및 glucose로 분해한다. 탄수화물은 소장으로 들어가서 여기서 완전히 소화 분해한다.

cellulose와 hemicellulose는 사람의 소화관의 효소에 의하여 분해되지 않아, 에너지를 내지 못하고 대변으로 배설된다. 식물성 식품의 종자 껍질 등과 같은 단단한 섬유는 작은 입자로 되고, 연한 식물섬유는 대장 내의 세균 작용에 의하여 부분적으로 분해된다. 식품을 조리하는 것은 역시 섬유소를 연하게 하고 부분적으로 분해하는 것이다.

(2) 흡수

탄수화물은 단당류로 분해되어 소장에서 흡수되지만, 위에서는 흡수되지 않고, 대장에서의 흡수 여부는 아직 분명하지 않다.

흡수율은 단당류의 종류에 따라서 다르며, 포도당의 흡수율을 100으로 하였을 때에 galactose는 110, fructose는 43, mannose는 19, xylose는 15정도이다.

2) 지 방

(1) 소화

지질 소화 효소인 lipase는 위액, 장액, 췌액에 존재하고 침에는 존재하지 않아 섭취한 지질은 그대로 위로 이동한다. 위액에는 지방을 분해하는 lipase(최적 pH 5~6)가 있으나, 위산의 강산성 (pH 2부근)으로 인하여 거의 작용을 하지 못한다. 소장에서는 간장에서 분비되어 오는 쓸개즙과 혼합되고, 쓸개즙 중의 계면활성이 큰 쓸개즙산염과 어울려 작은 알갱이의 emulsion을 만들어 췌액 중에 존재하는 lipase에 의하여 지방산과 글리세린으로 분해된다.

이 효소에 의하여 지방의 약 40%정도가 glycerol로 되고, 나머지는 monoglyceride로 분해되는 정도이다.

(2) 흡수

지질은 glycerin과 저급 지방산은 물에 가용화되어 그대로 흡수되나, 물에 녹지 않는 고급지방산은 쓸개즙산염과 결합하여 물에 녹는 형태로 흡수되어 에너지원으로 사용되며, 나머지는 축적지방이 되기도 한다.

3) 단백질

(1) 소화

입 속에서는 씹어서 소편화 시키는 조작 이외에 단백질을 분해하는 효소는 없다. 위액에는 염산과 pepsin, rennin 등의 효소가 있는데, 위속에서 분비된 pepsinogen은 염산에 의하여 pepsin으로 변화하여 단백질을 proteose, pepton으로 분해시킨다. 유아의 경우 rennin이 분비되어 모유 또는 우유를 작은 알갱이의 응고물로 만들어 pepsin의 작용을 받기 용이하게 한다.

십이지장에서는 췌장에서 분비된 췌액 중에 있는 trypsin, chymotrypsin 등의 효소에 의하여 pepton 등이 아미노산으로 분해된다. trypsin, chymotrypsin은 췌장에서는 trypsinogen, chymotrypsinogen으로 존재하여, 불활성이나 췌액으로 십이지장에 분비되면 활성화된다.

소장 내에서는 장점막에서 분비되는 장액 중에 erepsin이라는 효소가 있어 polypeptide를 아미노산으로 분해한다.

(2) 흡수

단백질이 소화된 최종 산물인 아미노산은 소장막을 통하여 문맥을 거쳐서 간으로 운반된다. 단백질의 대부분은 아미노산으로 분해되어 흡수되고 이용되나, 일부는 분해되지 않은 상태로 배설된다.

이상에서 언급한 소화기관과 소화액을 그림으로 나타내면 <그림 4-2>와 같고, 소화액에 존재하는 효소 및 최종 분해산물을 나타내면 <표 4-3>과 같으며, 탄수화물, 지질 및 단백질의 체내 변화를 나타내면 <그림 4-3>과 같다.

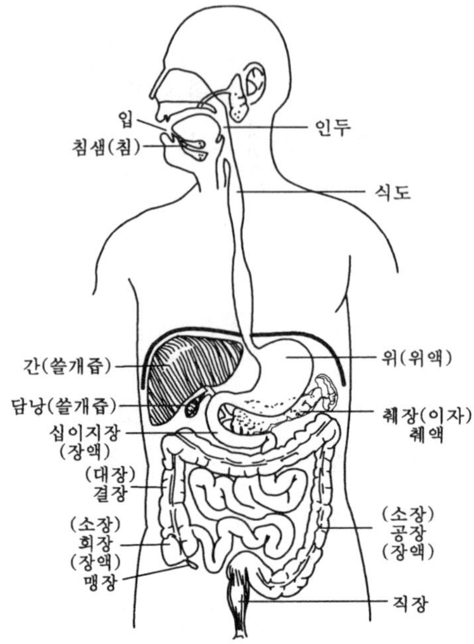

그림 4-2. 소화기관과 소화액

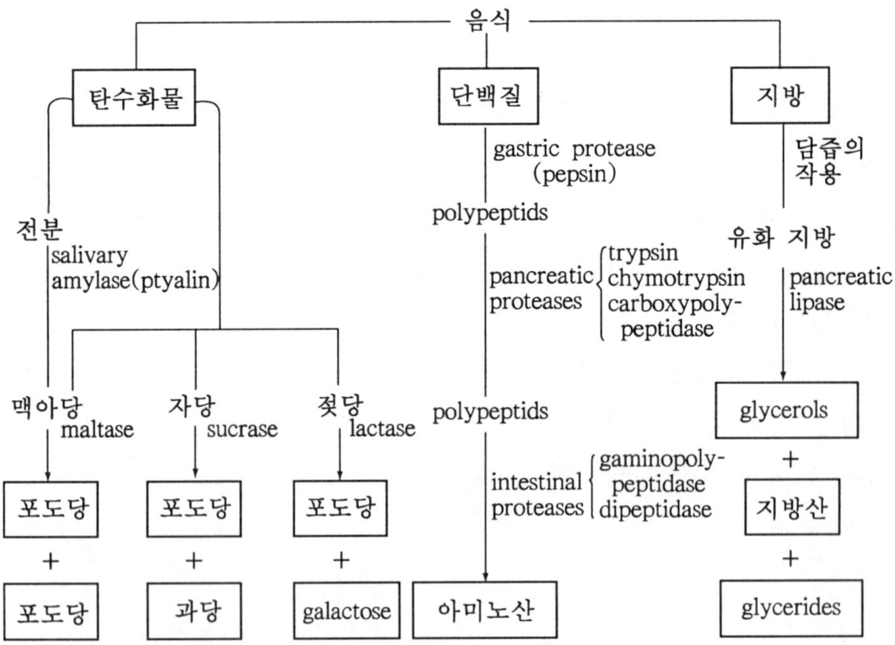

그림 4-3. 탄수화물, 단백질 및 지질의 체내 변화

표 4-3. 소화 효소의 성분분해

<table>
<tr><th>부위</th><th>효소</th><th>분비샘</th><th>작용성분</th><th>분해 생성물</th></tr>
<tr><td>입</td><td>ptyalin</td><td>침샘</td><td>전분, 글리코겐, 덱스트린</td><td>maltose, dextrin</td></tr>
<tr><td rowspan="4">위</td><td>위산</td><td>위샘</td><td>펙틴, 이눌린의 일부</td><td>galactose, arabinose</td></tr>
<tr><td>pepsin</td><td>위샘</td><td>단백질</td><td>알부모오스, pepton</td></tr>
<tr><td>rennin</td><td>위샘</td><td>casein</td><td>paracasein</td></tr>
<tr><td>lipase</td><td>위샘</td><td>지방의 일부</td><td></td></tr>
<tr><td rowspan="3">십이지장</td><td>lipase</td><td>췌장</td><td>지방</td><td>지방산과 글리세린</td></tr>
<tr><td>trypsin</td><td>췌장</td><td rowspan="2">단백질, 알부모스, 펩톤</td><td rowspan="2">polypeptide, 아미노산</td></tr>
<tr><td>chymotrypsin</td><td>췌장</td></tr>
<tr><td rowspan="4">소장</td><td>erepsin</td><td>장액</td><td>polypeptide, dipeptide</td><td>dipeptide, 아미노산</td></tr>
<tr><td>sucrease</td><td>장액</td><td>sucrose</td><td>glucose, fructose</td></tr>
<tr><td>maltase</td><td>장액</td><td>maltose</td><td>glucose</td></tr>
<tr><td>lactase</td><td>장액</td><td>lactose</td><td>glucose, galactose</td></tr>
</table>

제5장

식품의 건조

1. 식품의 건조 목적

예전에는 단순히 식품 중의 수분을 증발시켜 저장성을 갖고자 하는 목적으로만 건조를 시도하였으나, 근년에는 이 목적 이외에 일부의 다른 목적으로도 건조를 시도하고 있다. 근년에 식품을 건조하는 목적을 정리하면 다음과 같다.

1) 저장성 부여

건조로 인해 식품 중의 수분활성이 미생물이 증식 가능한 범위 이하로 되어, 미생물이나 효소작용에 의한 부패나 변패가 억제된다.

2) 수송과 포장의 간편성 부여

건조로 인한 수분 증발로 식품의 중량이 감소되고, 동시에 수분 감소에 의한 포장재 등의 선택이 다양하여 수송과 포장의 간편성이 부여된다.

3) 성분의 농축에 의한 독특한 풍미 부여

수분 증발로 인해 성분이 농축하게 되어, 독특한 풍미를 부여하게 된다.

2. 식품의 건조 기구

수분을 균일하게 함유한 식품을 건습한 환경에 방치하는 경우 먼저 표면에서 증발이 진행되고, 이로 인해 식품 내부와 표면에서 수분의 불균형이 생겨 밀도차가 생기게 된다. 따라서 수분은 밀도가 높은 내부에서 밀도가 낮은 외부로 확산하여 보충된다. 이와 같이 식품의 건조는 식품을 건습한 환경에 두는 경우 표면으로부터의 증발과 내부로부터의 확산이 반복되면서 이루어진다.

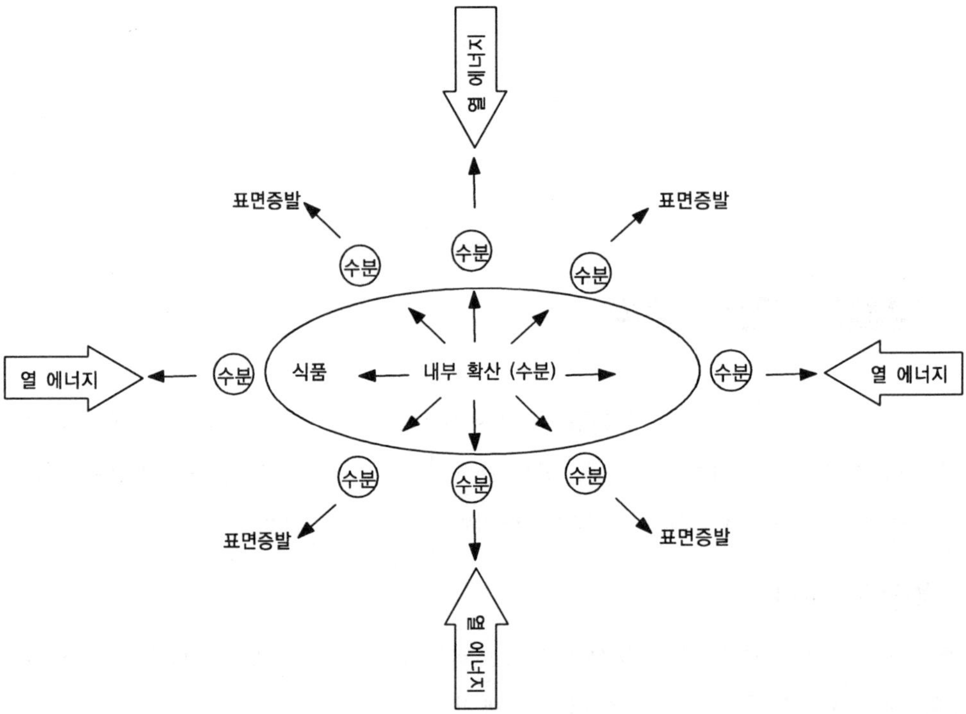

그림 5-1. 식품의 건조 기구

3. 건조 속도

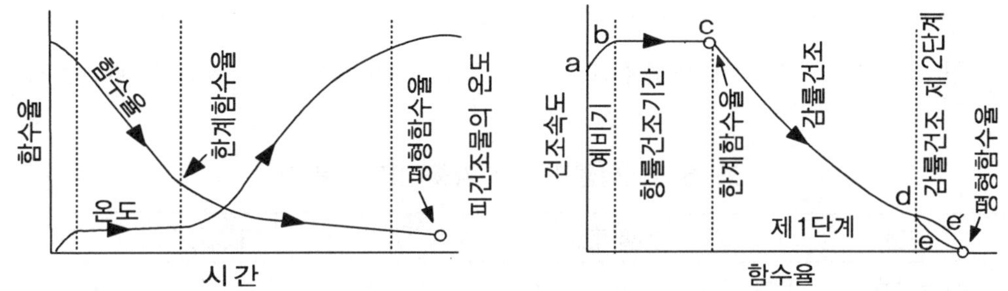

(A) (B)

b-c : 항률건조단계…표면 증발
d-e : 감률 제2건조 단계…내부 확산
c-d : 감률 제1건조 단계…표면증발과 내부 확산 (건조속도가 신속하여 내부 확산이 곤란한 식품에는 c-d가 거의 없어짐)
b(b') : 한계함수율

그림 5-2. 건조경과 곡선 (A)와 건조특성 곡선 (B)

1) 예열기간

건조특성 곡선(B)의 a~b에 해당하는 기간이다.

2) 항률건조기간

건조특성 곡선 (B)의 b~c에 해당하는 기간이다.

이 시기는 ① 수분량이 어느 정도 감소할 때까지 단위 시간당 건조량이 거의 일정하고, ② 건조속도가 아주 크며, ③ 표면 증발량과 내부 확산량이 거의 같다. 그리고, ④ 공급된 열이 모두 증발 잠열로 소모되어 식품의 온도가 거의 일정한 시기이다.

3) 한계함수율

건조특성 곡선(B)의 c에 해당하는 기간이다.

4) 감률건조 1단계

건조특성 곡선 (B)의 c~d에 해당하는 기간이다. 이 시기는 ① 항률건조가 진행되어 한계 함수율에 도달하게 되면 건조속도가 직선적으로 감소하고, 고체 건조의 경우 ② 건조 시간이 짧거나 건조속도가 큰 경우에는 나타나지 않고, 바로 2단계로 진행되며, ③ 식품의 온도가 상승하는 시기이다. 그리고, ④ 표면 증발량이 내부 확산량보다 많거나 같다.

5) 감률건조 2단계

건조특성 곡선(B)의 d~e에 해당하는 기간이다. 이 시기는 ① 건조가 거의 종료되어 건조 수축, 표면 경화 등에 의하여 건조가 어려운 시기이면서, ② 건조 감소속도가 완만한 시기이다. 그리고 ③ 일부 결합수도 제거되는 시기이면서, ④ 건조 시간이 가장 장시간인 시기이다. 이상의 항률건조와 감률건조를 비교하면 <표 5-1>과 같다.

표 5-1. 항률건조와 감률건조의 비교

<table>
<tr><th colspan="2">구분</th><th>항률 건조</th><th>감률 건조</th></tr>
<tr><td colspan="2">수분이동량</td><td>표면 증발량 = 내부 확산량</td><td>표면 증발량 ≥ 내부 확산량</td></tr>
<tr><td colspan="2">식품의 온도</td><td>거의 일정</td><td>상승</td></tr>
<tr><td colspan="2">건조 속도</td><td>빠르면서 거의 일정</td><td>점차 감소</td></tr>
<tr><td colspan="2">건조속도 결정</td><td>표면증발 속도에 의해 좌우</td><td>내부확산 속도에 의해 좌우</td></tr>
<tr><td colspan="2">수분함량 범위</td><td>한계 수분함량 도달 전의 상태</td><td>한계 수분함량 도달 후의 상태</td></tr>
<tr><td rowspan="2">건조 요인</td><td>외적 요인</td><td colspan="2">건조속도, 공기온도, 습도, 기압 등</td></tr>
<tr><td>내적 요인</td><td colspan="2">재료의 두께(표면적), 배열, 성분 조성</td></tr>
</table>

4. 건조 용어

1) 표면 경화(skin effect)

식품 외부의 환경이 온도가 높고, 상대습도가 낮을 때 표면 증발이 지나치게 빨라, 재료 표면의 건조가 심하게 진행되어 내부 확산이 억제되는 현상을 말한다.

표면 경화 현상을 억제하기 위하여 낮에는 음건으로 서서히 건조시키고, 밤에는 퇴적하여 일정 시간 방치로 내부 확산시켜, 낮에 다시 건조하는 조작을 반복하는 경우 효과적이다.

2) 포차

건조시키고자 하는 식품 표면의 수증기 압력과 공기 중의 수증기 압력과의 차이를 말하는 것으로, 건조 속도를 좌우하는 가장 큰 외부요인이다.

5. 수분 증발량

$$E = \alpha S(Ws-We)(F-f)$$

- E : 식품 표면의 단위 시간당 증발량(kg/hr)
- S : 표면적 (m^2)
- α : 비례 상수
- Ws : 식품 표면의 단위 면적당 수분량
- We : 식품의 평형 수분 함유량 건조에 사용된 공기에 오래두어 그 온도 및 습도 하에서 더 이상의 증발이 일어나지 않게 되었을 때의 수분 함유량
- F : 식품 표면의 수증기압 (mmHg)
- f : 공기의 수증기압 (mmHg)

6. 건조에 영향하는 요인

표 5-2. 건조에 영향하는 요인

영향 요인	영향
공기 속도	빠를수록 표면에서의 수분증발 신속
공기 온도	높을수록 건조속도 신속
습도	낮을수록 건조속도 신속
공기방향	· 식품 표면에 평행으로 흐르는 경우 건조속도 가장 신속 · 식품 표면에 수직으로 흐르는 경우 건조속도 가장 완만
식품의 크기 및 모양	· 표면증발 속도는 표면적에 비례 · 내부확산 속도는 두께의 제곱에 반비례 따라서 가늘게 썰어서 건조하는 것이 효과적
식품성분 조성	당류, 지질 등은 표면경화 촉진에 의해 건조 지연
포차	클수록 건조 속도 신속

7. 건조방법

표 5-3. 건조방법의 분류

자연건조	천일건조		마른멸치, 건포도, 곶감
	동 건 법		한천, 황태, 과메기
인공건조	가압건조		옥수수 튀김
	상압건조	열풍건조	대부분의 건조 식품
		분무건조	분유, 분말 커피 등
		피막건조	α화 전분 등
		포말건조	paste상 식품
		고주파건조	비교적 저수분 식품
		적외선건조	
		진공건조	
		진공동결건조	라면 야채 수프
		탈수시트건조	고등어 반염건품

1) 천일 건조법(sun drying)

(1) 건조원리

천일 건조법은 태양열과 바람에 의하여 건조하는 방법이다.

예로부터 어패류나 해조류의 건조에 많이 이용하여 왔고, 현재에도 널리 이용되고 있는 건조법의 하나이다.

(2) 특징

장점으로는 ① 특별한 설비가 필요 없고, ② 방법이 간편하며, ③ 대량 처리가 가능하고, ④ 경비가 거의 소요되지 않는다는 것 등이 있다.

단점으로는 ① 날씨에 지대한 영향을 받고, ② 건조 중에 자외선에 의한 지방 산화 촉진, 착색 및 퇴색 등의 화학적 변화가 용이(단, 음건으로 어느 정도 방지 가능)하며, ③ 건조 초반에 효소에 의한 분해를 받기 쉽다는 것 등이 있다.

(3) 응용식품

천일건조법은 예로부터 어패류나 해조류의 건조에 많이 이용하여 왔고, 현재에도 널리 이용되고 있는 건조법의 하나이다.

2) 동건법

(1) 건조원리

동건법은 식품을 자연의 저온으로 수분을 빙결시킨 다음, 10℃정도의 온도에서 융해시켜 수분을 증발 또는 유출시키는 조작을 반복하여 건조하는 방법이다.

(2) 특징

장점으로는 경비가 소요되지 않는다는 점을 들 수 있다.

단점으로는 ① 기후에 많은 영향을 받아 작업시기가 한정되기 쉽고, ② 수용성 물질의 유출이 심하며, ③ 제품이 sponge화 되기 쉽다는 것 등이 있다.

(3) 응용식품

근년에는 이러한 방법으로 가공한 제품이 많이 등장하고 있으며, 이의 대표적인 제품이 한천, 황태 및 과메기 등이 있다.

3) 열풍 건조법(hot-air blast drying)

(1) 건조원리

열풍건조법은 원료 중에 수분을 열풍으로 가열, 증발시키고 증발 수분을 송풍기로 기류를 강제 순환시켜 제거하는 방법으로, 실제로 가공 중에 가장 손쉽게 접할 수 있는 건조방법이다.

이와 같은 열풍건조법은 다음과 같이 장치가 다양하고, 이들의 특성도 또한 이들의 장치만큼이나 다양하다.

(2) 건조 장치

① 상자형 열풍 건조기(cabinet type hot-air drier)

선반에 식품을 얹고 열풍을 팬으로 보내어 식품 중의 수분을 가열, 증발시켜 증발한 수분을 기류에 의하여 제거하는 장치이다.

장점은 구조가 간단하여 널리 사용되고 있다는 점이다.

단점은 ① 건조가 불균일하여 건조 중 재배치하여야 하고, ② 연속 작업이 어려우며, ③ 재료의 투입 또는 재배치 중에 열손실이 있다는 점 등이다.

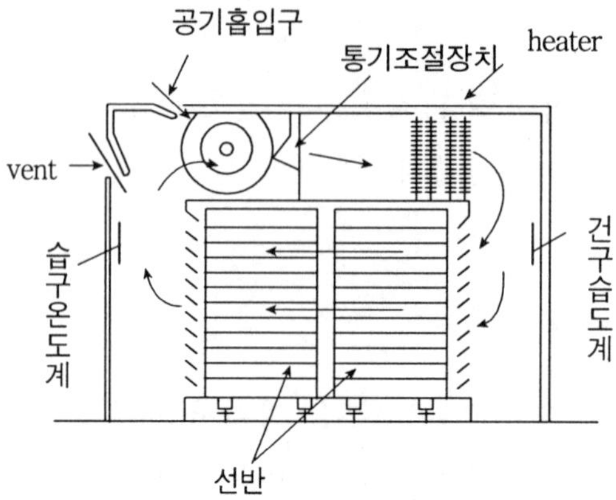

그림 5-3. 상자형 건조기

② 터널형 건조기

터널형 건조기는 건조실을 터널로 하여 가열 공기를 흘리고, 식품을 운반차에 얹어 그 속을 통과하는 사이에 건조가 이루어지도록 한 장치이다.

터널형 건조기는 풍향에 따라 ① 병류식, ② 향류식, ③ 중앙 배기식 및 ④ 교차류식으로 분류되며, 이들의 장단점은 <표 5-4>와 같고, 이들의 모식도는 <그림 5-4>와 같다.

표 5-4. 터널형 건조기의 종류 및 장단점

종류	요인	특성
병류식	풍향	식품과 열풍이 같은 방향으로 진행
	장점	① 초기 건조속도 신속 ② 소요 증발량에 비하여 공기량 적음
	단점	① 초기 고온저습한 공기와 접하므로 과열 우려 ② 건조 후기 저온고습한 공기와 접하므로 후기 건조속도 완만 ③ 저수분 식품 제조 난이
향류식	풍향	식품과 열풍이 다른 방향으로 진행
	장점	저수분 식품 제조 가능
	단점	① 초기 건조속도 완만하여 건조 중 변패 우려 ② 건조 말기 과열 우려
중앙배기식	풍향	열풍이 식품의 앞뒤의 방향에서 진행되어 중앙부로 배기
	장점	① 열전달이 좋고 ② 건조시간이 짧으며 ③ 건조조건의 조절이 가능하다
	단점	원가 고가
교차류식	풍향	열풍이 식품의 측면에서 진행
	장점	① 열전달률이 우수 ② 건조조건의 조절 가능
	단점	원가 고가

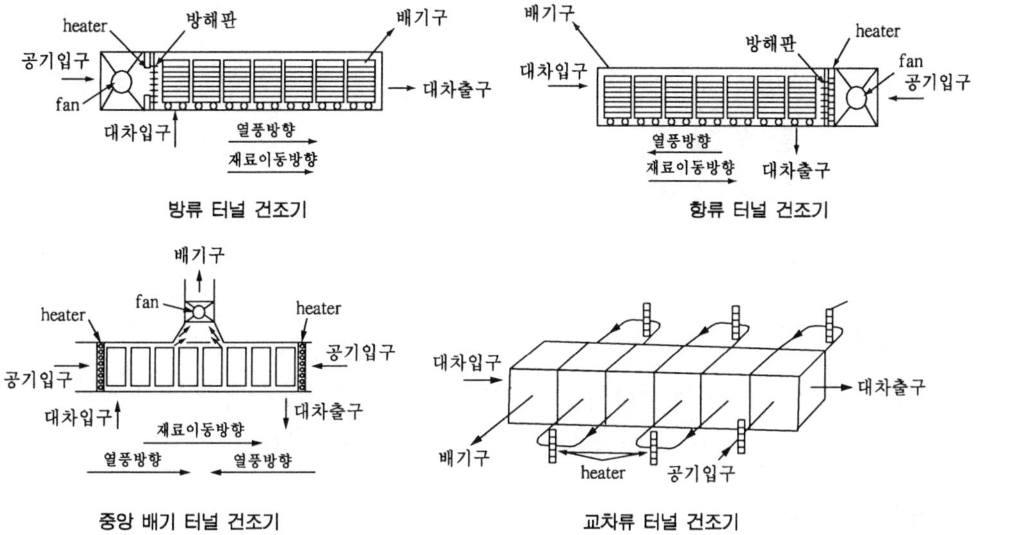

그림 5-4. 여러 가지 터널형 건조기

③ 컨베어형 건조기(conveyor drier)

터널형 건조기와 유사하고, 단지 식품을 수레로 운반하는 대신 벨트 위에 얹어 운반하는 것이 차이가 있으며, 열풍은 병류식, 향류식 등의 어느 방법이나 가능하다

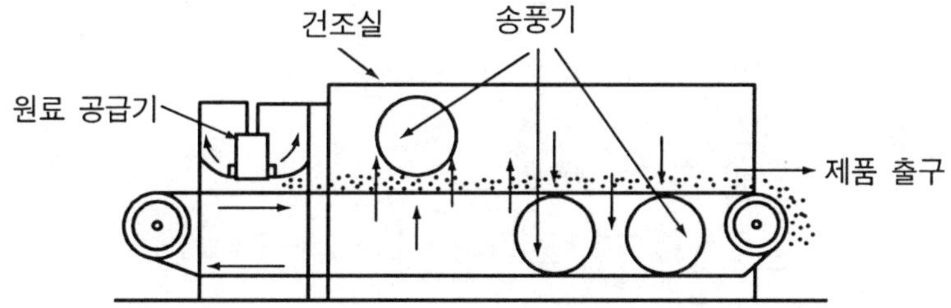

그림 5-5. 컨베어형 건조기

4) 배건법(roast drying)

(1) 건조원리

배건법은 일반적으로 배건로 위에 식품을 얹고 배건로에 장작, 톱밥 등을 연소시켜 복사열과 상승기류에 의하여 수분을 증발시키는 방법이나 간혹 숯불, 전열 및 적외선 등을 열원으로 하여 수분을 증발시키는 경우도 있다.

(2) 특징

장점으로는 훈연법과 마찬가지로 ① 독특한 향기를 부여하면서, ② 제품이 산화에 안정하다는 점을 들 수 있다.

단점으로는 표면경화가 용이하다는 점을 들 수 있다.

5) 분무건조법 (spray drying)

(1) 건조원리

고형물을 용해하였거나 현탁하여 있는 액상 물질을 열풍 중에 분무 미립화시켜 표면적을 크게 증대시키므로서 순간적으로 건조시키는 방법이다.

(2) 특징

장점으로는 ① 고온을 사용하나 물의 기화열로 인하여 실제 제품의 품온은 그다지 높지 않아 영양성분, 방향성분 등과 같이 열에 민감한 물질의 건조에 적합한 점, ② 다공질 입자가 됨으로 인하여 용해성 및 분산성이 좋은 점, ③ 연속으로 대량 처리가 가능한 점, ④ 액상물질을 직접 분말화 가능한 점 및 ⑤ 단시간에 건조가 가능한 점을 들 수 있다.

단점으로는 ① 액상 또는 paste상의 식품에만 적용 가능하고, ② 다공질이므로 산화, 변색이 용이하며, ③ 전처리하여 건조하여야 한다는 점 등을 들 수 있다.

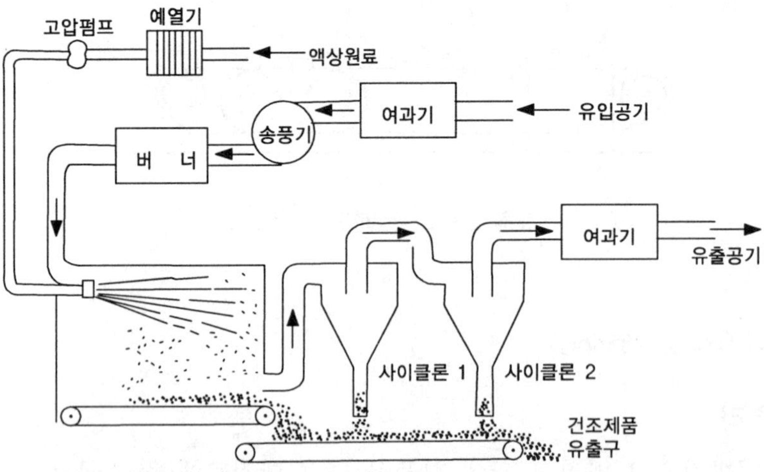

그림 5-6. 분무건조기와 사이클론 시스템

(3) 응용식품

대표적인 분무건조 제품으로는 instant coffee, 분유, 분말 과즙, 분말 향료 등을 들 수 있다.

6) 가압 건조(팽화 건조)

(1) 건조원리

대표적인 분무건조 제품으로는 instant coffee, 분유, 분말 과즙, 분말 향료 등을 들 수 있다.

수분함량이 많은 식품은 천일 또는 가열건조하여 피건조 대상 식품의 수분 함량을 비교적 적게 한(15~40%) 다음, 이것을 고압하에서 가열한 후 급격히 상압 상태로 개방하면 순간적인 증발에 의하여 그 팽창력으로 팽화하는 동시에 다공질로 되어 건조하는 방법으로 팽화건조라고도 한다.

(2) 특징

장점으로는 건조시간이 짧다는 점 등이 있다. 단점으로는 수분함량이 비교적 고형제품에 한정되면서 특별한 건조장치가 필요하다는 점 등이 있다.

(3) 응용식품

특히, 근년에 extruder기술의 발달로 이 건조방법이 많이 이용되고 있다.

가압건조 제품으로는 옥수수, 콩, 쌀 등의 뻥튀기 등을 들 수 있다.

7) 피막 건조법(드럼 건조, drum drying)

(1) 건조원리

액체, slurry상, paste상, 반고체형 원료 등과 같은 각종 농도와 점도를 가진 식품을 가열된 드럼통이나 벨트의 드럼 표면에 얇은 막으로 도포시켜 드럼회전에 따라서 건조하는 방법이다.

(2) 특징

장점으로는 ① 건조 가능한 원료 대상이 많다는 점, ② 고온에 노출되는 시간이 짧아 건조시간이 짧다는 점, ③ 구조가 간단하여 기계 청소가 용이한 점, ④ 소량·다품종의 건조에 용이한 점 등이 있다.

단점으로는 처리능력이 작다.

(3) 응용식품

주로 이용되고 있는 식품으로는 instant soup, 건조 유아 식품 등을 들 수 있다.

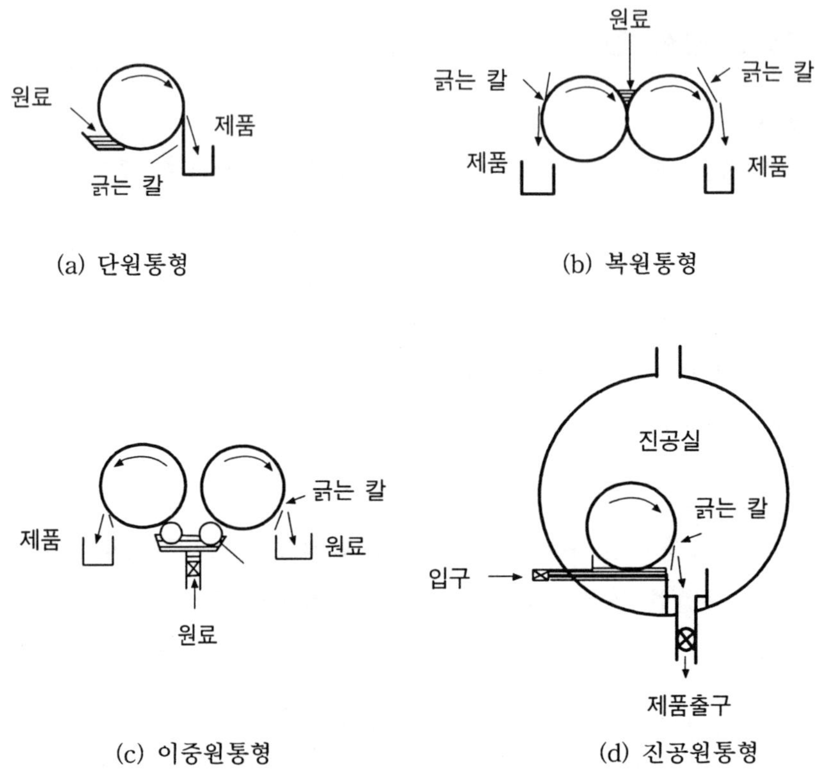

그림 5-7. 피막건조장치의 원리

8) 포말건조(foam-mat drying)

(1) 건조원리

농축 또는 기포제 첨가로 기포성을 높인 액상 시료를 이용하여 포말을 형성(표면적 증대)시켜 신속하게 건조하는 방법이다.

(2) 기포제

포말건조를 위한 기포제로는 주로 다음의 것들이 사용되고 있다.

① methyl cellulose와 대두 단백 혼합물

② monoglyceride

③ 난백 알부민

(3) 건조방법

기포성 액상 식품의 경우 식품을 고압가스와 강하게 혼합하여 포말층을 형성시킨 다음 다공판 상에 도포하거나 또는 다공판 상에 2~5㎜의 두께로 식품을 도포하여 그 하부로부터 다공판의 구멍을 통하여 고압가스를 불어 넣어 포말층을 형성시킨다. 이어서 다공판의 하부 또는 상부로부터 열풍을 송풍하여 건조시킨다.

(4) 응용식품

포말건조를 많이 이용하고 있는 대표적인 식품으로는 milk, coffee, baby foods 등을 들 수 있다.

9) 진공건조법 (Vacuum drying)

(1) 건조원리

감압(30~100 torr)에 의해 비점을 낮추어 비교적 저온으로 건조시키고자 하는 방법이다.

(2) 특징

장점은 ① 상온건조보다 저온에서 건조됨으로 인하여 건조 중에 맛, 냄새 및 색조의 품질 저하를 억제하고, ② 영양성분의 분해 및 산화 등의 화학반응이 최소화로 진행되며, ③ 발포에 의해 다공질의 과립성 제품이 생산되어 용해도가 우수하고, ④ 저수분 식품의 제조가 가능하다. 이 뿐 만이 아니라 ⑤ 진공건조로 인하여 공중 낙하 세균 등에 의한 2차 오염을 방지하고, ⑥ 운용비도 분무건조보다는 고가이나 진공동결건조보다는 저렴하다는 점 등이 있다.

(3) 응용식품

이를 이용한 건조제품으로는 ① 당, 수분이 많아 분무건조법 및 기타 건조법으로 건조가 어려운 식품인 물엿, 연유, 꿀 등과 ② 열의 영향을 받기 쉬운 식품인 오렌지 과즙 등 및 ③ 고품질의 건조제품 제조를 위한 식품인 instant coffee, soup류 등이 있다.

10) 동결(진공) 건조

(1) 건조원리

식품을 동결시킨 다음 고도의 진공하에서 식품 중의 빙결정을 직접 승화시켜 건조하는 방법이다.

(2) 건조장치

진공동결 건조기는 건조실, 진공장치(진공 펌프), 탈수장치(냉동기의 응축기), 가열장치, 제어장치로 이루어져 있다.

그림 5-8. 진공동결 장치의 사진

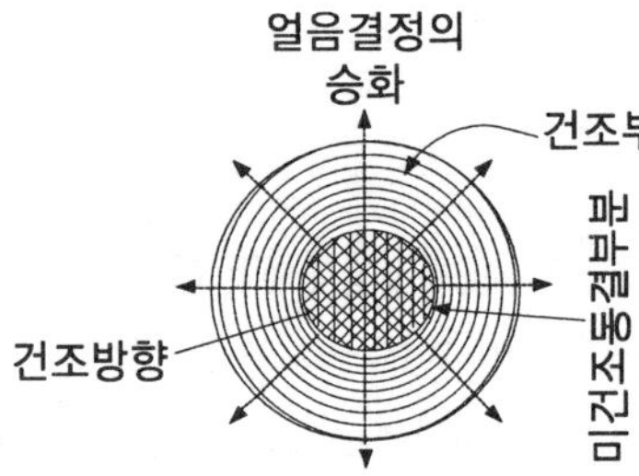

그림 5-9. 동결건조 형태

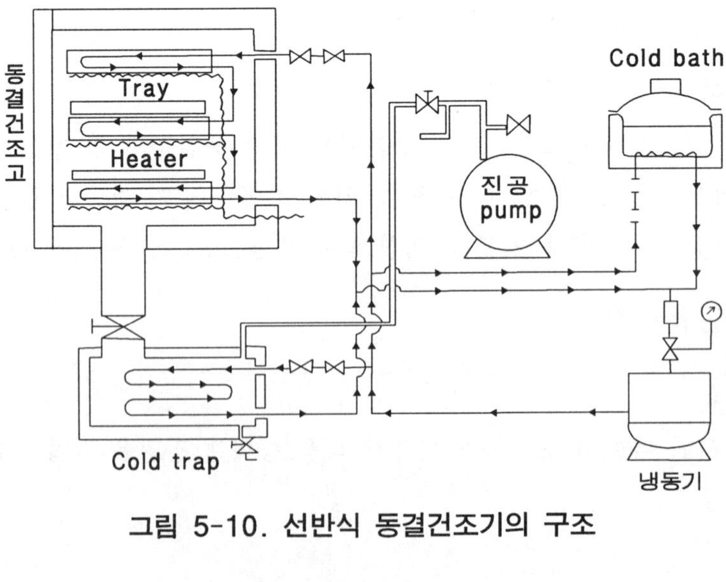

그림 5-10. 선반식 동결건조기의 구조

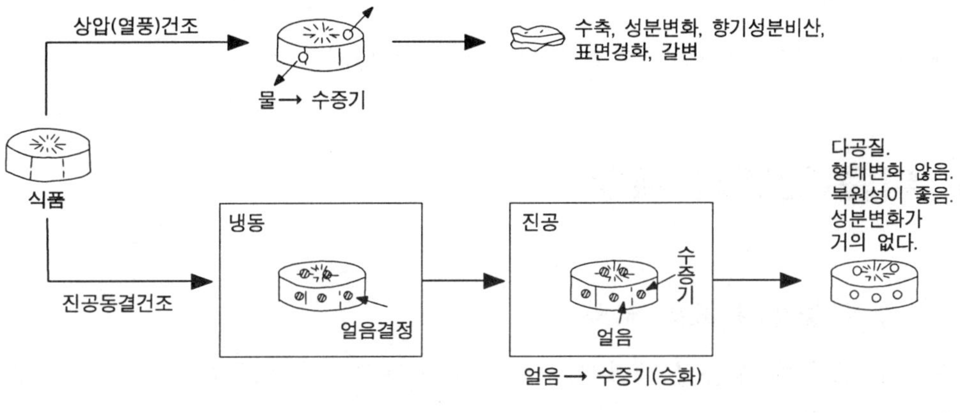

그림 5-11. 일반 건조와 진공동결건조의 형태적 차이

(3) 특징

일반 건조법은 수분 (액체)을 기체로 기화시켜 제거하나, 동결건조의 경우 수분을 동결시켜 고체화한 다음, 기체로 제거한다는 점에서 큰 차이가 있다. 즉 일반건조법의 경우 기화에 의하여 건조시키나, 진공동결건조법의 경우 승화에 의하여 건조시킨다. 따라서, 일반 건조법으로 건조시킨 경우 형태가 대체로 축소되나, 동결건조에 의한 제품의 경우 다공질의 원형을 그대로 유지한다.

장점은 ① 외관이 양호하고, ② 효소적, 비효소적 성분간의 반응이 거의 없어, 향, 맛, 색 및 영양가의 성분 변화가 없으며, ③ 복원성 및 2~3%정도의 저수분화가 가능하여 고품질을 요하는 건조품에 널리 이용될 수 있는 건조법이라는 점이다.

단점은 ① 다공질이고, 저수분 제품이라 흡습, 지질산화 및 색소산화가 용이하며, ② 부스러지기 쉽고, ③ 설비비 및 운전경비가 많이 소요된다는 점이다.

12) 냉풍건조

(1) 건조원리

제습하여 수증기압을 적게 한 냉풍을 식품에 접촉시켜 수분의 증발을 촉진하는 방법이다.

(2) 특징

장점은 저온에서 건조함으로 인하여 갈변 및 지방 산화 억제한다는 점이다.

단점은 ① 냉동기 사용으로 인한 설비비 및 운영 경비가 많이 소요되고, 건조속도가 느리다는 점이다.

(3) 응용식품

현재 마른 멸치의 건조방법으로 주로 이용되고 있다.

8. 식품 건조의 특징

1) 수용성 물질의 표면 농축

식품은 건조 중에 수용성 물질이 수분과 함께 표면으로 이동하여 수분은 증발되고, 수용성 물질은 표면에 농축한다. 이로 인해 amino-carbonyl 반응이 용이하게 진행되어 건제품은 갈색화되기 쉽다.

2) 형태 수축

건조는 수분의 표면증발과 내부확산으로 이루어지므로, 자연히 건조 공정 중에 형태가 수축하게 된다. 그러나 승화에 의해 건조되는 진공 동결 건조는 예외이다.

3) 표면경화 용이

건조 초기 속도가 빠른 경우, 초기에 식품의 외층이 굳어져 수축의 정도가 적으며 표면 경화가 일어날 가능성이 크다.

제6장

식품의 가열

1. 가열처리 목적

식품의 가공 및 저장을 위하여 널리 사용되고 있는 방법 중의 하나가 가열처리이다. 식품에 대한 가열처리의 주목적은 ① 미생물 및 효소의 실활로 저장성을 부여하는 것이고, 부수적 목적으로 ② 풍미 개선 및 ③ 소화율 향상 등을 기대할 수 있다.

2. 살균 방법

미생물은 <그림 6-1>과 같이 온도에 상당히 민감하여 일정온도 이상으로 열처리하는 경우 식품의 저장 효과를 기대할 수 있어 열처리를 식품 가공 및 저장을 위해 많이 이용하고 있다.

식품에 저장성을 갖게 하기 위하여 살균처리하는 방법은 <표 6-1>과 같다.

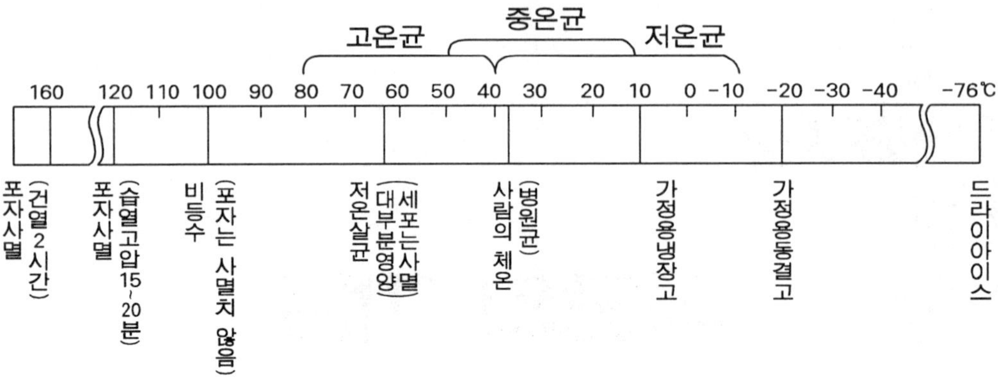

그림 6-1. 미생물과 온도

표 6-1. 살균방법

냉살균	자외선 조사	
	방사선 살균	
	약제 살균	
	여과 및 원심분리에 의한 제균	
가열살균	저온살균	데치기(blanching)
		저온장시간 살균(LTLT)
		고온단시간 살균(HTST)
		상업적 살균
	고온살균	열탕 살균
		증기 살균
		간헐적 살균
		동요식 살균
		정치식 살균
		정수압 살균
		초고온 살균(UHT)
특수살균	무균 처리	
	성층 살균	
	불꽃 살균	
	전기적 살균	

1) 냉살균

열을 동반하지 않고 살균효과를 내는 살균방법을 냉살균이라 하며, 여기에는 자외선 조사, 방사선조사, 약제살균, 원심분리 및 여과에 의한 제균을 들 수 있다.

(1) 자외선 조사

자외선은 에너지가 높고, 분자를 여기상태로 하여 유리기를 만들며, 핵단백질 구조의 변화를 야기하는 것으로 살균효과를 나타낸다.

일반적으로 자외선은 200~300 nm에서 살균력이 강하여 식품가공공장, 창고 등에서 일부 응용하기도 한다. 실제로 살균력이 가장 강한 파장은 254 nm이다.

이와 같은 자외선도 300~400 nm의 범위대에서는 광화학 촉진 반응이 강하여 산화를 촉진한다.

(2) 방사선 살균

식품에 Co^{60}, Cs^{137}의 γ선을 조사하여 충해 및 병원균을 사멸하기 위하여 이용하고 있으나, 이미, 이취, 산화촉진 등의 이유로 아직 실용화되지 못하고 있다. 그러나, 축육 등의 살균을 목적으로는 일부 국가에서 한정적으로 시도하고 있다.

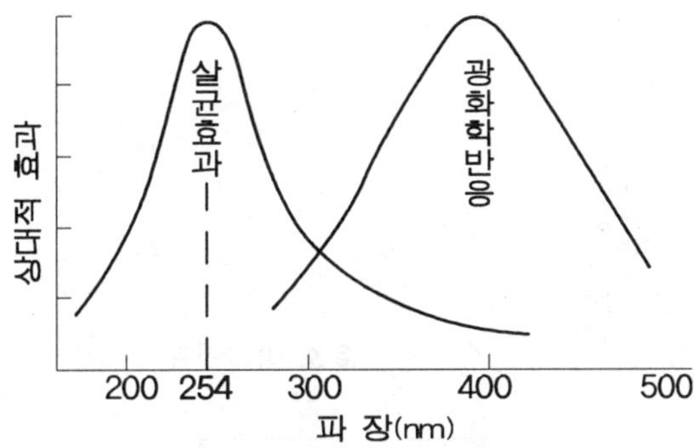

그림 6-2. 자외선의 파장과 그 특징

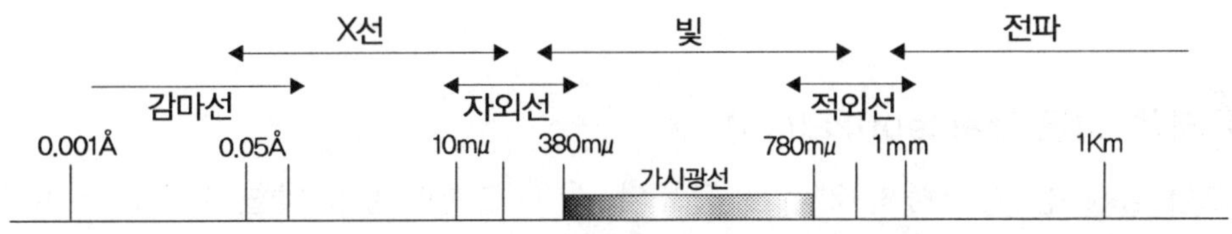

그림 6-3. 스펙트럼

(3) 약제 살균

식품 첨가물로서 허가되고 있는 살균제로는 차아염소산계와 과산화수소가 있고, 정균제로는 보존료가 있다. 그러나, 살균제 및 보존제의 경우 식품위생법규에서 규제를 하고 있는 것들이 많으므로 사용할 때에는 충분한 검토를 요한다.

(4) 제균

균을 걸려서 제거하는 여과와 원심력을 이용하여 제거하는 원심분리 등이 있으나, 실제로 이 방법은 살균효과를 이용하기보다는 미생물을 전공하는 연구자들이 자기가 목적하는 미생물을 분리하기 위하여 이용하는 방법이다.

2) 가열살균

가열살균은 외부로부터 열을 동반하여 살균하는 방법으로, 경제성과 실용성이 있어 살균방법으로 많이 채택되고 있는 방법이다.

일반적으로 <그림 6-4>에 나타낸 바와 같이 고온으로 처리할수록 살균효과는 기대되나, 풍미와 품질을 손상시키므로, 이들 요소들을 적절히 고려하여 가열살균 방법을 선택하여야 할 것이다.

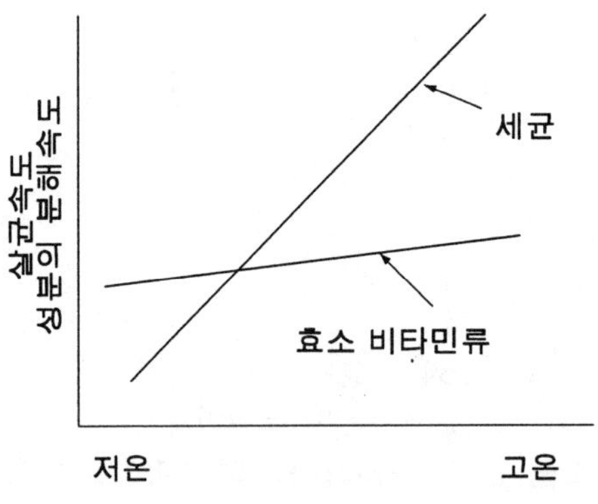

그림 6-4. 가열온도와 식품성분의 분해속도, 살균효과와의 관계

(1) 저온 살균 (pasteurization)

효모나 spore를 형성하지 않는 세균류와 같은 열저항성이 약한 미생물의 살균을 목적으로 100℃ 이하에서 열처리하는 경우를 말한다.

일반적인 저온살균법의 적용범위는 다음과 같다.

① 과즙과 같이 강한 가열처리로 품질 손상이 심한 경우
② 주된 변패 미생물의 열저항성이 크지 않는 경우
③ 시유와 같이 병원균 만을 사멸시키고자 하는 경우
④ 살균 후 다른 보존법(저온저장, 밀봉포장, 저 pH 유지)을 병용하는 경우

A. 데치기(blanching)

데치기는 농산물의 열처리 방법의 하나로 82~95℃에서 2~5분간 처리한다.

처리 목적은 ① 효소 불활성화, ② 가공 중 갈변, ③ 이취 및 변미 방지, ④ 박피 용이, ⑤ 조직 내의 가스(주로 산소) 제거로 성분의 손실, ⑥ 관재의 부식 방지, ⑦ 조직 연화 및 수축으로 살쟁임 용이, ⑧ 떫은 맛 및 wax 성분 제거, ⑨ 부착된 미생물 제거 및 살멸 등에 있다.

B. 저온 장시간 살균(LTLT, low temperature long time)

저온 장시간 살균은 저온살균의 대표적인 방법으로 우유 살균에 널리 사용되고 있다.

식품의 종류에 따라 온도와 시간이 다소의 차이가 있으나, 일반적으로 우유의 경우 60~65℃에서 30분간 열처리하는 것으로 알려져 있다.

C. 고온 단시간 살균(HTST, high temperature short time)

고온 단시간 살균은 우유나 과즙과 같이 신선미와 비타민 등의 영양소 보존을 중요시하면서 병원균 만을 사멸하고자 할 때에 많이 사용하는 방법이다.

식품의 종류에 따라 시간과 온도에 차이가 있겠으나, 시유 가공에서는 72℃에서 15~16초간 열처리가 일반적이다.

D. 상업적 살균(commercial sterilization)

상업적 살균은 균이 함유되어 있는 식품이라고 하여도 잔존 세균이 식품의 상업적 품질을 장기간 유지하는데 유해한 영향을 미치지 않는 정도로 살균처리 하는 것을 말한다.

일반적으로, 상업적 살균은 100℃ 이하의 온도로 살균처리를 하며, 대표적인 제품으로는 과실통조림이 있다.

(2) 고온 살균

고온 살균은 내열성이 강한 spore를 포함한 모든 미생물을 대상으로 100℃ 이상에서 열처리하는 살균방법으로, 여기에는 열탕살균, 증기살균, 간헐적 살균, 동요 살균, 정치

식 살균, 정수압 살균, 초고온 살균 등이 여기에 속한다.

A. 열탕 살균

열탕 살균으로는 spore를 완전히 사멸할 수는 없다. 단지 병원균 및 기생충 난 등의 사멸을 위하여 적용하나 실제 가공에서는 잘 적용되지 않고, 단지 조리나 조리용기의 살균에 많이 이용되고 있는 방법이다.

B. 증기 살균

증기 살균법은 증기를 이용하여 가열살균하는 방법으로 살균효과가 좋다.

증기를 가열매체로 이용하는 이유는 ① 증기가 기화 잠열이 커서 가열매체로서 우수하고, ② 온도 조절이 용이하며 ③ 수증기를 발생시키기 용이하기 때문이다.

C. 간헐적 살균

일반적으로 번식체의 경우 열저항성이 약하나 spore의 경우 열저항성이 아주 크다. 따라서, 간헐적 살균은 열저항성이 큰 spore까지 살균할 목적으로 열처리 간에 spore를 발아시켜 열저항성이 약한 번식체로 만들어 완전 살균하고자 하는 방법이다. 이 방법은 100℃이상 20~50분 처리를 1일 1회씩 하여 3~4일 계속하는 방법이나, spore의 발아 시간이 일정하지 않고, 조작 및 경비 등의 이유로 거의 이용되지 않는다.

D. 동요식 살균법

동요식 살균법은 내용물이 주로 액즙으로 이루어져 있어, 열전달 형식이 대류인 경우에 행하면 효과가 있는 살균법으로, 용기를 회전하거나 retort를 회전하면서 살균한다.

액상 식품의 경우 이 방법을 채택하면 신속, 균일한 열전달이 가능하다.

일반적으로 127~132℃에서 3~4분간 열처리한다.

E. 정치식 살균법

정치식 살균법은 고정된 retort에 식품을 넣고 포화 증기로 가열하는 방법으로, 121℃에서 장시간 처리하여 제품의 품질이 변화할 우려가 있다.

이 방법은 축, 수산물의 통조림, 레토르트 파우치 제품 등의 살균에 이용되고 있다.

F. 정수압 살균법(연속식 살균법)

정수압 살균법은 정치식 살균법과 같은 방법이나, 단지 식품을 반입주(식품의 초온상승)에 넣고, 증기실(식품의 살균)에서 살균하여, 반출주(식품의 냉각)에서 살균을 마치는 연속식 살균방법이다.

국내에서는 사용되고 있지 않는 방법이나, 미국 및 유럽 등에서는 사용하고 있다.

G. 초고온 살균법(UHT, ultra high temperature)

초고온 살균법은 향미, 신선미 및 영양가 등을 고려하는 시유 등에서 내열성 세균의 spore조차도 완전히 사멸하고자 하는 방법이다.

시유에서는 일반적으로 130~150℃에서 1초 이상 열처리한다.

3) 특수 살균법

(1) 무균 처리법

무균 처리법은 용기와 식품을 미리 살균 및 냉각한 후에 무균의 조건하에서 살쟁임 및 밀봉하는 방법이다.

(2) 성층 살균법

성층 살균법은 액상과 고상이 분리 가능한 경우에 분리하여 살균하는 방법이다.

일반적으로 고상의 경우 열전달 형식이 전도이어서 정치식으로, 액상의 경우 열전달 형식이 대류이어서 동요식을 채택하여 살균한 다음, 혼합을 하면 살균에 효과적이다.

(3) 불꽃 살균법

불꽃 살균법은 식품을 회전시키면서 가스 버너 등의 화염에 직접 접촉시켜 살균하는 방법으로 화염은 계속 가하지 않고, 일정시간마다 가하는 것이 온도 구배도 생기지 않고 과열도 어느 정도 방지할 수 있다.

4) 전기적 살균법

전기적 살균법은 식품을 급속히, 그리고 균일하게 가열할 수 있으므로 극히 우수한 살균방법이다.

이 방법은 식품에 직접 전극을 접촉시켜 전류를 흘려 저항에 의한 발열을 이용하는 저항 가열법과 식품을 고주파 전자장에 넣어 쌍극자 회전에 의한 분자 마찰열에 의하여 가열하는 유전 가열법이 있다

3. 미생물의 가열 살균 기구

가열에 의한 미생물의 살균기구는 여러 가지 학설이 제안되고 있으나, 아직 확립된 바는 없다.

1) 건열

건열살균은 산화과정설 만으로 설명되고 있다. 즉, 산화과정설은 질소가스 또는 진공 중에서 균을 살균하고자 하는 경우 산소가 혼재하여 있는 공기 중에서 보다 사멸속도가 늦어, 건열상태의 살균은 부분적으로는 산화과정에 의한다고 추정한 이론이다.

2) 습열

(1) 단백질 열변성설

단백질 변성설은 가열에 의해 세균의 원형질 내의 어떤 불가역적인 변화, 세포내 단백질의 열응고 및 필수 효소의 불활성화에 의하여 세균이 사멸한다는 설이다.

(2) 질식설

질식설은 온도가 상승하면 세균의 산소 요구도가 높아지나, 실제 액상 환경에서는 반대로 산소의 용해도가 감소하기 때문에 사멸한다는 설이다. 그러나, 이 학설은 호기성 미생물은 설명 가능하나 혐기성 미생물은 설명되기가 어렵다.

(3) 중독설

중독설은 온도 상승에 의한 원형질 내의 반응속도 증가로 대사산물이 축적되어 중독을 일으킨다는 설이나, 이는 실제로 온도를 상승시켜도 사멸 시킬 수 있을 정도로 미생물의 대사산물이 축적되기 어렵기 때문에 다소 불합리하다.

(4) lipoid 유리설

lipoid 유리설은 가열에 의해 세균의 구성 지질이 물리적 성상에 변화를 일으켜 사멸한다는 설이다.

4. 내열성에 영향하는 요인

세균 spore의 내열성은 미생물의 종류에 따라 다르며, 또한 동일 종류에 있어서도 유전성, 세포조성, 배양연령, 외표면의 성상 등의 내적 요인과 배지조성, 배양온도, 서식환경 등과 같은 포자 형성시의 조건, 온도, 시간, 포자농도, 균상의 존재, 가열액의 pH 및 가열액의 성분 등과 같은 가열시의 조건 및 가열 후의 환경인자 등의 외적 요인에 따라 많은 영향을 받게 된다.

1) 내적요인

(1) 생리적, 형태적 특성

미생물의 내열성은 유전적인 것보다는 생리적, 형태적 차이에 의한 영향이 크다.

(2) 세포조성

일반적으로 세포조성 중 단백질 함량이 많을수록, 칼슘함량이 적을수록, 고도불포화지방산 함량이 적을수록, 내열성은 낮다.

(3) 배양연령

적정배양이 신생배양 또는 몇대를 반복 배양한 것 보다 내열성이 높다.

2) 외적요인

일반적으로 내열성에 영향을 미치는 외적요인으로는 배지조성, 배양온도, 서식환경, 및 가열시의 조건 등이 있다.

(1) 배지조성

일반적으로 배지조성에 따른 내열성은 다음과 같다.

① 영양이 풍부한 배지 > 영양이 부족한 배지

② 장쇄 포화지방산 함유 배지 > 단쇄 포화지방산 함유 배지

③ 인산염 농도가 풍부한 배지 > 인산염 농도가 부족한 배지

2) 배양온도

내열성은 최적온도 배양 미생물 > 최고 또는 최저온도 배양 미생물이다.

3) 서식환경

내열성은 천연배지 배양 미생물 > 인공배지 배양 미생물이다.

4) 가열시의 조건

일반적으로 가열시 조건에 따른 미생물의 내열성은 다음과 같다.

① 균농도 높은 미생물 > 균농도가 낮은 미생물

② 무리를 이루고 있는 미생물 > 단독상 미생물

③ pH가 중성인 미생물 pH > 알칼리성 또는 산성인 미생물

④ 구균 > 간균

⑤ spore(막이 두꺼워 수분이 잘 침투하지 못해 건열상태)>영양세포

⑥ 건열 > 습열

⑦ 혼탁액에 기름이 혼재하여 있는 것 > 기름이 혼재하여 있지 않은 것

5. 식품의 열전달 형식

1) 전열 형식에 따른 식품의 분류

전열 형식에 의해 식품을 분류하면 <표 6-2>와 같이 4가지 식품군으로 분류된다.

표 6-2. 전열 형식에 따른 식품의 종류

전열 형식	대상 식품
대류에 의해 신속히 가열	과실주스, 야채주스, 육즙 등과 같은 액상식품
대류에 의해 완만히 가열	액즙을 가지는 작은 조각의 과실이나 야채와 같이 액상과 고상이 혼합되어 있는 식품
초기에는 대류, 후기에는 전도에 의해 가열	초기에 물과 분리되어 있으나, 일정시간 경과 후에는 수분을 흡수하여 있는 전분 함유 식품
전도에 의해 신속히 가열	고형 식품

2) 식품의 열전달에 영향하는 요인

(1) 내적요인

① 살쟁임량 및 head space 크기

고형물은 전도에 의하여 열전달되나, head space는 대류에 의하여 열전달 된다. 액상식품은 대류에 의하여 열전달되나, head space도 역시 대류에 의하여 열전달 된다.

② 가열전 온도 및 관내 온도의 분포

2) 외적요인

열전달은 식품의 크기 및 형태, 가열 중 관의 동요, retort에 넣었을 때 관의 놓여진 상태 등에 따라 차이가 있다.

3) 식품의 온도 중심점(thermal center)

(1) 온도 중심점의 위치

식품의 온도 중심점은 식품을 가열 또는 냉각한 경우에 온도 변화가 가장 늦은 부위를 말한다.

일반적으로 식품의 종류에 관계없이 모두 기하학적 중심점을 온도 중심점으로 생각하기 쉬우나, <그림 7-5>와 같이 액상식품과 고상식품에 따라 온도 중심점의 위치는 다르다. 일반적으로 식품의 온도 중심점은 액상 식품의 경우 바닥부에서 부터 약 1/10이 되는 위치이고, 고상식품의 경우 기하학적 무게 중심점이다.

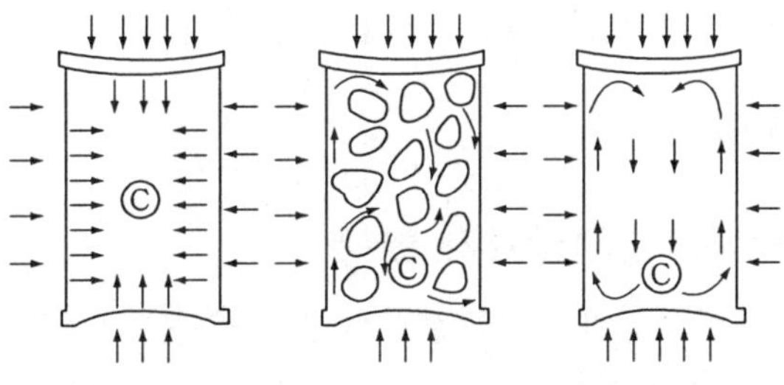

그림 6-5. 식품의 온도 중심점

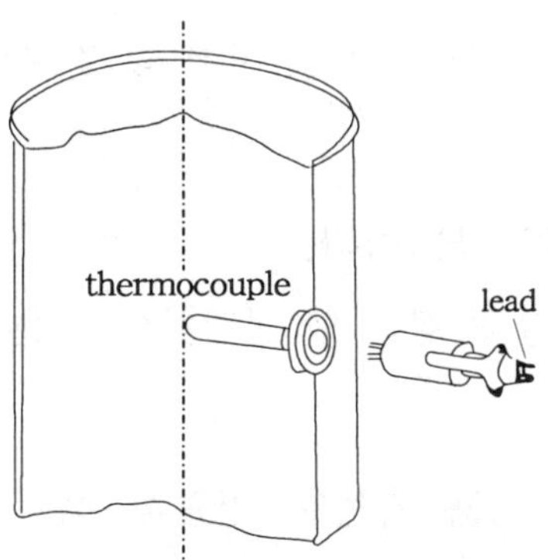

그림 6-6. 통조림에 열전대를 장치한 그림

(2) 온도 중심점의 측정

여러 개의 통조림을 밑바닥에서 일정간격 마다 표시하고, 열전대(thermocouple)를 표시한 일정 간격마다 장치한다.

· 레토르트(retort)를 가열한 다음 열전대의 온도를 매분 측정한다.

· 시간과 온도와의 변화를 log graph에 기입하여 가열곡선을 작성한다. 최종적으로 온도 중심점을 찾는다.

6. 포장식품(통, 병조림 및 retort pouch식품)의 특성

1) 포장식품의 정의

전처리한 식품을 공기 및 미생물이 투과할 수 없으면서 내열성이 있는 유리병 및 레토르트 파우치(retort pouch) 등과 같은 용기에 살쟁임한 다음 탈기, 밀봉, 살균 및 냉각하여 병원균 및 부패균의 살멸에 의한 장기보존 가능한 식품을 말한다.

2) 포장식품의 특성

(1) 위생적으로 안전하며, 영양가가 높다.

포장식품은 탈기로 가열처리에 의해 영양성분의 손실이 적게 한 다음 밀봉으로 균의 오염이 되지 않게 하고, 이어서 잔존 미생물을 살균하고 냉각하는 방법으로 제조하여, 위생적으로 안전하면서, 가열처리에 의해 영양성분의 손실을 적게 한 식품이다.

(2) 운반, 포장이 용이하므로 경제적이다.

전처리에 의한 불가식부의 제거로 부패, 변패 및 감량의 우려가 적고, 운반 및 포장이 용이하다.

(3) 상온에서 장기 보존이 가능하다.

포장식품은 전처리, 탈기, 밀봉, 살균 및 냉각하여 상온저장이 가능하도록 제조한 제품이다.

(4) 조리, 가공하지 않고 사용 가능한 간편부 식품이다.

3) 포장식품에 사용 가능한 용기의 조건

포장식품에 사용 가능한 용기의 조건은 다음과 같다.

① 식품용기가 위생적이어야 한다.

② 공기 및 미생물의 오염이 되어서는 안된다.

③ 살균공정이 반드시 포함되므로 내열성을 유지하여야 한다.

④ 보존, 수송 및 취급에 견딜 수 있는 강도를 가져야 한다.
⑤ 밀봉이 용이하여야 한다.
⑥ 대량 생산이 가능하여야 한다.

4) 포장식품의 특성 비교

표 6-3. 포장식품의 특성 비교

구분	통조림	병조림	레토르트파우치 식품
충격에 의한 안정성	큼	적음	적음
열전달 속도	신속	완만	신속
광선투과	불가능	갈색병으로 차단 가능	알루미늄박으로 차단 가능
무게	약간 무거움	아주 무거움	가벼움
포장 및 수송경비	적절	고가	저렴
내용물 보기	불가능	가능(갈색병 제외)	가능 (알루미늄박 제외)
중금속 용출	가능	없음	없음
녹 생성	가능	없음	없음
용기 재사용	가능	가능	불가능
기체, 증기투과	불가능	불가능	불가능
용기 가격	보통	고가	저렴

7. 통조림 식품의 제조

1) 통조림 식품의 전처리

(1) 농산물 통조림의 전처리

① 원료반입 및 선별

완숙되기 직전의 것을 크기, 중량. 색깔, 모양, 숙도, 품종 등에 따라 선별하여 ① 균일성 및 균질성으로 상품의 가치를 증가시키고, ② 박피, 제심, 제핵, 데치기 등의 기계적으로 사용하기에 용이하게 하며, ③ 열전달을 균일하게 할 뿐만이 아니라, ④ 살쟁임시 중량 조절이 용이하도록 한다.

② 수세

이물질 제거를 위하여 침지, 교반 및 분무법 등으로 수세를 실시한다.

③ blanching

일반적으로 박피 용이, 효소 불활성화, 조직 내의 공기 제거, 살쟁임 용이, 이취 제거 및 혼탁 방지를 위하여 82~95℃, 2~5분 내외에서 데치기를 실시한다.

④ 박피

<표 6-4>에 나타낸 박피 방법 중 하나를 선택하여 실시한다.

표 6-4. 과일의 박피 방법

종류	조작	비고
1.칼로 벗기는 법 (hand peeling)	칼로 박피	· 작업능률이 낮고, 제품이 고르지 못함. · 소규모적 사과, 밤 등
2.열탕, 증기법 (steam peeling)	열탕에 1분간 또는 증기로 2~3분 작용시킨 후 냉각하여 박피	· 육질이 부드러운 백도, 토마토, 감자, 고구마 등
3. 알칼리 처리법 (lye peeling)	1~3% NaOH용액 90~95℃에서 1~2분 담근 후 물로 수세	· 가격이 저렴하며, 박피의 손실 적고 시설비가 적으나 시설이 부식됨. · 복숭아, 오렌지, 당근, 감자, 고구마 등
4. 산처리법 (acid peeling)	온도 80℃이상의 1~2% HCl, 또는 H_2SO_4에 1분간 담갔다가 꺼내 냉각하여 박피	· 귤
5. 산 및 알칼리처리법	1~2% 염산 또는 황산용액에 일정시간 담근 후 찬물로 씻고 2~3%의 끓는 NaOH 용액에 담그어 박피	· 귤, 백도
6. 기계적 박피법 (mechanical peeling)	박피기 이용	· 균일한 제품을 얻고 노동력이 감소되며, 과육이 두꺼운 것에 적합 · 사과, 배, 파인애플, 근채류 등에 이용

(2) 수산물 통조림(고등어 보일드)의 전처리

① 원료 반입 및 선별

원료가 반입되면 가능한 빨리 어체의 크기, 선도 및 상처 유무에 따라 선별한다.

② 원료 처리

지느러미, 머리 및 내장 등을 제거한다.

③ 수세 및 탈수

어체 표면과 내장 주위의 오물을 씻고, 탈수한다. 이 때에 수세수의 오염정도와 온도 상승에 잘 대처하여야 한다.

④ 어체 절단

fish cutter로 관의 높이에 따라 어체의 중심선에서 직각으로 절단한다.

⑤ 혈액 제거

어체 표면에 부착한 두부 모양의 응고물, 즉 curd의 생성을 방지하는 공정으로 3% 묽은 식염수에서 20~30분간 혈액을 제거한다. 그러나 일반적으로 선도가 저하할 우려가 있어 생략하는 경우가 많고, 특히 기온이 높은 경우에는 거의 생략한다.

⑥ 염지

염지는 10~15% 식염수에 20~30분간 침지하는 공정으로, ① 어피 벗겨짐 방지, ② 육조직 수축, ③ 염미 부여, ④ 혈액 제거, ⑤ 색택 향상 및 ⑥ curd 생성 방지를 목적으로 실시하는데, 염지 중에 식품품질이 저하하는 것을 억제하기 위하여 얼음 등을 이용하여 저온을 유지하여야 한다.

(3) 축산물 통조림(소고기 보일드)의 전처리

① 원료 반입 및 해동

냉동 원료를 반입하여 5~8℃에서 4~5일간 해동하되, 침수해동을 하여서는 안된다.

② 원료 처리

건, 인대 및 과지방을 제거한 후에 5×20 cm로 정형한다.

③ 염지

원료육을 식염 3%, KNO_3 0.1%, $NaNO_3$ 0.01% 및 인산염 0.3%로 건염지하여 품온을 3~8℃로 유지하면서 3일간 실시한다.

④ 탕자

2% 식염수에서 열탕으로 50분간 자숙한다.

⑤ 절단

5~8 mm 두께로 절단한다.

2) 살쟁임

살쟁임 공정은 전처리가 끝난 농, 수, 축산식품과 주입액을 용기에 채우는 조작을 말한다.

(1) 주입액의 첨가 목적

주입액의 첨가 목적은 다음과 같다.

① 맛 조정 (맛 드는 기간 : 긴 것 3개월)

② 살균시 열전도 향상

③ 관벽 부착 방지

④ 고형물 파손 방지

(2) 주입액의 종류

① 보일드 통조림-묽은 식염수 (수산물, 버섯류 통조림의 주입액)

② 가미 통조림-당액 (과일 통조림의 주입액으로 개관시에 18% 이상 되어야 함) 또는 조미액 (간장, 설탕, 미림, 물엿 및 향신료로 제조한 액으로 조미통조림의 주입액)

③ 기름담금 통조림 - 유지

(3) 조미액 제조시 주의사항

① 가급적 우량 재료를 사용하여야 한다.

② 배합비를 정확히 하여야 한다.

③ 구매자의 기호를 고려하여 배합하여야 한다.

④ 균일하게 혼합하기 위하여 반드시 자숙처리 하여야 한다.

(4) 당액의 주입량 결정

과일의 당도가 종류, 산지, 생산시기 등에 따라 모두 달라 원료가 같지 않은 경우에는 반드시 주입액의 농도 및 양을 결정하여야 한다.

과육의 당도를 x, 고형량을 w_1, 주입액의 당도를 y, 주입 당액량을 w_2, 제품 당도를 z, 제품 무게를 w_3 $(=w_1+w_2)$라 하면,

물질수지식에서 투입된 당량은 제품의 당량과 같다는 논리로부터 다음과 같은 식이 성립된다.

$$w_1x + w_2y = w_3z$$

$$\text{주입당액 } y = \frac{w_3z - w_1x}{w_2}$$

(예제) 복숭아 통조림의 제조시에 원료 복숭아 당도가 10%, 복숭아량이 300 g, 규격 당도가 18%, 제품 내용 총량이 432 g이라면 주입 당액의 당도는 얼마인가?

(풀이) 투입된 당의 양은 생산된 제품의 당의 양과 같다.

10%×300 g+(432−300) g× y=432 g×18%가 된다.

이것으로부터 주입당액을 계산하면, 주입 당액 y=36.2%

3) 탈 기

통조림 제조 공정 중에 중요한 공정 중의 하나가 밀봉 전에 용기 내부의 공기를 제거하는 탈기공정이다.

(1) 탈기 목적

① 관내면의 부식 억제

② 산화에 의한 내용물의 품질저하 방지

③ 가열살균시 밀봉부의 파손이나 느그러짐 방지

④ 호기성 미생물의 발육 억제

⑤ 변패관의 식별 용이

(2) 탈기 방법

① 가열 탈기법

가열 탈기법은 식품을 먼저 가열하여 뜨거울 때 용기에 채워 밀봉하거나 식품을 용기에 채워 가밀봉한 후 탈기함을 사용하여 용기채 가열하여 밀봉하는 방법이다.

② 기계적 탈기법

기계적 탈기법은 진공 밀봉기를 사용하여 감압장치 속에서 탈기와 밀봉을 동시에 실시하는 방법이다.

이 방법은 가열처리를 하지 않아 식품성분의 변화가 적고, 작업면적이 좁으며, 위생적이라는 장점이 있어, 근년에 모든 통조림 가공공장에서 채택하고 있는 탈기방법이다. 하지만, 내용물에 흡장 용해되어 있는 공기가 불완전하게 제거된다는 큰 단점이 있다.

③ 증기 분사법

증기 분사법은 관의 head space내에 증기를 분사하여 공기를 증기로 치환한 후 즉시 밀봉하여 진공을 얻는 방법이다. 하지만, dry pack 식품에는 적용하기 곤란하다는 단점이 있다.

4) 밀 봉

미생물의 침입 및 공기의 유통을 방지하기 위하여 curl을 flange 밑으로 말아 넣어 압착하여 기밀을 유지하도록 한 방법이다.

밀봉에 사용되는 기계가 밀봉기(seamer)이고, 이의 주요 3부분은 <그림 6-7>과 같이 lifter, seaming chuck, seaming roll이다.

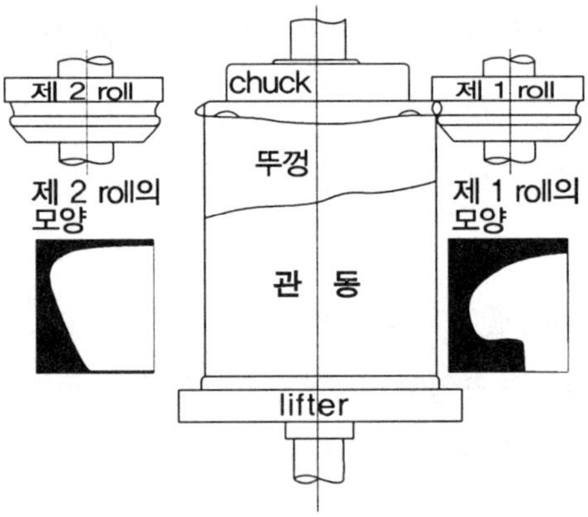

그림 6-7. 밀봉기의 주요 3부분

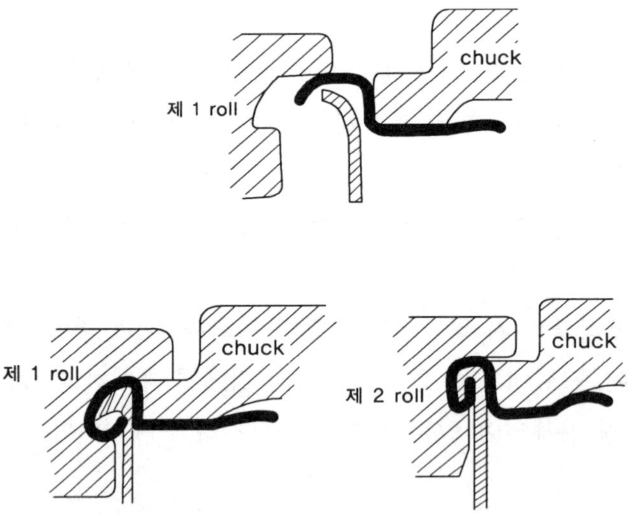

그림 6-8. 밀봉기구(mechanism)

표 6-5. 밀봉기의 주요 3부분의 역할

밀봉기 주요 부분		주요기능
lifter		관을 들어 올려 chuck에 접합시켜 주는 역할
seaming head	seaming chuck	· 밀봉시에 lifter와 더불어 관을 고정하는 역할 · seaming roll이 밀봉부를 압착할 때 대벽 역할
	seaming roll	· 제 1 roll은 뚜껑의 curl부를 관동의 flange밑으로 말아 넣어 2중으로 겹쳐서 굽히는 역할 · 제 2 roll은 이것을 더욱 압착하여 견고하게 접착시켜 밀봉을 완성시키는 역할

5) 살 균

(1) pH에 의한 통조림 식품의 분류

표 6-6. pH에 의한 통조림 식품의 분류

식품의 분류		pH 범위	대상 식품
강산성 식품		3.7 이하	절임식품, 발효식품, 감, 귤 등
산성 식품		3.7~4.5	토마토, 배, 파인애플, 복숭아, 등의 과실
중산성 식품		4.5~5.0	육과 야채의 혼합물
저산성 식품	저산성 식품	5.0~6.8	축육, 어육, 유제품 및 몇 종류의 야채
	알칼리성 식품	7.0 이상	새우, 게, 오래된 계란

(2) pH에 의한 통조림 식품의 살균 기준

통조림 식품의 살균 기준 pH는 내열성이 강하면서, 맹독성이고, 혐기성 세균인 *Clostridium botulinum spore*의 강한 산성 영역에서의 발육 한계점인 pH 4.5를 기준으로 하여 pH 4.5 이상인 식품은 이 균의 증식이 가능하다고 인정하여 고온살균을, pH 4.5 이하인 식품은 이 균의 증식이 불가능하다고 인정하여 저온살균을 실시한다. 그러나 황화수소 가스의 발생에 의한 흑변은 알칼리 식품에서 발생하기 쉽다.

6) 냉각

(1) 냉각의 목적

① 조직의 연화, 황하수소(H_2S)가스의 생성 억제

포장식품을 고온살균한 후 급속 냉각하지 않고 장시간 방치하는 경우 고온에 의해 조직이 연화되고, 또한 황화수소가스가 발생하여 금속성분과 결합함으로써 흑변하여 품질저하한다.

② struvite ($Mg(NH_4)PO_4 \cdot 6H_2O$)의 생성 억제

성장적온이 30~50℃인 무독성의 유리 모양의 결정으로, 인체에는 해가 되지 않으나, 소비자들로부터 거부감을 느끼게 하는 struvite의 성장을 억제한다.

③ 호열성 세균의 발육 억제

호열성 세균의 최적 온도인 50~60℃를 빨리 벗어남으로서 호열성 세균의 생육을 억제한다.

(2) 냉각 방법

① struvite가 문제되지 않는 통조림

struvite의 생성이 문제가 되지 않는 통조림의 경우 내용물의 평균 온도가 38℃정도에서 냉각을 종료하여, 여열에 의해 관외면의 수분 증발을 촉진한다.

② struvite가 문제되는 통조림

struvite가 문제되는 통조림은 내용물의 평균온도가 38℃정도에서 냉각을 완료하는 경우 struvite의 성장을 촉진하여 문제가 되므로, 내용물의 평균 품온이 상온이 되도록 하여 냉각을 종료하고, 대신에 관외면의 수분을 철저히 제거하여야 녹을 방지할 수 있다.

제7장

식품의 저온저장

1. 저온저장 원리

온도가 5℃ 이하로 되면 식중독 균의 경우 증식이 억제되고 -10℃ 이하로 되는 경우 저온 세균의 경우도 증식이 억제될 뿐만이 아니라 지질의 산화도 억제된다. 따라서 저온저장 식품은 환경 온도를 저온으로 함으로써 미생물 및 지질 산화가 억제되게 하여 저장성을 갖게 한 식품이다.

식품 미생물의 생장온도는 <그림 7-1>과 같다.

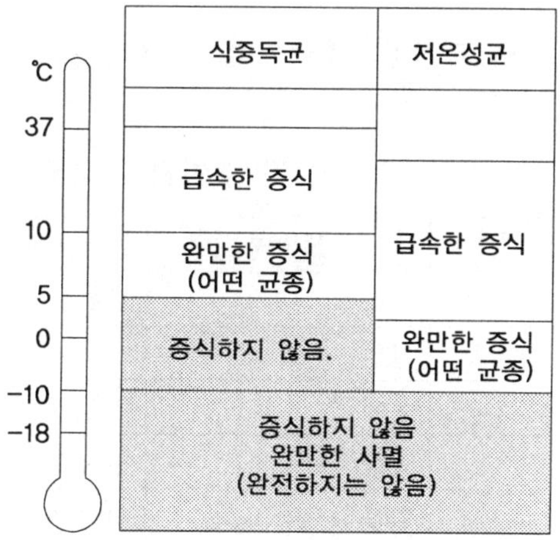

그림 7-1. 식품 미생물의 생장온도

2. 저온저장 방법

표 7-1. 저온저장법의 종류

저장온도	저장기간	저장방법
냉각저장 (0℃<온도<실온)	단기저장(2~3일)	빙장법
		냉장법
		CA저장법
동결저장 (동결점이하의 온도)	중기저장(1주일~10일)	Partial freezing
	장기저장(수 개월)	공기동결법
		송풍동결법
		접촉식동결법
		침지식동결법
		액화가스 동결법
		저온삼투압 탈수 동결법

1) 빙장법

얼음을 사용하여 식품을 얼지 않는 범위에서 실온보다 낮게 저장하는 방법으로 쇄빙법과 수빙법이 있으며, 연안 어류의 선도 유지에 주로 이용되고 있다.

(1) 쇄빙법

쇄빙을 식품에 얹어서 얼음 자체의 냉각력을 이용해 저온저장하는 방법이다.

표 7-2. 쇄빙법 및 수빙법의 특징

항목	쇄빙법	수빙법
작업	편리	불편
냉각속도	완만	신속
산화정도	용이	일부 억제 가능
외형적 손상	있음	없음
건조	일부 진행	진행 안됨
퇴색	산화 변색	수용 퇴색

(2) 수빙법

쇄빙을 가한 냉수 중에 식품을 침지하여 저온저장 하는 방법이다.

2) 냉장법

냉장법은 0℃ 내외의 온도에서 저장하는 것은 빙장법과 동일하나, 냉각 매체가 얼음이 아니고 공기라는 점이 다르다.

주로 과실 및 야채의 저장이나 축육 및 수산물과 그를 원료로 한 가공품의 단기간 저장을 목적으로 하는 저온저장법이다.

이러한 식품들을 저온저장한 후에 이용하고자 하는 경우 미리 외기온도와 가까운 온도에서 저장하여 식품의 표면에 물방울이 생성되는 것을 방지하고자 품온완화를 실시하여야 한다.

3) CA저장 (controlled atmosphere storage)

생체식품의 경우 수확을 하여도 호흡작용을 계속하여 당류 및 유기산과 같은 체내성분을 소실 및 고갈하여 미생물이 증식하기 용이한 조건으로 만들어 부패하게 이른다. 또한 호흡작용을 하게 되면 발열반응으로 주위 환경온도가 상승하게 되고, 이로 인해 호흡작용은 촉진하게 된다.

따라서, 생체식품의 저장성을 연장하기 위하여는 실시하는 CA저장이란 저장고 내의 공기조성을 인위적으로 변화시키고, 또한 냉장하여 인위적으로 호흡속도를 늦추어서 청과물의 저장중 품질을 유지하고자 하는 방법이다.

CA저장을 실시함으로서 추숙, 연화, 발아 및 유기산의 감소 억제, 변색방지, 방충 및 방제에 효과가 있다.

4) 동결법

동결법은 식품 중에 함유되어 있는 수분의 대부분을 빙결시켜서 저장하는 방법으로, 국제냉동협회에서는 -18℃ 이하의 온도에서 저장하도록 권장하고 있다.

(1) 냉동곡선

식품을 동결할 때에 식품 내부의 온도가 경시적으로 변화하는 모양을 나타낸 것이 냉동곡선 (freezing curve) 또는 동결곡선이다.

동결곡선에는 시간이 경과하여도 많은 응고 잠열의 외부 방출로 인해 식품의 온도가 -1～-5℃에서 거의 변화하지 않는 평탄한 지역, 즉 최대 빙결정 생성대 (zone of maximum ice crystal formation)가 있다.

이 지역을 통과하는 시간에 따라 급속동결 또는 완만동결로 구분하며, 얼음 결정의 크기가 달라져 냉동품의 품질이 결정된다. 즉, 급속동결을 하는 경우 최대 빙결정 생성대를 신속하게 통과하게 되어 얼음 결정의 수는 많으나, 크기가 작아 조직 손상이 적게 되어 고품질의 냉동품이 제조된다.

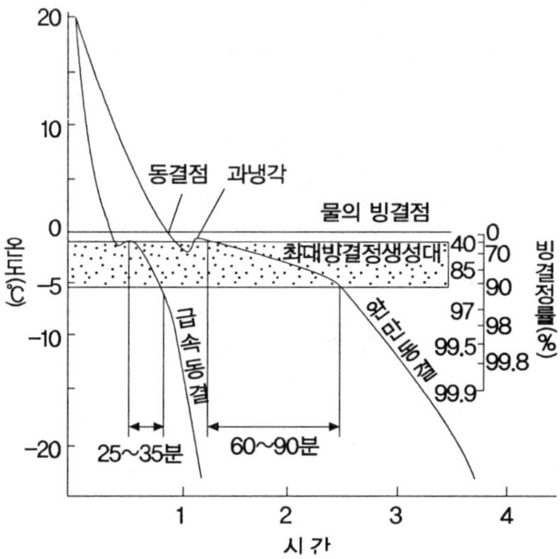

그림 7-2. 식품의 냉동곡선

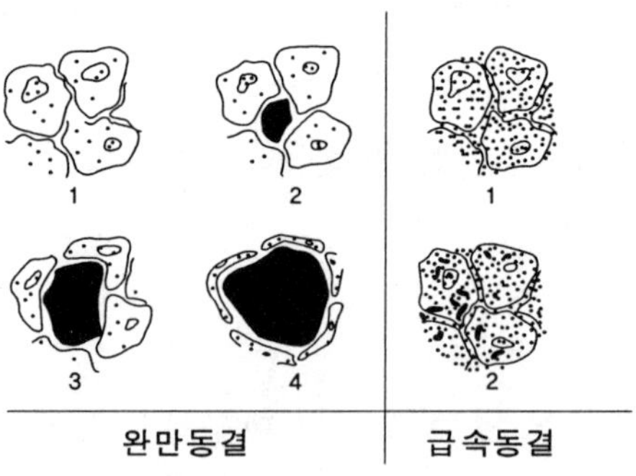

그림 7-3. 동결속도에 따른 빙결정의 크기 비교

(2) 동결방법

① 공기 동결법(sharp freezing)

공기 동결법은 동결실 내의 정지한 공기 중에서 동결하는 방법이다.

동결 장치가 간단하고 모양에 구애됨이 없이 대량 처리가 가능하다는 장점이 있으나 완만하게 동결된다는 단점이 있다.

② 송풍 동결법(air-blast freezing)

송풍 동결법은 동결 실내에 3~5 m/sec의 속도로 냉풍을 순환시켜 단시간에 동결하는 방법이다.

표 7-3. 공기동결법과 송풍동결법의 비교

구분	공기동결법	송풍동결법	비고
동결속도	아주 완만	신속	
건조속도	신속	완만	송풍동결은 공기의 온도가 낮으면서 동결 시간이 짧음

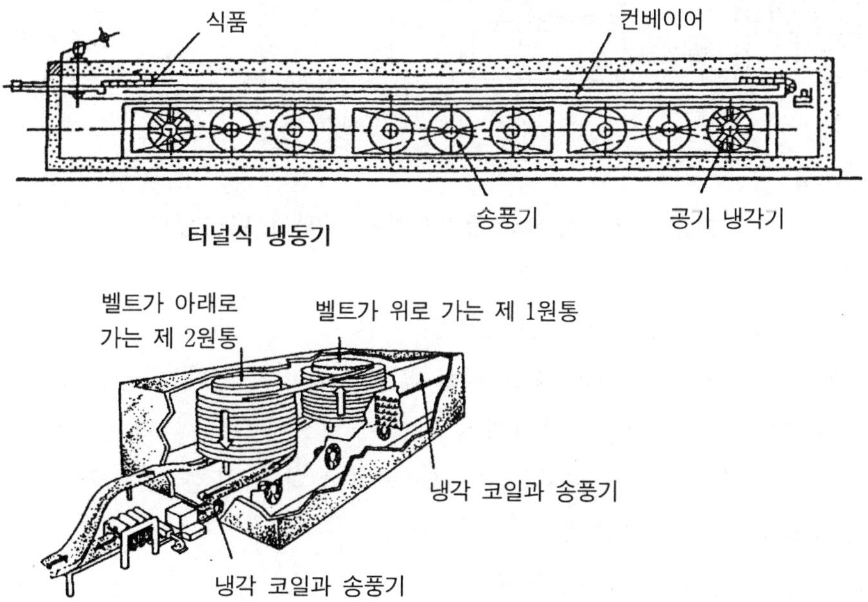

그림 7-4. 공기동결장치(A)와 송풍동결장치(B)

③ 접촉식 동결법(contact freezing)

접촉식 동결법은 냉각된 냉매 또는 염수를 흘려 금속판을 냉각시킨 후, 이 금속판 사이에 원료를 넣어 동결하는 방법으로, 최초에는 선상 동결법으로 고안되었으나, 동결효과가 좋아 지금에는 육상동결로도 널리 이용되고 있는 실정이다.

접촉동결법은 급속동결이 되고, 동결품의 모양이 일정하며, 동결 장치가 차지하는 면적이 적다는 등의 많은 장점을 갖고 있다.

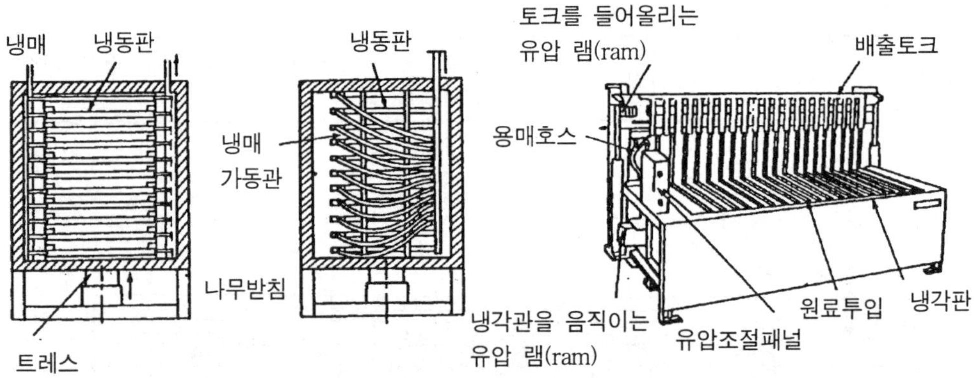

(a) 수평형 (b) 수직형

그림 7-5. 접촉식 동결장치와 침지식 동결장치

④ 침지식 동결법(immersion freezing)

침지식 동결법은 냉각 부동액 중에 원료를 침지하여 동결하는 방법이다.

동결속도가 빠르고, 조작이 간편하다는 장점이 있으나, 부동액이 원료에 침투할 우려가 있고, 부동액이 오염되기 쉬워 자주 교환하여야 하고, 또한 냉동하고자 하는 원료의 오염이 우려되는 등의 단점을 가지고 있다.

⑤ 액화 가스 동결법(cryogenic freezing)

액화 가스 동결법은 액체 질소 등을 식품에 직접 살포하여 동결하는 방법이다.

초급속으로 동결되고, 동결 장치에 맞는 블록(block)으로 제조하지 않아도 된다는 등의 장점은 있으나, 설치비, 운영비가 많이 소요되고, 제품에 균열이 생길 우려가 있는 등의 단점도 있다.

새우 등과 같은 고가제품의 IQF(individually quick freezing)제품 등에 한정되어 이용되고 있다.

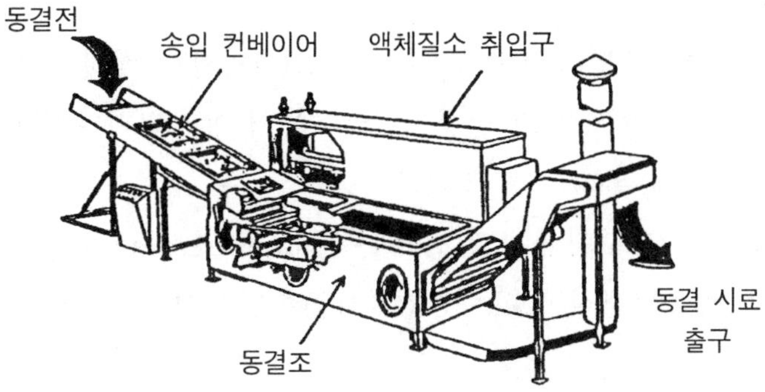

그림 7-6. 액체 질소식 동결장치

⑥ 저온삼투압 탈수동결법

저온 삼투압 탈수동결방법은 근년에 일본에서 아주 활발히 연구되고 있는 신동결 저장법의 하나이다. 일반적으로 동결품의 품질저하는 빙결정의 생성에 의한 조직손상으로 야기된다고 보아도 큰 무리는 없다. 이러한 관점으로 볼 때, 동결 처리를 실시하기 전에 미리 빙결정 생성 인자인 수분을 탈수 시트로 탈수한 후 동결하는 방법이다.

장점은 자유수의 제거로 ① 동결 변성이 적고, ② 드립(drip)량이 적으며, ③ 육색 개선 효과가 있고 또한 ④ 동결속도가 빨라 동결을 위한 에너지가 절감된다는 등이 있다.

하지만 대량 처리가 곤란하다는 등의 단점도 있다.

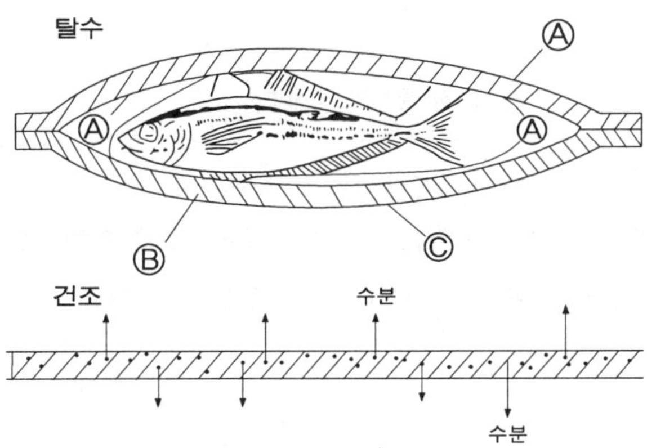

그림 7-7. 탈수시트의 구조와 기능

⑦ Partial freezing

최대 빙결정 생성대의 온도(일반적으로 -1~-5℃)에서 저장하는 경우 해당작용, 근원섬유 단백질의 변성, 지질산화 및 전분의 노화 등이 야기되기 쉬우나, 세균세포의 경우도 조직적 손상을 입게 된다.

따라서, 일반적으로 -3℃부근에서 저장하는 partial freezing의 경우 식품 성분의 품질저하는 야기되나, 식품위생적으로는 안전하여 1주일에서 약 10일간의 저장에는 적절하다는 방법이다.

1980년대에 일본에서 선풍적으로 연구가 진행되었으나, 근년에는 거의 실용화가 되지 않고 있는 실정이다.

3. 수산물 냉동품의 제조

수산물 냉동품의 제조공정은 원료 입하 - 선별 - 수세 및 탈수 - 어체처리 - 재수세 및 탈수 - 선별 - 산화방지제 및 동결변성 방지제 처리와 같은 특별 전처리 - 칭량 - 속포장 -pan 채움-동결 - pan 빼기 - glazing - 겉포장 - 저장과 같다.

1) 전처리 공정

원료를 입하부터 동결하기 전까지의 공정을 전처리 공정이라 한다.

(1) 선별

적절한 크기 및 선도를 가진 어체를 선별한다.

(2) 수세 및 탈수

대형어의 경우 개체별로 분무하여, 소형어의 경우 한꺼번에 침지하여 혈액, 점액유지 및 기타 이물질을 잘 제거하고, 어체에 물이 다량 잔존하는 경우 조직손상이 우려되므로 적절히 탈수한다.

(3) 어체처리

어종, 용도 및 수요자의 요구에 맞게 어체를 round, semi-dressed, dressed, pan dressed, fillet, chop 및 ground 등으로 처리하는 공정이다.

(4) 재수세, 탈수 및 선별

처리 어체에 존재하는 이물질을 제거한 후 크기, 손상 유무 등에 따라 선별한다.

표 7-4. 어체처리 형태

명칭	형태	
round	아무런 전처리를 하지 않는 어체	
semi-dressed	아가미와 내장을 제거한 어체	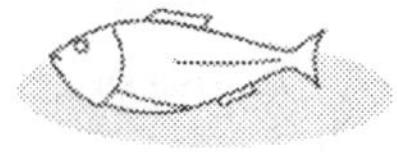
dressed	두부와 내장을 제거한 어체	
pan dressed	dressed상태에서 지느러미와 꼬리를 제거한 어체	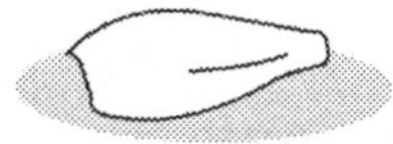
fillet	dressed상태에서 척추골을 제거하고 두쪽으로 나눈 어체	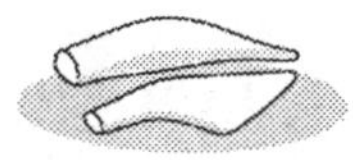
chop	어육채취기로 채육한 육	
ground	고기갈이기로 갈은 육	

(5) 특별전처리

염수처리, 가염처리, 가당처리, 탈수처리, 산화방지제 및 동결변성방지제 처리 등과 같은 특별 전처리를 한다.

(6) 칭량 및 속포장

선별된 것을 목적하는 중량으로 저울질 한 다음, 건조 및 지질산화방지를 위하여 속포장을 실시한다.

(7) pan 채움

대형어 및 중형어의 경우 이 과정을 생략하고 개체 동결할 수도 있다. 그러나 소형어의 경우 동결팬에 넣어 동결한다. 이 때 보통 머리가 외부로 노출되도록 하고, 꼬리는 중앙으로 가도록 하여야 하며, 표면은 기복이 없어야 한다.

2) 후처리공정

(1) pan 빼기

표면에 냉수를 분무하거나 유수에 30~60초간 침지한 후, 충격을 주어 냉동물을 pan으로부터 분리한다.

(2) glazing

건조나 산화방지를 위하여 빙의를 입힌다.

(3) 겉포장

내수, 내유 및 방유, 방수성이 좋고, 온도에 민감하지 않으면서 기계적 강도가 크고 인쇄가 가능하면서 염가인 포장재를 사용하여 포장한다.

4. 저온저장 중 품질변화

1) 냉장 중 식품성분의 변화

(1) 수분의 증발

식품 중의 수분이 증발하면 중량의 감소가 일어나고, 이어서 과일과 야채의 시들음 현상, 연화, 적색육의 변색 및 비타민 C 등의 산화작용도 수반한다.

(2) 생리작용에 의한 성분변화

냉장 중 과일, 야채의 경우 성숙작용이 진행되어 당, 유기산 및 비타민 C 등이 감소하고, 계란의 경우 알칼리성으로 되어 선도가 저하하게 된다.

(3) 숙성

냉장 중 식육의 경우 자가소화작용이 진행되어 연화와 풍미가 향상되나, 너무 과도하게 진행되는 경우 상품의 가치를 잃기 쉽다.

(4) 지질의 변화

냉장 중에도 식품 중의 유지는 가수분해, 지방산의 산화와 중합 등의 변화로 풍미악화, 산패 및 점성의 증가 등과 같은 변화가 일어난다.

(5) 미생물의 증식

일반적으로 저온저장 중에는 미생물의 증식이 억제되기는 하나, 완전 억제는 불가능하여 저온 미생물을 중심으로 서서히 증식과 식품성분의 분해작용을 하여 최종적으로는 변패를 야기한다.

(6) 풍미 현상

저온미생물에 의한 식품성분의 분해로 이상 풍미가 발현하는 경우도 있고, 마늘과 같은 풍미가 강한 식품과 혼재하여 저장하였을 때, 마늘로부터 풍미가 옮겨오는 경우도 있다.

(7) 노화

식품 중의 전분이 α상태로 있는 경우 일정 범위에서는 β화가 용이하여 노화가 신속히 진행되어 품질을 저하시킨다.

(8) 저온 장해

바나나 및 토마토와 같은 청과물을 CA저장 또는 냉장시 일정 온도 이하에서 저장한 경우 품질저하 현상이 일어난다. 이와같은 변패를 저온장해라고 한다.

2) 동결 저장 중 식품 성분의 변화

(1) 단백질 변성

냉동 중에는 육질의 손상이 일어나나 그에 대한 기구(mechanism)에 대해서는 명확하지는 않고, 단지 기계적 손상설, 세포파괴설, 기계 분리 팽창설 및 탈수손상설 등과 같은 몇 가지 설로 일반화 되어 있다.

표 7-5. 냉동에 의한 단백질 변성설

단백질 변성설	특　징
기계적 손상설	빙결정 생성으로 세포간 배열이 기계적으로 손상된다는 학설
세포 파괴설	빙결정의 팽압에 의해 세포막이 파괴된다는 학설이며, 기계적 손상설이 극단적으로 심한 경우에 해당
기체분리 팽창설	수분에 용해한 기체가 유리되면서 체팽창하여 미동결 수분이 유리되어 큰 빙결정을 형성하기 때문
탈수 손상설	빙결정 생성의 결과 삼투압 차이로 수분이 유리되어 세포 내에는 염류가 농축되고 pH가 변화하기 때문

(2) 변색

냉동에 의한 변색은 냉동의 경우에만 특별히 진행되는 것은 아니고, 상온에서 진행되는 것이 냉동 중에 서서히 진행되는 것이다.

① 동물

근육색소인 myoglobin(Fe^{++})은 적색이나, 도살 후에 산소와의 반응에 의해 초기에는 선홍색의 oxymyoglobin(산소화, Fe^{++})으로 되고, 이를 오랜기간 방치하는 경우 적자색의 metmyoglobin(산화, Fe^{+++})으로 되어 품질저하하게 된다.

② 야채류

chlorophyll은 혼재하여 있는 유기산에 의하여 갈색의 pheophytin으로, 이중결합을 많이 가진 carotenoid의 경우 산화하여 퇴색 변화한다.

③ 수산물

새우의 경우 tyrosin이 tyosinase에 의하여 흑색의 melanin으로 되어 변색한다.

④ 기타

동결저장 중 수분 증발에 의한 색소의 농축으로 변색, 형광 미생물의 증식에 의한 변색 및 지질의 산화에 의하여 갈변하는 경우가 있다. 이 중 지질산화에 의한 갈변은 주로 중성지질에 의한 갈변이라기보다는 인지질에 의한 산화갈변이다.

동결저장 중 중성지질에 비하여 인지질의 산화가 용이한 것은 인지질 분해 효소가 저온에서 활성이 높고, 중성지질에 비하여 인지질의 불포화도가 높아, 저온에서도 액상 유지가 용이하기 때문이다.

(3) 냄새의 이행

지질산화에 의한 산화취가 강한 식품과 마늘과 같은 풍미가 강한 식품을 혼재하여 저장하였을 때에 마늘로부터 풍미가 옮겨와 이취가 발현하는 경우이다.

(4) 승화

동결식품을 동결 중에 빙결정이 승화하여 무게 손실, 산화에 의한 품질 저하 등이 야기되므로, 가능하다면 밀착 포장으로 승화를 방지하여야 한다.

(5) 전분의 노화

일반적으로 농산식품의 경우 상온보다는 저온에 의하여 노화가 촉진된다.

(6) 무기질의 감소

동결 중에는 무기질의 함량이 거의 변화가 없으나, 해동시에 유출되는 드립과 함께 감소한다.

(7) 드립의 발생

동결에 의해 생성한 빙결정으로 세포가 손상되고 단백질 변성으로 녹은 수분을 재흡수되지 못하고 유출되기 때문에 드립은 발생하며, 이 결과 수용성 영양 성분이 손실되고 중량적 손실이 야기되는 단점이 있다.

5. 동결 저장 중 식품 성분의 변화 억제 방안

1) 데치기 (blanching)

데치기 처리의 주목적은 phenoloxidase 등과 같은 효소의 불활성화에 의한 갈변방지를 위한 처리이나, 부수적으로 원료 중의 수분 유리 및 세포막이 탄력화 되어 동결팽창에 대한 내성 강화로 연약화를 방지하고, 원료에 부착한 미생물을 살균하며, 가열 팽창에 의한 기체 제거 및 체내의 유기산 제거로 냉동 중 변화를 억제한다.

2) 가당처리

식품을 가당처리하게 되면 삼투압 차이에 의하여 식품 중의 수분이 외부로 유출되어 그 식품을 동결하는 경우 동결속도도 신속하여 에너지가 절감될 뿐 만이 아니라, 빙결정이 적음으로 인해 단백질의 변성도 적어 고품질의 냉동식품이 된다.

3) 가염 처리

명태, 넙치, 가자미 등과 같은 백색육을 동결 및 해동을 하는 경우 다량의 drip이 발생하여 영양성분 손실 및 무게의 감소 뿐 만이 아니라, 조직감이 결여되어 저급품으로 취급되기 쉽다. 이러한 경우 0~2℃의 3~5% NaCl에 0.5~1시간 침지하는 가염처리를 하는 경우 가당처리와 같이 육 중의 수분이 미리 유리됨으로 인하여 빙결정의 생성이 적어 해동하는 경우 드립의 유출이 적다. 이와 같은 결과로 인하여 고품질의 냉동식품을 제조할 수 있게 된다.

4) 인산염 처리

일반적으로 단백질의 변성은 pH 6.5 이하에서 용이하게 진행된다. 이 경우 인산염으로 처리하는 경우 식품의 pH를 6.5~7.2정도로 유지하고, 변성 촉진 인자인 금속이온을 봉쇄하여 단백질의 변성을 억제하게 된다.

5) 산화 방지제 처리

일반적으로 동결저장 중에도 식품은 지질의 산화가 진행되어 유리지방산을 산생하게 되고, 이로 인해 단백질 변성을 촉진하게 된다. 이 뿐만이 아니라 지질산패 그 자체가 식품의 품질을 저하하는 요인이므로 tocopherol, ascorbic acid, erythorbic acid 등과 같은 산화방지제를 유도기에 적절히 처리함으로서 고품질의 냉동품을 제조할 수 있게 된다.

6) glazing 처리

동결 식품을 냉수 중에 수초간 침지한 후 건져 올리면 부착한 수분은 표면에 얼어붙어 박빙의 막이 생기는 것이 glaze이고, 이와 같은 처리가 glazing이다.

glazing 처리는 공기를 차단하여 건조 및 산화에 의한 표면의 변질을 방지하기 위해 실시한다.

표 7-6. glazing처리 조건

glazing처리 항목	처리 조건
실내 온도	-5~-10℃
용수 온도	1~3℃
동결품 온도	-15℃ 이하
처리 시간	3~5초
처리 횟수	2~3회
glazing 무게	2~5%
glazing 두께	2~3 mm 이상
재 glazing실시 기간	동결저장 중 증발 또는 균열에 대비하여 3개월마다 실시

7) 포장 처리

일반적으로 냉동식품은 포장처리를 반드시 하여야 한다. 이 포장처리는 공기 차단에 의한 산화 방지, 수분의 증발 및 승화 방지에 의한 감량 방지, 물리적 충격을 완화하는 효과가 있다.

8) 삼투압 탈수 처리

식품을 탈수 시트로 처리하는 경우 식품 중의 다량의 수분이 외부로 유출되어 저수분식품으로 된다. 이를 냉동저장 하는 경우 빙결정에 의한 식품의 품질저하가 적어 우수한 냉동식품의 제조가 가능하다.

6. 해 동

1) 해동 방법

(1) 공기 중 해동

① 해동원리

공기 중 해동은 상온의 공기 중에서 해동하는 방법이다.

② 특징

장점은 설비가 필요없고, 식품의 종류에 구애됨이 없다는 점이다.

단점은 해동이 완만하고, 주위 환경(공기의 온도, 습도, 흐르는 방향 및 속도 등)이 일정하지 않아 해동 시간을 예측하기 어려우며, 표면 백색, 건조 및 오염되기 쉬운 점 등이 있다.

(2) 송풍 해동

① 해동원리

송풍해동은 다습한 공기를 순환(2~6 m/sec)시켜 해동하는 방법이다.

② 특징

장점은 해동 시간이 짧다는 점이다.

단점은 표면이 건조하기 쉽고, 가습 공기를 송풍함에 의한 운전 경비가 다소 소요되며, 미생물의 오염이 용이하다는 등이다.

(3) 침수 해동

① 해동원리

침수해동은 액체(정지 청수, 유동 청수 및 염수)에 직접 침수시켜 해동시키기도 하나, 일반적으로 비닐팩에 넣어서 해동하는 방법이다.

② 특징

장점은 해동 시간이 공기 해동보다 짧고, 표면 변질이 적은 점 등이 있다.

단점은 액량이 적은 경우 완만 해동되기 쉽고, 유수를 사용하는 경우 경제적 손실이 크며, 비닐 포장을 하는 등의 번거롭다는 점이다.

(4) 수증기 해동

① 해동원리

수증기 해동은 감압 하(10~15 mmHg)에서 생성한 수증기(15℃)를 사용하여 해동하는 방법이다.

② 특징

장점은 해동 속도가 빠르고, 변질이 적으며, 균일하게 해동된다는 점이다.

단점은 미생물의 오염이 적다는 점이다.

(5) 접촉식 해동

① 해동원리

접촉식 해동은 온수를 흘린 금속판 사이에 해동하려는 원료를 끼워 해동하는 방법이다.

② 특징

장점은 해동 속도가 빠르고, 균일하게 해동된다는 점이다.

단점은 특별한 장치가 필요하다는 점이다.

(6) 전기 해동=고주파 해동

① 해동원리

전기해동은 고주파(915~2450 MHz)를 이용하는 유전 가열에 의한 해동 방법으로 전자레인지(일반적으로 2450 MHz)에 의한 해동방법이다.

② 특징

다른 방법은 외부 가열식이나, 이 유전 가열에 의한 해동 방법은 내부 가열식이다.

장점은 단시간에 해동되고, 드립량이 적으며, 변색, 이미, 이취가 적고, 용기채로 해동 가능하다는 점이다.

단점은 해동 종온이 불균일하고, 부정형 식품에 적용이 곤란하고 해동경비가 많이 소요된다는 점이다.

2) 해동에 의한 품질 변화

동결식품을 해동하는 경우 다음과 같이 품질 변화가 일어난다.

① 빙결정의 해동에 의한 육질 연화

② 품온 상승 및 조직 손상에 의한 미생물 및 효소의 활동 용이

③ 빙결정의 용해로 다공질이 되어서 산화 용이

④ 수분 증발에 의한 표면 건조

⑤ 빙결정의 융해로 인한 액즙의 유출로 정미성분 및 영양성분의 손실

3) Drip

(1) 정의

드립(drip)은 동결 식품을 해동한 경우 빙결정이 녹아서 생성한 수분이 동결 전의 상태로 육질에 흡수되지 못하고 유출한 액즙을 말한다.

(2) 종류

① 자연 드립

자연드립은 해동시 자연적으로 흘러나오는 액즙을 말한다.

② 압출 드립

압출드립은 자연 드립 유출 후 1~2 kg/㎠의 압력으로 가압할 때에 흘러나오는 액즙을 말한다.

7. 저온 유통

1) T.T.T. (Time temperature tolerance)

T.T.T.는 시간과 품온에 따른 품질 내성을 의미하는 것으로, 이 값 1은 관능 검사에 의하여 처음으로 품질 저하가 인정되었을 때의 변화량을 의미한다.

2) 1일당의 품질 변화량

품질 저하가 인정된 T.T.T.값 1을 각 온도에서 저장한 일수로 나눈 값으로, 1일에 품질이 변화한 정도를 나타낸 값이다.

3) 유통 중 T.T.T.값의 계산 예

① 각 온도에서 1일 품질변화량을 산출

② 각 온도에서 저장 품질변화량(각 온도에서 저장일수 x 1일 품질변화량) 산출

③ 전 온도에서 저장 품질변화량인 T.T.T.값(각 온도에서 구한 저장 품질변화량의 합계) 산출

④ T.T.T.값으로부터 시간과 품온에 따른 품질내성(T.T.T.값이 1을 초과하는 경우 소비자가 품질변화를 인지함)을 판단

(예제) <그림 7-8>의 곡선 6(어육, 다지방)을 생산자가 -25℃에서 20일간 저장하고, 이어서 도매상의 동결고(-20℃)에서 20일간 저장한 후, 소매상의 동결고(-15℃)에서 30일간 저장하였다면 이 제품의 T.T.T.값은 얼마가 되겠는가?

(풀이) 이상의 각 온도에 있어서의 1일당의 품질 변화량에 저장일수를 곱하면 각 과정에서의 품질 변화량이 산출된다

온도	1일당 품질 변화량		저장 일수		품질 변화량
−25 媡	1/110=0.00909	□	20	=	0.1818
−20 媡	1/75 =0.01333	□	20	=	0.2667
−15 媡	1/45 =0.02222	□	30	=	0.6667
			합계		1.1152

즉, T.T.T.의 값은 1.1152가 된다.

관능 검사에서 처음으로 품질 변화가 인정될 때의 변화량이 1.0이므로 1.0보다 큰 것은 그만큼 품질이 많이 변화하였다는 것을 나타내는 것이다.

또 합계치 1.1152에 대한 각 과정에서의 변화 비율을 알 수 있어 식품의 냉동 보관상 큰 도움이 된다.

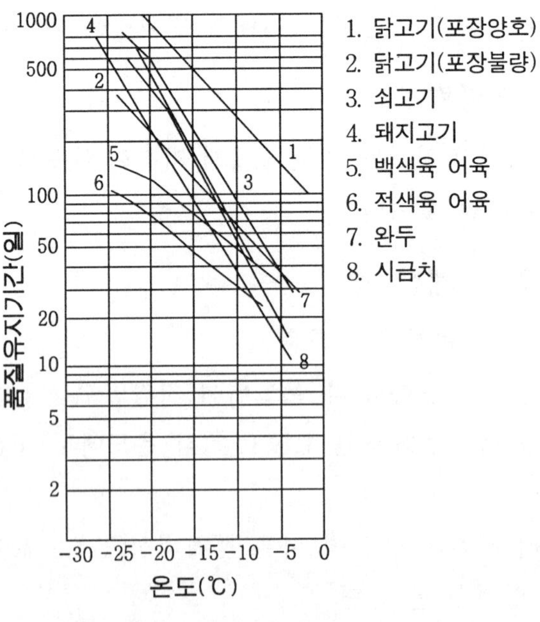

그림 7-8. 동결식품의 품질유지 특성

8. 식품 냉동 용어

1) 냉동품과 냉동 식품

냉동품은 원료, 가공품을 장기 보존 목적으로 동결 처리한 것이고, 냉동 식품은 가공 또는 조리한 식품을 장기 보존할 목적으로 급속 동결 처리하여 용기, 포장에 넣어진 것으로서, -18℃ 이하의 품온이 되도록 냉동 보관을 요하는 식품을 말한다.

2) 동결점 및 공정점, 동결률

동결점은 식품 중의 수분이 빙결하기 시작하는 온도를 말한다.

동결율은 최초 수분량에 대하여 빙결한 얼음의 비율을 말하며, 동결률(%)= {1-식품의 동결점(℃)/식품의 온도(℃)}×100으로 나타낸다.

그리고 공정점은 식품 중의 수분이 동결 완료되는 온도를 말한다.

3) 온도 중심점

식품을 냉각하거나 동결시에 식품의 온도 저하가 가장 늦은 부위를 말한다.

4) 평균 품온

식품을 동결하기 위해 일정 온도에 두었을 때, 표면과 중심간에 균일한 온도로 되었을 때의 온도를 말한다.

5) 동결 시간 및 속도

동결 시간은 동결 초온에서부터 종온에 도달할 때까지의 시간을 말하며, 동결 속도의 경우 동결 초온과 종온의 품온 차이를 동결 시간으로 나눈 값이다.

6)저온 장해

청과물을 일정 온도 이하에서 저장함으로 인해 체내 기능에 관계되는 생화학적 반응계의 평형 상태 파괴로 변색 및 부패 등이 일어나는 현상을 말한다.

7) 냉동 화상 (freezer burn)

동결 저장 중에 승화한 다공질의 표면에 산소가 반응하여 갈변한 현상으로, 이로 인해 맛과 풍미가 저하하여 소비자의 기호도를 저하시킨다.

8) 해동 경직

사후 경직기 전에 동결된 육 중에 존재하는 다량의 ATP가 해동시에 분해되어, 급격한 수축 현상을 나타내어 다량의 드립이 유출되는 현상으로, -1～-5℃에서 완만 해동(5~6시간)으로 일부 방지가 가능하다.

9) 실용적 저장기간(PSL : practical storage life)

동결 직후의 품질이 우수한 동결품을 저장하는 사이에 식품 고유의 성장을 잃지 않고 소비용 또는 가정용으로 사용하는데 지장이 없을 만큼의 관능적 품질을 유지하는 기간이다. 일반적으로 저장 기간이라고 하면 PSL을 의미한다.

10) 고품질 보존 기간(HQL : high quality life)

우수한 품질의 식품을 동결한 시점에서, 관능검사에 의하여 검사원의 70% 이상이 대조품과 비교하여 품질저하를 감지한 시점까지의 기간으로, PSL보다도 짧다.

제8장

식품의 염장

1. 식염의 방부 효과

식염은 그것이 나타내는 방부효과, 위생적인 안전성, 제품의 풍미, 사용상의 간편성, 가격 등으로 미루어 보아, 다른 식품 방부제와는 비교할 수 없을 정도의 많은 장점을 가지고 있다.

그러나 식염이 나타내는 방부효과는 식염 자체의 살균력이라기 보다는 다음과 같은 여러 작용들의 복합 효과 때문이다.

1) 탈수작용

식염의 방부작용은 탈수작용으로 설명되고 있다. 즉 식염용액의 고삼투압에 의하여 세균세포는 탈수되고, 이어서 원형질 분리를 일으켜 사멸하고, 또한 식품의 탈수작용으로 수분활성이 저하하여 미생물이 이용할 수 있는 자유수의 감소로 미생물이 작용하기 어렵게 되기 때문이다.

그러나, 황산마그네슘($MgSO_4$) 및 염화마그네슘($MgCl_2$)이 식염보다 탈수력은 강하나 방부효과가 적어 식염의 방부효과를 이 탈수작용 만으로는 설명하기 곤란하다.

2) 단백질 분해효소 작용의 억제

효소가 분해하여 결합하여야 할 peptide 결합 위치에 식염의 구성 원소가 먼저 이 위치에 결합하여 효소가 결합하는 것을 원천적으로 봉쇄한다.

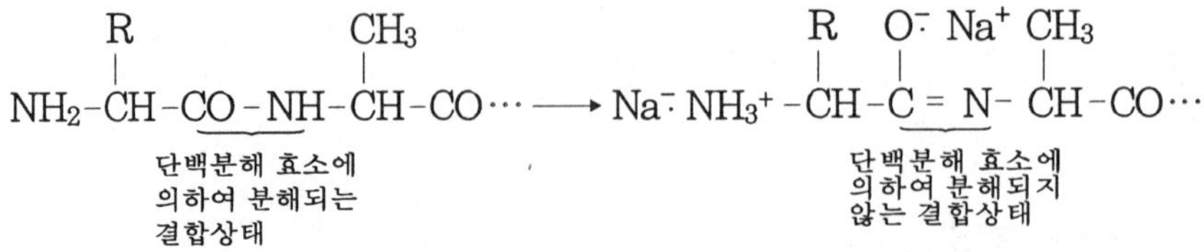

그림 8-1. 식염의 단백 분해 효소의 작용 억제

3) 식염용액에 대한 산소의 용해도 감소

식염용액의 농도가 증가할수록 산소의 용해도는 감소하여 호기성 세균의 발육이 억제된다.

4) 염소(Cl)이온의 직접적인 방부 작용

2. 식염농도와 세균의 발육

1) 식염에 대한 저항성

일반적으로 식염에 대한 세균의 저항성은 병원균 < 부패균, 간균 < 구균, 번식체 < spore의 관계에 있다.

2) 식염처리에 의한 통성 또는 편성 호염성 세균의 생육 특징

식염처리에 의한 통성 또는 편성 호염성 세균의 생육은 발육이 극히 완만하면서 단백질 분해 작용이 약하여 급격한 부패는 진행하지 않는다.

3. 염장방법

1) 일반법

(1) 건염법 (마른간법)

마른 간법은 식염을 직접 식품에 뿌려서 염장하는 방법으로, 보통 식품 무게의 20~35%의 식염을 사용한다.

수산가공에서는 일반적으로 저장성 향상 및 풍미개선을 위하여 많이 시도하고 있으나, 축산가공에서는 이 목적 이외에 발색이 주목적이다.

(2) 습염법(물간법)

물간법은 농후한 식염수에 식품을 침지하여 염장하는 방법이다.

표 8-1. 염장법의 종류

<table>
<tr><td rowspan="4">일반법</td><td colspan="2">건염법 (마른간법)</td></tr>
<tr><td colspan="2">습염법 (물간법)</td></tr>
<tr><td rowspan="2">개량법</td><td>개량 건염법 (개량 마른간법)</td></tr>
<tr><td>개량 습염법 (개량 물간법)</td></tr>
<tr><td rowspan="5">특수법</td><td colspan="2">변압염장법</td></tr>
<tr><td colspan="2">염수주사법</td></tr>
<tr><td colspan="2">압착염장법</td></tr>
<tr><td colspan="2">가온염지법</td></tr>
<tr><td colspan="2">맛사지법</td></tr>
</table>

표 8-2. 건염법(마른간법) 및 습염법(물간법)의 특징

구분	건염법	습염법
초기 식염 침투 속도	신속	완만
초기 부패	적음	많음
염장 잘못시 손실	일부	전체
육 중의 영양 성분 유실	적음	많음
식염 침투 균일성	불균일	균일
탈수정도	과도	적절
수율	낮음	높음
유지 산화	많음	적음
염미 조절	불가능	가능

(3) 개량 습염법(개량 물간법)

개량 물간법은 마른간을 한 다음 누름돌을 얹어 가압에 의하여 식품으로부터 삼출한 수분이 포화 식염수가 되어 결과적으로 물간이 되도록 한 것이다.

이 염장방법은 염장 초기 부패의 우려가 적고, 소금 침투가 균일하며 외관이나 수율이 양호하고, 기름 변색을 어느 정도 억제할 수 있다는 장점이 있다.

(4) 개량 건염법(개량 마른간법)

개량 마른 간법은 물간을 하여 식품에 부착한 세균 및 식품 표면의 점질물 등을 제거한 후 마른간으로 염장 효과를 높이는 방법이다.

기온이 높은 계절이나 선도가 불량한 것을 염장할 때에 사용하는 방법이다.

2) 특수법

특수 염장법은 일반적으로 축산가공에서 많이 시도하고 있는 방법이다.

염장속도를 빠르게 하거나, 제품의 풍미를 개선할 목적으로 시도한다.

(1) 변압 염장법

변압 염장법은 감압하여 식품 조직 내의 기체를 제거하고, 염수를 주입하여 물간한 다음 가압하여 식염의 침투를 용이하게 한 염장방법이다.

이 염장방법은 염장시간을 단축하나, 다량의 경비를 소요한다.

(2) 염수 주사법

염수 주사법은 염수를 대형 주사기로 축육 또는 대형 어육에 주사한 후 일반 염장법으로 염장하는 방법이다.

염장시간을 단축하고, 경비가 거의 들지 않는다는 장점이 있다.

(3) 압착 염장법

압착 염장법은 마른간을 한 다음 물간을 하여 식염의 침투를 완료시키고, 염수에서 건져내어 적당히 가압하여 과잉의 염분을 수분과 함께 압출시켜 염장하는 방법이다.

이 방법은 염미조절로 풍미를 개선할 수 있으나, 대량 생산에는 부적절하다는 단점이 있다.

(4) 가온 염장법

가온 염장법은 염지액의 온도가 항상 50℃가 되도록 하여 염지하는 방법이다. 염지액을 염지 탱크와 보조 탱크 사이를 환류시키면서 보조 탱크에서 가온하여 염지액의 온도를 항상 50℃가 유지되도록 한다.

이 방법은 축육의 자가소화를 촉진하여 풍미, 연도 등이 개선되는 장점이 있으나, 관리에 실패하면 대량의 축육을 변패시키는 단점도 있다.

(5) 맛사지법

맛사지 법은 최근 큰 공장에서 많이 이용하고 있는 방법으로, 비교적 대형의 고기 원료를 massage 또는 tumbler에서 교반함으로써 염지액의 침투, 염용성 단백질의 추출 및 원료 표면의 조직 파괴를 촉진하여, 염지기간의 단축과 결착성을 향상시킨다.

4. 식염의 침투속도

염장에서 식염이 식품 내로 침투하는 것은 확산과 삼투에 의하여 이루어진다. 식염이 침투함에 따라 탈수현상이 일어나며, 이 작용은 식품 내의 염분과 외부의 식염수 농도가 균형을 이룰 때까지 일어난다.

이 경우 식염의 침투속도는 염장법, 용염량, 어종, 온도, 식염의 불순물 등에 의해서 영향을 받는다.

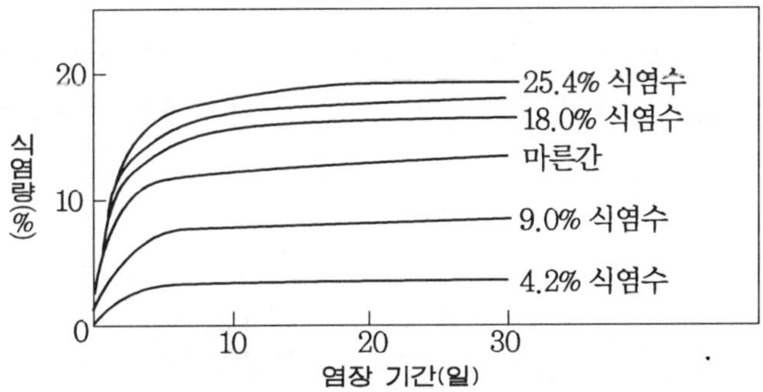

그림 8-2. 식염농도와 침투량과의 관계

1) 식염농도

염용량 및 식염농도가 높을수록 식염침투 속도가 빠르고, 또한 침투량도 많아진다.

2) 마른간 및 물간

식염농도가 18% 이상인 경우에는 마른간이 물간보다 침투속도가 늦다. 그러나 식염농도가 18% 이하인 경우에는 마른간이 물간보다 침투속도가 빠르다. 그러나 염장조건에 따라 차이가 많아 염장방법에 의한 염장속도를 단정하기에는 문제가 많다.

3) 염장온도

염장온도는 식염의 침투속도에 현저한 영향을 주어 온도가 높을수록 대체로 침투속도가 빠르다. 그러나 온도가 높은 경우 세균의 증식으로 품질이 저하할 우려가 있다.

4) 식염의 순도

식염에 함유된 알칼리 토금속류(Ca, Mg염)는 식염의 침투를 저해하는 작용이 있고, 또한 식염의 순도는 제품의 맛에도 관여한다.

5) 식품성상의 영향

일반적으로 식염의 침투속도는 식품 성상에도 영향을 미쳐, 지방함량이 많은 경우 침투가 어렵고, 껍질이 있는 경우에는 침투가 어려우나 염장기간이 길면 영향이 없다. 또한, 선도가 좋으면 침투속도가 빠르다.

5. 염장육의 염장 중 무게 변화

마른간은 염용량이 많을수록 무게의 감소가 크다. 그러나, 물간은 염농도가 9%이하인 경우에는 무게는 증가하나, 염농도가 18~25%인 경우에는 염장초기에 감소 후 다시 증가한다.

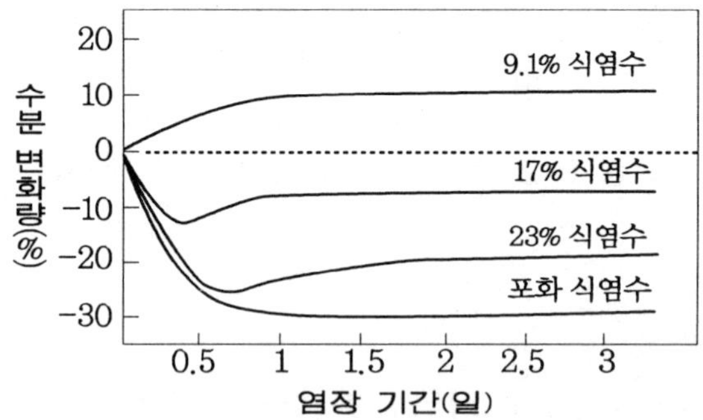

그림 9-3. 습염 처리한 청어의 무게 변화

6. 염장 중 성분 변화

1) 탄성의 변화

어육을 염장하는 경우 식염에 의해 염용성 단백질이 용출되어 sol을 형성하고, 이어서 자연응고 (setting) 현상이 일어나 육조직이 단단하여지고 탄성있는 제품이 된다.

대표적인 예가 굴비의 탄성있는 육질이다.

2) 육성분의 분해

염장을 하는 경우 식염에 의하여 자가소화 효소의 활성이 어느 정도 억제되나, 그래도 서서히 단백질은 분해되고, 또한 지질도 어느 정도 산화된다.

3) 결정성 물질의 석출

어육을 염장하는 경우 핵산(nucleotide)이 분해되고, 그로 인해 인산염이 식염에 의해 석출된다. 이를 공기 중에 방치하는 경우 탈수되어 분말상의 $Na_2HPO_4 \cdot 2H_2O$가 생성되어 저급품으로 된다.

4) 변색(적변)

여름철에 염장품은 종종 적변하는 수가 있다. 이것은 염장품에 부착한 성장적온이 45~48℃이면서 Mg염으로 발육이 촉진되는 미생물인 *Sarcina sp.*, *Pseudomonas sp.*이 생성하는 적색색소 때문이다. 이와 같이 생성한 적색색소는 무해하다.

변색을 방지하기 위하여는 sorbic acid와 같은 정균제를 사용하거나, 대부분이 호염성 세균이므로 담수로 수세하면 효과가 있다.

제9장

식품의 훈연

1. 훈연의 목적

훈제품은 독특한 풍미와 함께 저장성을 부여할 목적으로 원료를 염지한 다음 음건하여 물기를 빼고, 연기를 쐬어 건조한 제품이다.

훈연의 기본 목적은 당초에는 보존성을 부여하는 것에 있었으나, 근래에는 훈연 특유의 색깔과 향미를 부여하는 기호식품으로 더욱 중요시하고 있다.

2. 훈연 재료

수지함량이 많으면서 방부성 물질의 생산량이 많으며, 풍미를 좋게 하는 벚나무, 떡갈나무, 밤나무, 매화나무 및 단풍나무와 같은 활엽수가 좋다.

3. 훈연성분의 기능

1) 항산화 작용

훈제품의 경우 제조 및 저장 중 과산화물값이 감소하는 것은 ① 훈연성분 중의

creosote, guaiacol과 같은 phenol성분과 ② 건조로 인하여 당, 아미노산 및 aldehyde류와 같은 수용성 성분이 표층에서 농도가 증가하여 아미노-카르보닐 반응(amino-carbonyl reaction)의 진행이 많기 때문이다.

2) 살균작용

(1) 가열

품온이 40℃ 이상인 열훈법에는 효과가 있으나, 저온에서 가공하는 냉훈법에서는 가열에 의한 살균작용을 기대할 수 없다.

(2) 건조

훈제품이 저장성을 갖는 것은 건조에 의해 수분함량을 감소시키는 것이다. 저장을 주목적으로 제조하는 냉훈품은 수분함량이 35% 정도이다.

(3) 식염첨가

식염의 첨가량은 미생물의 생육을 완전히 저지할 만큼 높은 것은 아니다. 그러나, 훈연으로 인해 표면으로 식염과 같은 수용성 성분이 이동하여 표면에서 농축되어 살균작용을 갖는다.

(4) 훈연성분의 첨가

훈연성분 중에는 살균력이 있는 formaldehyde, phenol류, 산류 등이 다량 함유되어 있다.

(5) 피막의 형성

훈제품 표층의 단백질은 열이나 훈연성분과의 상호작용 등에 의하여 변성, 응고하는 동시에 공존하는 여러 가지 성분과 복잡한 상호작용을 거쳐서 일종의 피막을 형성한다.

훈연성분 중의 각종 phenol류와 식품 표면에 공존하는 formaldehyde 등의 반응을 거쳐 중합하여 수지상의 피막을 형성한다.

이들 표층 피막은 훈연 처리 중에 형성되어 훈제품을 저장 할 때에 미생물에 의한 2차 오염을 저지함과 동시에 표면 오염에 대하여도 육질 내부에서의 수분, 영양분 등의 침출을 방지하여 미생물의 증식을 억제한다.

4. 훈연색의 발생

훈제품의 색은 가공정도에 따라 차이가 있으나 일반적으로 암갈색을 나타내고 있다. 이와같이 훈제품의 암갈색은 amino-carbonyl반응 및 phenol류의 중합 등에 의하여 형성된다.

5. 안전성

훈연 성분 중에 함유되어 있는 methyl alcohol, formaldehyde, phenol류, ketone류 및 3, 4-benzopyrene 등이 식품 중에 함유되어 있는 경우 안전성에 문제가 된다.

훈제품에 함유되어 있는 이들의 성분은 아주 미량에 속하고, 또한 연간 총 섭취량 등을 고려하여 볼 때 염려할 수준은 아니다.

6. 훈연장치

훈연기에는 <그림 9-1>과 같이 화로, 온도계, 선반, 통풍기, 배기구 등으로 구성되어 있다.

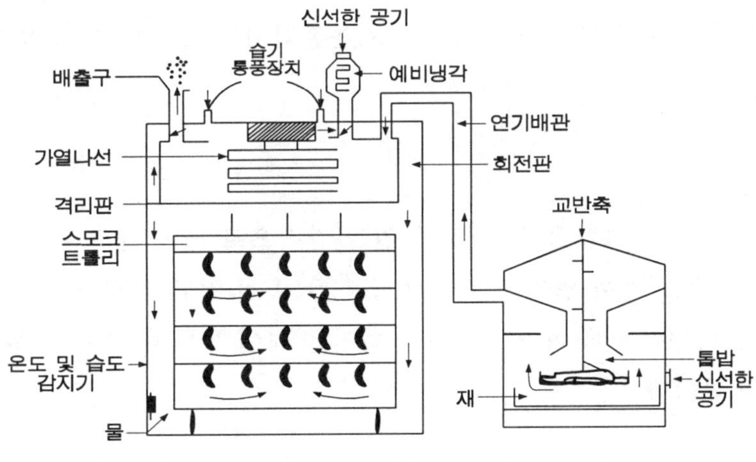

그림 9-1. 훈연실에서 직접 연기를 발생하는 장치

a. 훈연실 b. 가스 버너 c. 주철로판(鑄鐵爐板)
d. 가스연소 배기구 e. 톱밥층

7. 훈연 방법

1) 냉훈법

(1) 훈연방법

냉훈법은 장기 저장을 위하여 10~30℃의 저온에서 1~3주간 훈연하는 제품이다.

(2) 특징

수분함량은 일반적으로 20~40%이어서 저장성이 우수하다. 그러나 풍미는 온훈법보다 못하다. 따라서 냉훈법은 풍미보다는 저장성을 목적으로 제조한다.

2) 온훈법

(1) 훈연방법

온훈법은 풍미 개선을 위하여 중온법의 경우 30~50℃에서 수시간~3일, 고온법의 경우 50~80℃에서 2~12시간, 열훈법의 경우 80~120℃의 고온에서 단시간 훈연하는 제품이다.

(2) 특징

수분함량은 일반적으로 50% 이상이어서 저장성은 적다. 근년에는 훈제품이 저장성보다는 풍미에 중점을 두므로 냉훈법보다는 온훈법이 주로 이용되고 있다.

3) 전훈법

(1) 훈연방법

전훈법은 원료육을 <그림 9-2>와 같이 일정 간격으로 메어 달고 이 자체를 서로 교차되게 -, + 전극으로 하여 연기를 쐬면서 15~30 kV의 전압을 걸어 corona 방전을 시킨다. 이 corona 방전에 의하여 연기입자는 하전을 하여 반대의 극이 된 원료육에 급속히 흡착되는 방법이다.

(2) 특징

전훈법은 훈연시간이 일반법의 1/20 정도로 단축 가능한 일종의 속훈법이다. 전훈법은 설비비가 많이 소요되고, 제품의 보존성이 약하다는 단점이 있다.

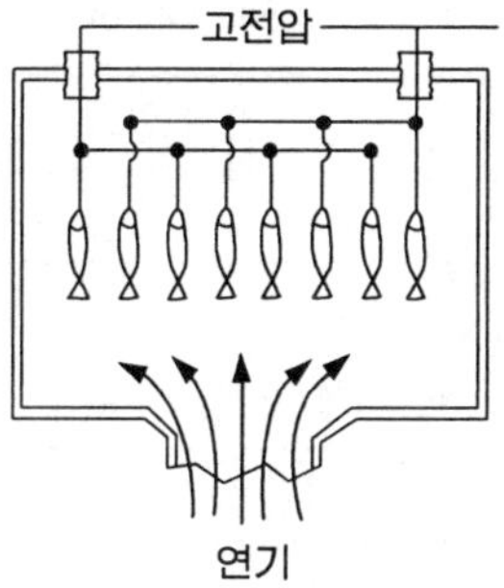

그림 9-2. 전훈법

4) 액훈법

(1) 훈연방법

액훈법은 훈연 성분을 물에 녹여 훈액을 만들고 이것에 원료를 침지한 후, 건조하거나 어체 표면에 훈액을 직접 분무한 후 건조하는 방법이다.

(2) 특징

단시간에 대량 생산이 가능하다는 장점을 가지고 있어, 조미 오징어 훈제품 등의 제조에 많이 이용하고 있다.

표 9-1. 각종 훈연법의 장단점

훈연실		처리온도(℃)	기간	장점	단점
냉훈법		10~30	1~3주	보존성	· 따뜻한 기후에서는 부적당. · 세균번식에 주의
온훈법	중온	30~50	몇 시간~3일	맛	· 보존하기 위해서는 자숙
	고온	50~80	2~12시간	맛	· 보존하기 위해서는 자숙
전훈법		온훈과 같은 온도	온훈의 1/2	단시간	· 제품이 불균일 · 장치, 전기료가 필요 · 보존성은 약함
액훈법		훈액에 10~12시간 침지 필요에 따라서는 건조시킴		균일 간편	· 보존성이 좋지 못함

표 9-2. 훈제식품의 종류

수산물	굴, 정어리, 고등어 등
축산물	햄, 소시지, 베이컨 등
유제품	치즈
조미 훈제품	오징어, 어묵
난제품	계란
통조림	굴, 진주담치
배건품	가다랑어류

제10장

식품의 기체조절

1. CA 저장의 정의

CA 저장은 주로 농산물의 저장에 이용하는 방법으로, 저장고 내의 공기조성을 변화시키고, 또한 냉장을 실시하여 인위적으로 호흡속도를 늦추어서, 청과물의 품질을 유지하고자 하는 방법이다.

2. 생체 식품의 생리적 특성

과일과 야채와 같은 청과물은 축산물이나 수산물과는 달리 수분 및 영양분의 공급이 중단된 수확 직후에도 일정기간 호흡작용과 증산작용을 하여 살아있는 생체상태를 유지하고, 대개는 이러한 상태에서 유통된다. 유통 청과물은 유통 중 호흡과 증산에 필요한 에너지를 얻기 위해 체내 성분은 서서히 분해하여 변화되어 가고, 이로 인해 청과물은 성숙, 완숙, 과숙상태로 변해 나가면서 신선도를 잃을 뿐 만이 아니라 결국에는 상품가치를 잃는다.

<그림 10-1>은 이 과정을 간단히 도식한 그림이다.

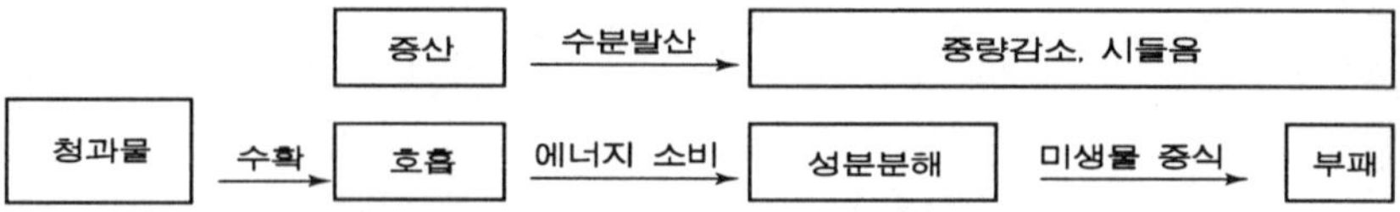

그림 10-1. 청과물의 저장 중 일반적인 변화현상

<그림 10-1>에서 볼 때 유통 중 청과물의 신선도를 유지하기 위하여는 반드시 호흡작용과 증산작용을 억제하여야 한다.

호흡작용을 억제하기 위하여는 우선적으로 저온저장하여 호흡을 완만하게 하여 성분의 대사나 분해를 적게 하도록 하는 것이 필요하다.

증산작용을 억제하기 위하여는 저온저장 이외에도 적절한 습도, 대기압 및 포장상태 등의 유지가 동반되어야 할 것이다. 따라서 저장 중 품질저하 억제를 위하여 단순히 저온처리에 의하여 가능한 축산물이나 수산물보다는 훨씬 복잡하여 세심한 주의를 기울여야 할 것이다.

1) 호흡작용

(1) 호흡의 종류

청과물은 수확 후에도 살아서 호흡을 하며, 생명유지를 위하여 체내에서 복잡한 분해대사 작용을 거쳐 이산화탄소가스를 배출하고 에너지를 얻는다. 이러한 호흡은 과정 중에 공기 중의 산소를 이용하면서 일어나는 유기호흡(aerobic respiration)과 산소의 존재없이 일어나는 무기호흡(anaerobie respiration)으로 나눌 수 있다. 일반적으로 호흡은 대부분이 유기호흡을 하나, 산소가 존재하지 않거나 부족한 극단적인 경우 무기호흡을 한다.

① 유기호흡

유기호흡은 청과물이 발육, 성숙 및 수확 후의 저장과정에서 공기로부터 얻은 산소를 이용하여 체내 호흡기질을 산화시키고, 생화학 반응을 일으켜 생활에 필요한 에너지와 이산화탄소와 물을 발생시키는 호흡이다.

② 무기호흡

무기호흡은 청과물을 밀폐된 용기에 포장하거나, 성숙하여 펙틴질이 젤리화되고 이로 인해 외기가 세포 내로 침투하지 못하는 청과물을 저장 한 경우에, 즉 저장 중에 산소를 쉽게 접할 수 없는 경우에 변측적으로 이루어지는 호흡이다. 산소가 없으므로 호흡 결과 알코올이나 젖산을 발생시켜 알코올발효 또는 젖산발효라고도 불린다.

표 10-1. 유기호흡과 무기호흡의 비교

	유기호흡	무기호흡
진행 조건	산소의 존재 하에서만 진행	산소의 무존재 하에서 진행
호흡 형태	일반적으로 이루어지는 정상호흡	산소가 존재하지 않는 악조건에서 진행하는 비정상호흡
발생 산물	이산화탄소, 물, 에너지	이산화탄소, 에탄올, 에너지
발생 에너지량	674 kcal	28 kcal
	발생 에너지량으로 미루어 생활 기능을 위한 호흡기질의 소모량은 유기호흡보다는 무기호흡이 크다.	
반응 경로	$C_6H_{12}O_6 + 6O_2 \rightarrow 6CO_2 + 6H_2O + 674\,kcal$	$C_6H_{12}O_6 \rightarrow 2CO_2 + 2C_2H_5OH + 28\,kcal$

(2) 호흡속도 (respiratory intensity)

① 정의

호흡속도는 청과물 1kg 또는 1g이 1시간에 발생하는 이산화탄소의 mg 또는 μL를 말한다. 일반적으로 호흡속도가 신속할수록 기질의 소비속도가 빨라져, 저장성과 호흡속도와는 반비례한다.

표 10-2. 수확 후 청과물의 호흡속도

야 채			과 일		
종류	온도	호흡속도 (CO_2mg/kg/hr)	종류	온도	호흡속도 (CO_2mg/kg/hr)
시금치	25℃	269.8	바나나	15℃	20~70
상추		154.6		25℃	50~150
양배추		91.5	밤	10℃	8
오이		128.1	레몬	10℃	10.5
가지		138.0	사과	16℃	19.6
토마토		48.0			
딸기		96.2			
감자		13.9			
양파		24.9			
당근		100.5			

② 영향요인

호흡속도는 청과물의 종류, 상처유무, 생리 기능장애 유무, 형상, 생육, 성숙과정, 환경온도, 습도, 가스조성 등에 의해서 변동된다.

일반적으로 수확 후 농산물의 호흡속도는 표면적이 큰 엽채류가 표면적이 작은 근채류보다 빠르다.

(3) 호흡 급상승

① 용어의 정의

표 11-3. 호흡 급상승 용어

용어	특징
호흡 급상승 직전 (pre-climacteric 또는 climacteric minimum)	호흡 급상승이 일어나기 직전의 최저 호흡시기
호흡 급상승 피크(climacteric maximun)	호흡 급상승이 일어나기 직전의 최저 호흡시기
호흡 급상승 직후(post climacteric)	호흡 급상승 피크 이후의 호흡시기

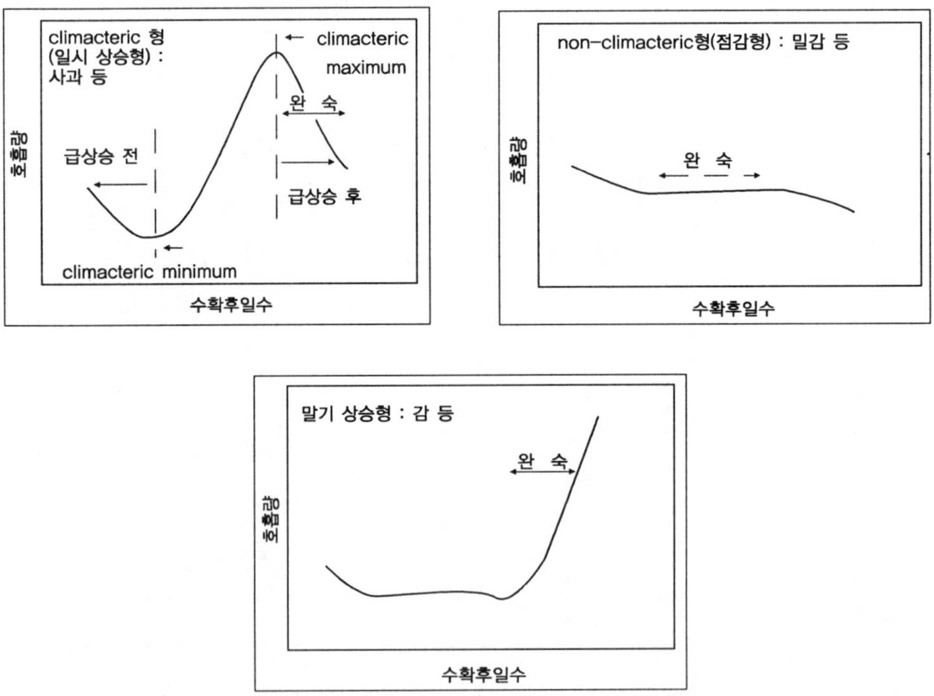

그림 10-2. 성숙에 따른 과일의 호흡현상

② 호흡 급상승 발생 유무에 따른 과실의 분류

표 10-4. 호흡 급상승 발생 유무에 따른 과실의 분류

호흡 급상승 패턴	대상 과실
전형적 호흡 급상승 패턴	바나나, 서양배, 복숭아, 토마토 등
점감형	밀감, 포도, 오이, 메론 등
말기 상승형	감 등

③ 호흡 급상승의 과실의 숙도

일반적으로 과실의 완숙기와 호흡 급상승이 일어나는 시기는 일치하여, 이 시기 또는 직후에 과실은 경도도 적절하고, 착색도 좋으면서 먹기에도 알맞다.

그러나, 호흡 급상승 이후에는 곧 과숙하여 저장성이 결여된다.

(4) 추 숙

① 정의

추숙 (after ripening 또는 post ripening)은 과실을 완숙보다 약간 이른 상태에서 수확하여 유통과정 중에 완숙되게 하는 현상을 말한다.

② 목적

일반적으로 과실의 완숙기와 호흡 급상승이 일어나는 시기는 일치하여, 이 시기 또는 직후에 과실은 경도도 적절하고, 착색도 좋으면서 먹기에도 알맞으나, 호흡 급상승 이후에는 곧 과숙하여 저장성이 결여된다.

따라서 바나나, 서양배, 복숭아, 토마토 등과 같은 호흡 급상승형의 과실을 동결식품의 원료로 이용하기 위하여는 호흡 급상승 직전 또는 급상승 피크의 사이 시기에 수확하여 추숙을 거친 다음, 가공하는 경우 가공 기간 중에 호흡 급상승 피크로 되어 품질이 좋은 가공품을 제조할 수 있다.

그러므로, 추숙의 목적은 가공 직전 또는 소비자에게 공급되기 직전에 숙도가 적절한 과일을 공급하기 위하여 실시한다.

청과물의 경우 저온처리가 호흡 급상승 이후에 이루어지는 경우 품질이 결여되므로 주의하여야 한다.

(5) 호흡상(respiratory quatient, RQ)

① 정의

호흡상이란 호흡작용에서 흡입되는 산소에 대한 방출되는 이산화탄소의 용적비 즉 이산화탄소 용적/ 산소 용적을 말하는 것으로, 호흡의 내용 즉 호흡기질의 종류나 호흡의 종류 등을 알아볼 수 있다.

② 종류

표 10-5. 호흡기질에 따른 호흡상의 특징

호흡상	기질	비고
1	포도당	완전히 산화된 경우
> 1	유기산	· 유기산은 포도당에 비하여 분자 중에 함유되어 있는 산소비율이 큼으로 인해 공기 중에서 산소를 적게 취하여도 됨 · 호흡기질이 사과산($C_4H_6O_5+3\ O_2 \rightarrow 4\ CO_2+3\ H_2O$) 및 주석산($2\ C_4H_6O_6+5\ O_2 \rightarrow 8\ CO_2+6\ H_2O$)의 경우 호흡상은 사과산이 CO_2/O_2=4/3=1.33이고, 주석산이 CO_2/O_2=8/5=1.6으로 되어 1보다 큼
< 1	지방, 단백질	· 지방은 포도당에 비하여 분자 중에 함유되어 있는 산소비율이 작음으로 인해 공기 중에서 산소를 많이 취하여야 함 · 호흡기질이 trioleic acid($C_3H_5O_3(C_{18}H_{33}O)_3+80\ O_2 \rightarrow 57\ CO_2+52\ H_2O$)인 경우 호흡상은 CO_2/O_2=57/80=0.71로 되어 1보다 작음

(6) 호흡작용에 동반되는 현상

청과물의 호흡작용에 동반되는 현상으로는 호흡열의 발생, 증산작용 및 중량 감소 현상을 들 수 있다.

① 호흡열의 발생

호흡열은 유기호흡에서 674 kcal, 무기호흡에서 28 kcal가 발생하고, 발생 에너지의 일부는 생리작용에 소비되나 수확 후에는 생리작용에 필요로 하는 에너지가 극히 적어, 거의 대부분이 발열되어 청과물의 호흡작용을 촉진한다고 볼 수 있다.

이산화탄소가스 1그람분자(44g)당 호흡에서 발생되는 발열량은 유기호흡의 경우 2.57 kcal (674/44x6), 무기호흡에서는 0.32 kcal(28/44x2)으로 유기호흡의 경우가 높아, 유기호흡을 하는 경우가 무기호흡을 하는 경우보다 유통 중 청과물의 호흡을 촉진하여 선도저하가 신속하다.

청과물의 저장온도에 따른 호흡열의 변화는 <표 10-6>과 같다.

② 증산작용(transpiration)

증산작용도 호흡작용과 마찬가지로 청과물의 신선도나 품질에 큰 영향을 미친다. 수확 직후에는 청과물이 다량의 수분을 가지나, 저장시간이 경과함에 따라 수분이 증발되고, 이로 인해 점차 시들어 선도가 저하하게 되므로, 저온유통 과정에서 이의 억제방법을 신중히 고려하여야 한다.

이 경우에 증산하는 수분은 청과물 자체의 수분은 물론이고, 호흡작용으로 생긴 수분도 함께 진행된다.

세포는 환경조건에 따라 수분증발을 조절하는 기능의 작용을 가지고 있어, 청과물의 증산작용은 환경조건이 습도가 높거나, 온도가 낮거나 어두운 곳에서는 활발하지 못하나, 그렇지 않은 조건에서는 활발하다. 따라서 청과물의 선도를 유지하기 위하여는 주위의 환경조건을 적절히 조절하여야 할 것이다.

표 10-6. 청과물의 온도에 따른 호흡열의 변화

종류	온도	호흡열 (kcal/ton/hr)	종류	온도	호흡열 (kcal/ton/hr)	종류	온도	호흡열 (kcal/ton/hr)
사과	0℃	210	복숭아	0℃	420	시금치	0℃	800-1,430
	2.2℃	280		4.4℃	760		4.4℃	1,900~3,000
	4.4℃	390		7.2℃	1,100		10.0℃	3,900~5,500
바나나	12.2℃	700~2,400	오렌지	0℃	250	감자	0℃	550
	15℃	740~3,800		3.5℃	380		4.4℃	200
	20℃	1,800~7,700		15.5℃	1,390		21.0℃	540
서양배	0℃	150~210	딸기	0℃	890	양파	0℃	165~275
	12.2℃	600~1,940		7.2℃	1,500~2,700			
	15.5℃	2,200~3,320		11.5℃	2,100~4,200	토마토	12.2℃	890-1,300
포도	0℃	280	양배추	0℃	550~780	완두	0.6℃	1,800~2,260
	4.4℃	440		4.4℃	950~1,280		3.3℃	3,000~3,900
	7.2℃	700		10.0℃	1,640~2,050		10.0℃	4,200~7,100

<표 10-6>에서 언급한 환경조건 이외에 청과물의 종류, 품종, 크기 및 형태 등에 따라 증산작용으로 인한 감량은 차이가 있다.

일반적으로 청과물을 저장하는 중에 감량이 5%를 초과하는 경우 선도가 저하하였다

고 간주한다. 이러한 개념에서 청과물을 저장(0~5℃)하였을 때에 5%감량에 도달하는 일수에 따라 감량하는 정도를 <표 10-7>에, 그리고 이를 토대로 감과 같이 저온으로 잘 억제되는 종류, 복숭아와 같이 저온에서 억제 효과가 인정되는 종류 및 딸기와 같이 저온에서 억제효과가 거의 없는 종류 등과 같이 3종류로 분류하여 <표 10-8>에 나타내었다.

표 10-7. 저온저장(0~5℃) 중 청과물의 증산에 의한 감량의 변화

종류	저장 일수			
	0일	1일	4일	10일
시금치	0%	24.2%	-	-
오이	0%	4.2%	10.5%	18.9%
가지	0%	6.7%	10.0%	-
토마토	0%	-	6.4%	9.2%
감자	0%	4%	4%	6%
양파	0%	1%	4%	4%
당근	0%	1%	9.5%	-

표 10-8. 저온저장 중 감량의 형태에 따른 청과물의 분류

감량형태	종류
적음	감, 사과, 밀감, 배, 포도, 감자, 양파 및 수박
보통	오렌지, 복숭아, 무화과, 토마토, 상치
큼	딸기, 버섯, 앵두, 아스파라거스

③ 중량의 감소

청과물은 저온저장 하게 되면 중량의 손실이 일어나고, 이것이 과도하게 되면 시들게 되어 잔주름이 생기면서 선도가 저하하게 된다.

단위시간 당의 감량률은 온도, 습도, 공기 조성, 공기 유동상태 등이 동일하여도 일반적으로 초기에 빠르고, 후기에는 점점 완만하여진다. 그러나 상해나 동결 등으로 청과물의 일부에 손상을 입는 경우 감량율은 신속히 증가한다.

이와 같은 저장중 청과물의 감량현상을 반응식 ($C_6H_{12}O_6 + 6\ O_2 \rightarrow 6\ CO_2 + 6\ H_2O +$

674 kcal)으로 살펴보면 주위 환경으로부터 받아들이는 산소량 (6 O_2=32×6)은 192이고, 주위환경으로 빠져 나오는 이산화탄소 (6 CO_2=44×6=264) 및 물 (6 H_2O=18×6=108)의 양은 372이다. 따라서 주위환경으로 내놓은 이산화탄소 및 물의 양과 주위환경으로부터 받아 들인 산소 양의 차이인 180은 포도당의 분자량에 해당된다. 즉 호흡률 CO_2/O_2=1일 때 항상 포도당의 분자량에 상당하는 양이 감량되고 있다는 결과가 된다. 물론 물과 이산화탄소는 모두 주위환경으로 내놓는다고 할 수 없다. 수분증발이나 이산화탄소의 확산은 주위환경의 수증기압과 탄산가스의 분압에 영향을 받기 때문이다. 따라서 환경공기 중의 수증기압이나 이산화탄소 농도를 CA저장과 같이 적절히 조절한다면 감량방지에 효과가 있을 것이다.

그러나, 저온저장 중 감량을 억제하기 위하여 수분 증발과 이산화탄소의 확산을 과도하게 억제하는 경우 감량은 억제 가능하나 청과물의 생리적 기능장애를 일으키기 쉬워 주의하여야 한다.

(5) 영향요인

① 온도

청과물의 저장 중 호흡속도는 여러 가지 요인이 관계되나, 그 중에서도 온도의 영향이 가장 크다. 청과물의 온도가 10℃ 상승하는 경우 호흡속도는 10～20℃ 부근에서는 2～3배정도 빨라지나, 저온측으로 갈수록 온도변화에 대한 호흡속도는 더욱 신속하여진다.

즉 역으로 설명하면 일반적으로 청과물을 저온으로 처리할수록 호흡 급상승의 발생이 늦어지고, 또한 호흡 급상승의 피크도 낮아진다는 논리와 같다.

야채의 온도변화에 따른 호흡속도의 변화는 <표 10-9>와 같다.

표 10-9. 온도변화에 따른 야채의 호흡속도

종류	온도(℃)		종류	온도(℃)	
	0.5～10	10～20		0.5～10	10～20
토마토	2.0	2.3	완두	3.9	2.0
오이	4.2	1.9	시금치	3.2	2.6
감자	2.1	2.2	고추	2.8	3.2
아스파라거스	3.5	2.5	당근	3.3	1.9

호흡속도가 빠르면 그만큼 체내 구성성분의 소모가 많아 저장성이 결여되므로, 이를 억제하기 위하여 저온처리 하는 것이 저장성을 향상시킬 수 있는 좋은 방법이다. 그러나 제품의 종류에 따라서는 반드시 일치하지는 않는다. 이는 <표 10-10>과 같이 같은 종류라도 품종에 따라 어느 한계온도 이하에서는 저장성이 오히려 저하되는 저온장해(chilling injury)가 일어날 수도 있기 때문이다.

표 10-10. 청과물의 저온장해 온도와 증상

종류	온도(℃)	증상	종류	온도(℃)	증상
사과	2.2~3.3	과육의 갈변	오렌지	2.8	갈변, pitting
바나나	11.7~13.3	과육의 흑변, 성숙 불량	파인애플	7.2~100	성숙시 암록색화
강남콩	7.2~10.0	변색, pitting	감자	3.3~4.4	갈변, 당의 증가
오이	7.2	부패, pitting	호박	10.0	부패
가지	7.7	burn	고구마	12.8	내부 변색, pitting
레몬	14.4~15.5	과심의 갈변, pitting	토마토 성숙	7.2~10.0	부패, 수침상 연화
참외	2.2~4.4	표면의 부패, pitting	토마토 미숙	12.8~13.9	부패, 성숙 불량
수박	4.4	악취, pitting			

호흡속도가 온도에 영향을 받으나 청과물에 따라 저온장해를 일으키는 경우 여러 가지 온도에 따라 변칙적인 호흡속도를 나타낸다. 고구마는 <그림 10-3>과 같이 15℃ 이상에서는 저온장해가 없으나 10℃ 정도에서는 증상이 비교적 빨리 일어난다.

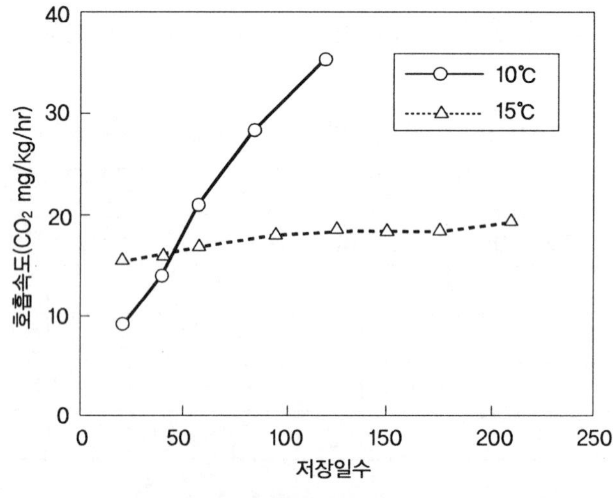

그림 10-3. 고구마의 비정상 호흡의 경향

이와 같이 청과물은 반드시 저온처리 만으로 저장성을 개선할 수 있는 것은 아니어서, 축산물이나 수산물에 비하여 저장이 번거롭다.

따라서, 청과물의 저온저장은 저온장해 등을 고려하여 조건을 설정하여야 할 것이다.

② 습도

호흡작용에 미치는 습도의 영향은 온도와 같이 일정한 경향은 없으나, 대체로 고습도일수록 호흡작용이 강하여지는 경향(바나나, 양파, 밀감, 배추 등)을 나타내나, 일부 저습도에서 호흡이 강하여지는 품종(고구마 등)도 있다.

③ 산소조성

산소가 풍부한 경우 청과물은 호흡작용이 왕성하여 선도가 저하하게 된다. 산소가 어느 정도 감소하여도 청과물은 정상호흡을 계속 진행을 하나, 어느 일정 한계 이하에 도달하면 정상호흡의 진행이 억제된다. 이러한 현상 즉 산소의 조성이 낮은 공기 중에서 청과물의 호흡속도를 억제하는 방법이 있다.

그러나 산소를 극도로 줄이는 경우 무기호흡을 하게 되어 얼마 후에는 질식하여 생리장애를 일으키게 된다.

청과물이 산소의 감소에 대해 견디는 정도는 청과물의 종류, 품종, 숙도 등에 따라 차이가 있다. 복숭아, 사과 등은 비교적 잘 견디지만 레몬, 밀감 등은 잘 견디지 못하는 편이다.

야채류의 산소 한계농도는 <표 10-11>과 같고, 주위환경 중에 산소가 이 한계 농도보다 약간 많으면 호흡속도는 반감되어 저장성이 상당히 증대한다.

표 10-11. 야채의 산소 한계농도

종류	산소 한계
시 금 치	약 1%
아스파라거스	2.5%
완두	4%

④ 이산화탄소 조성

주위 환경 중의 이산화탄소 농도도 산소농도와 마찬가지로 호흡작용에 큰 영향을 준다. 주위의 환경 중에 이산화탄소 농도가 증가하면 청과물의 호흡작용이 억제되나, 농도가 과도하게 높은 경우에는 무기호흡을 일으켜 발효맛을 나타내게 된다. 그러나 이산화탄소 농도가 높은 곳에 청과물을 단시간 저장하는 경우 이산화탄소 처리를 하지 않은 경우보다 복숭아 및 토마토를 제외하고는 성숙이 지연되어 풍미에 거의 영향이 없거나 오히려 좋은 결과를 나타낸다. 이는 청과물을 고농도의 이산화탄소가 존재하는 곳에 저장함으로 인하여 쇼크(shock)처리되기 때문이다.

일반적으로는 이산화탄소의 농도가 적절한 경우에 청과물의 호흡속도가 상당히 억제되어 저장성이 개선된다. 따라서 청과물의 저장성을 기대할 수 있는 이산화탄소의 농도는 청과물의 종류에 따라 차이가 있으므로 유통 중에는 이 점에 대하여 신중히 고려하여야 할 것이다.

그러나 청과물의 저장 및 유통 중 이산화탄소의 최적 조성에 대하여는 많이 구명되어 있으나, 위험한계 농도의 경우 청과물의 종류, 품종, 숙도, 기타 생물적 요인 뿐만 아니라 온도, 습도 등에 의해서도 차이가 있으나 자료가 극히 적다.

⑤ 이산화탄소 및 산소의 혼합조성

청과물을 저장하는 주위환경의 공기조성을 이산화탄소는 높이고, 산소는 내리는 경우 이산화탄소나 산소의 두 성분 중 한성분 만을 조절하는 것보다 청과물의 호흡작용 억제 효과가 좋아진다.

근년에 실용화되어 있는 CA냉장도 이러한 원리를 이용하여 이산화탄소 및 산소의 농도를 조절함과 동시에 여기에 저온의 효과를 더한 방식이다. 이때 이산화탄소 및 산소의 농도는 청과물의 종류, 품종, 숙도 등에 따라 다르다. 일반적으로 이산화탄소의 경우 10% 이상, 산소의 경우 2% 이하는 적당하지 못하다.

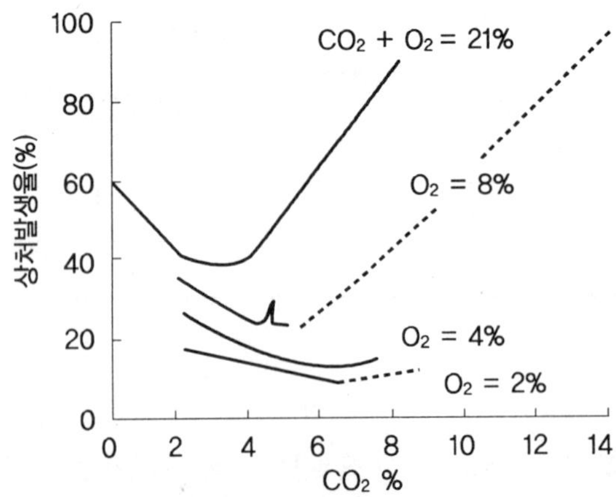

그림 10-4. 산소 및 이산화탄소 조성에 따른 상처발생률의 변화

이산화탄소 및 산소의 조성비가 다른 환경에서 저온저장(220일)한 사과의 상처발생율은 <그림 10-4>와 같고, 그 결과를 보면 이산화탄소 8% 및 산소 2%인 환경에 저온저장 하는 것이 가장 좋다는 것을 알 수 있다.

⑥ ethylene 조성

과실은 성숙하는 경우 호흡 급상승을 하며, 이 경우에 <그림 10-5>와 같이 ethylene이 생성되어 미숙과와 과숙과를 함께 두는 경우 ethylene이 과실의 호흡을 상승시키고, 이로 인하여 성숙이 촉진되어 과실의 발색을 촉진할 뿐만이 아니라 녹색야채의 퇴색, 포도꼭지의 갈변 및 과립 탈락, 가지꼭지의 탈락, 아스파라거스의 경화, 당근의 쓴맛 발생, 고구마의 풍미저하 및 모든 청과물에 병원균이 증식될 우려가 있다. 이와 같이 다방면으로 품질을 저하시키는 청과물에서의 ethylene 발생은 보통 냉장에 비해 CA냉장이 적다. ethylene의 처리는 pre-climacteric시기에 하는 것이 효과적이며 호흡 급상승이 진행된 후에는 효과가 없다.

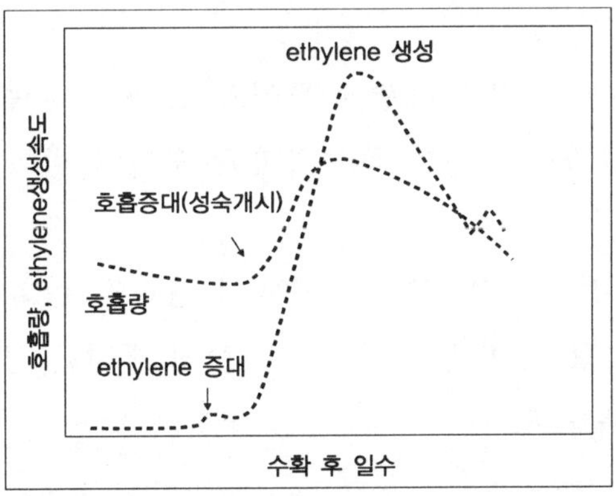

그림 10-5. 과실의 추숙현상에 따른 호흡량과 ethylene 생성량

2) 휴면

(1) 정 의

휴면(dormancy or rest)은 식물 중 종자, 씨눈, 감자류 및 양파류 등의 성장이나 성숙 도중에 생활을 휴지하기도 하는데 이러한 현상을 말한다.

(2) 종 류

① 타발적 휴면

타발적 휴면은 환경조건이 나빠졌을 때, 이에 견디어 내기 위한 휴면이다.

② 자발적 휴면

자발적 휴면은 생물체의 조직이나 기관의 생리적인 편의를 위한 휴면이다.

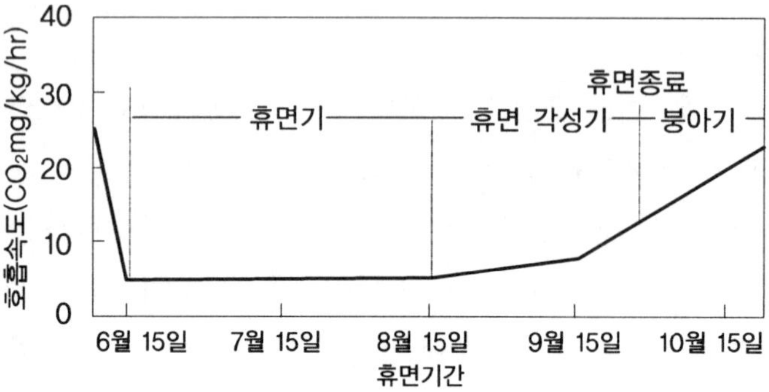

그림 10-6. 양파 휴면기 중의 호흡속도

(3) 휴면기

① 휴면 각성기

휴면 각성기는 수확 후의 양파는 휴면에 들어가고, 이 기간 중에는 발아에 좋은 조건이 이루어져도 이에 상관없이 일정기간이 경과된 후에야 발아하게 되는데, 이 시기를 말한다.

그러나 휴면각성기 이전에 이미 양파 내부에서 생리적 변화가 전환되는, 즉 자발적 휴면에 상당하는 시기가 있어, 이때에 이미 실질적인 휴면은 끝난 것이고, 출아는 단순히 외관상의 변화에 불과하다.

② 타발적 휴면기

타발적 휴면기는 휴면기에 환경조건이 좋지 못하면 발아없이 휴면을 계속하므로 이때를 말한다.

③ 휴면 종료 붕아기

휴면기에 있어 환경조건이 적절한 경우 발아에 의해 휴면을 종료하는 시기를 말한다.

3) 저온장해 (chilling injuly, low temperature disorder)

(1) 정의

저온장해는 청과물을 저온에 두는 경우 미생물의 증식은 없으나, 이상 증상이 나타나는 현상을 말한다. 일반적으로 냉장 중에 발생하는 현상을 저온장해라고 하나, 냉장 중에는 이상 증상이 일어나지 않다가 냉장 후 상온으로 옮겨 놓은 경우에 이상 증상이 발병하는 경우도 저온장해의 범위에 포함시키기도 한다.

(2) 발생조건

저온장해는 청과물의 종류에 관계없이 일률적으로 진행되는 것이 아니라, 청과물의 종류, 품종, 생산지, 숙도, 크기, 냉장 중의 공기 조성 및 습도 등에 따라 차이가 있다. 저온장해는 일정 온도 이하에서 만 발생하는 것이 아니라 일정온도 범위에서 일어나며, 이 범위를 벗어나게 되는 경우 발생하지 않는다. 또한 저온장해의 경우 한계온도 범위에 노출되는 시간이 짧으면 발생하지 않아, 저온장해 발생에는 한계온도 범위에 노출되는 시간이 한 요소로서 작용한다. 따라서 저온장해의 경우 단시간의 유통에서는 문제시되지 않고, 장기간 유통시에 만이 문제로 제기된다.

표 10-12. 청과물의 온도에 대한 감수성

종류	빙점(℃)	감수성		종류	빙점(℃)	감수성	
		중	대			중	대
사 과	-1.5	○		오렌지	-1.5	○	
바나나	-1		○	파슬리	-1	○	
셀러리	-0.5	○		복숭아	-1	○	
오 이	-0.5		○	서양배	-1.5	○	
레 몬	-1.5		○	고 추	-0.5		○
감 자	-1		○	고구마	-1		○
양 파	-1	○		토마토	-0.5		○

(3) 발생기구(mechanism)

저온장해는 청과물의 품온이 낮을 때 체내에서의 생리기능에 관계되는 생화학적 여러 반응계 간의 불균형으로 생성되는 유해생성물의 축적과 호흡작용으로 생성된 이산화탄소 및 기타 휘발성가스가 공기 중에 축적되어 중독적인 작용을 나타내어 발생한다고 생각되나, 그 발생과정에 대해서는 아직 충분히 밝혀져 있지 않은 상태이다.

(4) 식품의 저온 감수성

농산식품을 저온 감수성으로 분류하면 다음과 같다.

① 감수성이 민감한 종류 : 바나나, 가지, 오이, 감자, 레몬 등

② 감수성이 중간정도인 종류 : 사과, 셀러리, 양파, 복숭아 등
③ 감수성이 둔감한 종류

3. 농산물의 CA저장

1) 전처리

농산물은 동일 종류라도 품종, 생산지, 수확시기, 숙도 등에 따라 냉장 적성이 다르다. 따라서 냉장을 위하여는 냉장적성에 맞는 품종을 적절히 선택하여야 한다.

농산물의 냉장을 위한 전처리는 크게 선별, 세척, 살균 및 포장으로 나눌 수 있다.

(1) 선별

냉장을 위한 원료의 선별은 냉장식품의 품질을 좌우하는 큰 요소이므로 특히 엄격하게 실시하여야 한다.

원료의 부적절한 선별로 인해 미생물이 오염되어 그 원료 뿐 만이 아니라 주위의 원료까지 오염되는 것을 억제하기 위하여 냉장 전에 미리 손상이 없고, 병충해가 없으면서 오염이 없는 원료를 선택하여야 하고, 크기 및 숙도가 균일한 것 등을 선택하여야 한다.

(2) 세척

선별이 끝난 원료는 감귤류와 같이 농약을 많이 사용하는 청과물은 냉장 전에 농약 제거를 위하여 세척을 한다. 그러나 소채류와 같이 흙이나 돌, 세척기 등에 의하여 기계적 손상을 입기 쉬운 원료는 일반적으로 세척을 하지 않는다.

(3) 포장

포장을 하는 경우에는 자재가 청결하고 수분이 없어야 한다. 근년에는 각종 농산물을 합성수지 필름으로 포장하여 수송 또는 냉장하는 경우가 많으나, 이렇게 할 경우 수송 및 판매기간이 짧아야 한다.

2) 예냉 (precooling)

(1) 정의

농산물의 저장과 수송을 하기 전에 품온을 내리는 조작을 예냉이라 한다.

(2) 목적

농산물은 성분의 산화분해, 발열, 수분증산 등과 같은 생리작용을 지연시키기 위하여 실시한다.

(3) 처리 시기

예냉은 수확 후 곧 냉각시키는 것이 좋다.

(4) 효과

애냉은 예냉방법과 대상 농산물의 종류 등에 따라 효과에 차이가 있다.

(5) 종류 및 특징

일반적으로 사용되는 예냉법의 종류 및 특징은 <표 10-13>과 같다.

표 10-13. 농산물의 냉장을 위한 예냉방법

예냉방법	농산품	특징
진공예냉 (vacuum cooling)	상치, 시금치, 옥수수 등과 같이 표면적이 큰 엽채류	· 진공 및 저온(0℃ 정도)에서 증발시켜 증발잠열에 의해 냉각시키는 방법 · 냉각시간이 신속 · 냉각온도가 균일 · 일시에 대량처리 가능하면서 깨끗함
냉수예냉 (hydro cooling)	당근, 배, 근채류와 같이 진공예냉이 다소 곤란한 원료	· 냉각된 물에 침지 또는 분무하여 냉각 · 예냉 중에 무감량 · 동해의 우려 없음 · 다량의 수분존재에 따른 미생물의 증식 용이 · 연약한 것에는 사용하기 곤란
공기예냉 (air cooling)	딸기, 토마토, 포도 등과 같이 수분접촉에 의해 쉽게 품질저하 하는 원료	· 냉각된 공기를 송풍하여 냉각 · 예냉실을 냉장실로 사용할 수 있으나 예냉속도가 완만

3) CA저장(controlled atmosphere storage) 처리

(1) 정의

CA저장이란 저장고 내의 가스조성(산소조성은 낮추고, 이산화탄소 조성은 올리면서 나머지를 불활성탄소로 치환)을 변화시키고, 아울러 온도를 저온으로 유지함으로 인하여 저장 식품의 생리작용을 억제시켜 저장성을 갖게 하는 방법이다.

(2) 대상 식품

주로 농산물 저장에 많이 이용되고 있으나 일부, 계란, 생육 등에도 이용되고 있다. 하지만 대부분이 농산물에 한정되어 이용되고 있다.

(3) 특징

CA저장은 장비 등의 설치에 따른 고비용 뿐 만이 아니라, 식품에 따라서는 보통 냉장에 비해 품질상 뚜렷한 차이가 없고, 또한 CA냉장으로 품질저하가 적고 보다 장기적인 저장이 가능하다고 해도 실제 식품의 유통과정상 그다지 장기간의 저장을 필요로 하지 않는 식품은 보통냉장으로도 충분하기 때문이다.

그러나, CA저장은 냉장의 보조수단에 불과하지만 각 식품에 따라 공기조성을 적당히 조절함으로 인하여 일반 냉장보다 장기보존이 가능하다는 것은 분명하다.

표 10-14. 청과물의 CA저장 조건과 저장기간

종류	온도(℃)	습도(%)	환경 공기 조성(%)		저장가능기간
			산소	이산화탄소	
밀감	3	85~90	10	0~2	6개월
감	0	90~95	2	8	6개월
일본배	0	85~92	5	4	9~12개월
서양배	0	95	4~5	7~8	3개월
복숭아	0~2	95	3~5	7~9	4주
밤	0	85~90	3	6	7~8개월
바나나	12~14	-	5~10	5~10	6주
딸기	0	95~1,000	10	5~10	4주
토마토	6~8	-	3~10	5~9	5주
참외	0	-	3	10	1개월
시금치	0	-	10	10	3주
완두콩	0	95~100	10	3	4주
마늘	0	85~90	2~4	5~8	10~12개월
마	3~5	90~95	4~7	2~4	8~10개월
감자	3	85~90	3~5	2~3	8~10개월

(4) 공기조성법

CA저장에 있어 인공적으로 공기조성을 변화시키는 방법으로는 다음과 같은 방법이 있다.

① 과실 및 채소 자체의 호흡작용을 이용하는 방법

② 이산화탄소 및 질소가스를 첨가하는 방법

③ 발생기를 이용하여 인공공기를 만드는 방법 등이 있다.

근년에는 주로 발생기로 인공공기를 만들어 실시하고 있다.

이와 같이 여러 가지의 장점을 가지고 있는 CA저장의 경우도 인공공기의 조정과 공급, 이를 위한 설비, 냉장고의 구조 등과 같은 여러 가지 문제가 있을 뿐 만이 아니라 어떤 인공공기 조성이 가장 효과적인가라는 점과 청과물의 종류에 따라서는 CA냉장에 적합하지 못한 것도 있다는 점이다.

(5) CA저장 조건

여러 가지 청과물의 최적 CA저장 조건은 <표 10-14>와 같다.

4) 냉장보관

(1) 냉장온도

청과물은 저장온도가 낮으면 호흡작용, 증산작용과 같은 생리작용이 감소하여 여러 가지 성분의 손실이 적어지고, 미생물의 증식 또한 억제되어 품질수명을 다소 연장할 수 있다. 그러나 청과물은 종류에 따라 저온에 대한 감수성이 다르며, 감수성이 큰 것은 저온에 대한 내성이 적고, 일정온도 이하로 되면 저온장해를 일으켜 무한정 온도를 낮추는 것도 바람직한 현상은 못된다.

따라서 일반적으로 청과물의 저장온도는 0℃부근이 좋고, 전 저장기간을 통해 가능하면 ±1℃ 이상이 되지 않게 하는 것이 좋다.

(2) 저장습도

청과물은 감량이나 시들음 현상을 방지하기 위하여는 고습도가 요구된다. 그러나 고습도에서는 미생물의 증식이 촉진되는 부작용이 뒤따른다. 따라서 냉장 중의 적정습도는 어느 정도의 수분감소가 있더라도 미생물에 대해 안전한 습도를 유지하여야 한다.

① 농산물

대부분의 농산물은 습도가 85~95% 정도가 되어야 하며, 특히 샐러리, 상치, 시금치 등은 시들기 쉬워 90% 이상의 습도를 유지하여야 한다.

② 건조과실

건조과실 등은 적어도 습도가 70% 이내로 되어야 하고, 그 이상의 조건에서 다른 종류의 농산물과 함께 저장하면 흡습하는 경우가 있으므로 특히 유의하여야 한다.

(3) 환기

농산물의 냉장에는 냉장실 공기를 적당히 환기시켜야 한다. 그렇지 않은 경우 감귤, 감자 등은 특이한 냄새성분을 발산하여 다른 냉장품을 부패시키는 원인이 되거나, 적어도 생리적인 영향을 주는 경우가 있다.

일반적으로 단기간의 저장인 경우에는 여러 가지 농산물을 함께 저장해도 좋으나 양파, 감귤, 감자 등은 함께 보관하여서는 곤란하다.

(4) 적재방법

농산물의 냉장을 위해 창고에 적하하는 경우에 고려하여야 하는 사항으로는 면적의 최대이용, 높이의 최대이용, 냉장물 주위의 공기 순환 및 포장 방법 및 종류 등이 있다.

① 냉장물과 시설물과의 간격 : 벽의 경우 30 ㎝ 정도, 냉각관의 경우 30~50 ㎝ 정도

② 바닥 : 디딤판을 깔고 냉각 효과를 감소시키지 않게 공기순환을 좋게 하여 공기의 체류가 없도록 하여야 한다.

4. 효 과

청과물을 CA저장함으로써 기대되는 효과는 다음과 같다.

① 추숙을 억제할 수 있다.

② 신맛이 중요한 과실의 유기산 감소를 억제할 수 있다.

③ 이산화탄소에 의해 chlorophyll의 분해가 억제되어 변색을 억제할 수 있다.

④ 청과류의 연화를 억제할 수 있다.

⑤ 발아를 억제할 수 있다.

⑥ 방충 및 방서를 할 수 있다.

제11장

식품의 방사선 조사

1. 식품 저장에 이용되는 방사선의 조건

식품 저장에 이용되는 방사선은 다음과 같은 조건을 구비하여야 한다.

① 투과력이 커야 한다.

② 살균 및 살충 효과가 커야 한다.

③ 식품 조직 내의 효소들을 불활성화 시킬 수 있어야 한다.

④ 안전성이 보장되어야 한다.

따라서, 식품의 조사에 사용하기 위한 방사선은 식품 저장에 이용하는 방사선의 조건과 <그림 11-1>의 결과로 미루어 보아 α선 및 β선보다는 γ선 적절하다.

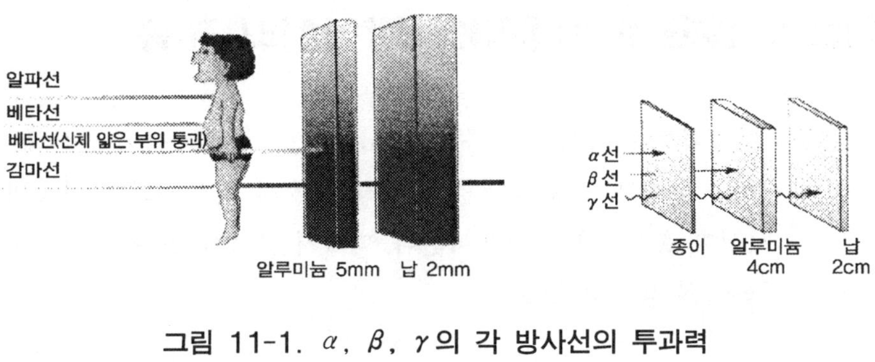

그림 11-1. α, β, γ의 각 방사선의 투과력

2. 방사선의 단위

표 11-1. 방사선의 단위

단위	의미
rad	물질 1 g당 100 erg의 에너지가 흡수되었을 경우의 선량
Gy	물질 1 g당 10,000 erg의 에너지가 흡수되었을 경우의 선량, 즉 1 Gy=100 rad

3. 방사선의 살균 기구

1) 직접 작용설

방사선이 세포와 조직의 파괴, 돌연변이와 같이 직접 생물의 생명 중심을 파괴 · 치사하게 한다는 학설이다.

2) 간접 작용설

방사선이 조사되는 경우 물은 이온화되어 반응성이 큰 수산화 radical ($OH^{\cdot}$), 수소 radical ($H^{\cdot}$), 이온화된 물분자 (H_2O^+), 전자 (e^-) 등이 생성된다.

이 생성된 유리 라디칼이나 이온들이 서로 반응하거나 식품 중의 다른 성분들이 반응하여 생물에 영향을 미친다는 학설이다.

4. 식품의 살균에 사용되는 방사선의 종류

식품의 살균에 사용되는 방사선의 종류로는 Co^{60} 및 Cs^{137}의 γ선이 있는데, 이들 이온은 반응성이 강하여 균체의 성분이나 식품 중의 효소와 결합하여 미생물의 대사를 방해하거나 사멸시키며 효소작용을 억제시킨다. 따라서 방사선 조사는 이런 효과를 이용하여 식품의 살균에 이용되고 있다.

5. 방사선 살균에 필요한 선량

1) 생물의 치사에 필요한 방사선량

생물의 치사에 필요한 방사선량은 <표 11-2>에 나타낸 바와 같이 하등 생물일수록 그 치사량이 높으나, 일반적으로 생물의 종류, 생육 단계, 조사 조건에 따라 차이가 있다.

표 11-2. 생물이 치사되는 방사선량

종류	치사선량(rad)	종류	치사선량(rad)
고등생물	0.1만	세균	50만
저장곡류 중의 해충	2.5만	효모와 곰팡이	백만
곤충	10만	세균의 포자	이백만
효소와 virus	천만		

2) 식품 저장을 위한 선량

표 11-3. 식품에 조사를 위한 선량

조사 선량		조사 목적
저선량	0.1 Mrad 이하	살균효과는 기대할 수 없고, 주로 발아억제, 기생충 및 곤충의 살멸에 이용
중선량	0.1~1.0 Mrad	완전 살균은 불가능하나, 식품 표면의 변패 미생물은 사멸할 수 있어 식품의 저장기간을 연장하는 것은 가능
고선량	1.0~5.0 Mrad	식품에 부착한 미생물은 완전 살멸 가능하나, 부반응(조직의 파괴, 이미, 이취의 생성, 지질의 산화, 비타민의 분해 등)이 일어나고, 잔존 효소 때문에 저장 중 자가소화를 일으킬 수도 있음

6. 방사선 처리의 이점

1) cold sterrilization

대부분의 생체식품은 살균을 위한 열처리로 그 상품가치가 저하하나, 방사선 처리는 온도상승을 동반하지 않아, 식품이 열에 의한 품질저하를 억제할 수 있다.

2) 포장용기에 관계없이 처리 가능

방사선 조사는 어떠한 포장식품에도 처리할 수 있어 방사선 처리 후의 2차 오염을 방지할 수 있다.

3) 처리 시간이 짧음

4) 연속적으로 처리 가능

7. 방사선 처리의 안전성

식품을 방사선 조사에 의해 살균 목적을 달성하고자 한다면 조사식품의 안전성을 고려하여 방사선 야기 문제, 독성 물질 생성 문제, 발암성 물질 생성 문제 및 영양성 파괴 정도 등을 반드시 검토하여야 한다.

표 11-4. 방사선 조사에 의한 부반응 방지법

방 법	이 유
저선량 조사	동결상태로 조사, 식품 중에 생성된 유리기(遊離基)의 이동 방지
탈산소	진공, 질소 가스치환 등으로 산화방지, 지방이 많은 식품에 유효
유리기 수용체의 첨가	조사에 의해 생성된 유리기가 다른 분자와 결합하기 전에 첨가한다. 조사취 등을 억제 식물 단백질의 가수분해물, 비타민 C, 소스류, 향신료, niacine, 토마토 주스, 토마토페이스트, 활성탄 등
약품의 첨가(나프톨 유도체, 할로겐 화합물, 향신료 등)에 의한 방사선 감수성의 방지	미생물의 radiosensitivity를 향상시킨다.
조사증류(照射蒸溜)	조사취가 휘발성의 경우는 조사 중에 증류하여 제거한다.
가열병용	방사선과 가열을 병용처리한다. 미생물의 포자가 방사선 처리에 의해 내열성을 잃는 것을 이용한다. 식품의 변질을 일으키지 않을 정도의 조사로 대부분의 미생물을 사멸시키고 나머지 포자를 가벼운 열처리로 살균한다.

8. 부반응의 방지

부반응은 방사선 화학반응에 의한 radical의 생성에 의하는 것이며, 그 작용조작에 대해서는 이미 밝힌 바와 같이 생성된 radical 분자와의 반응 결과로서 나타난다. 이 방사선 화학반응은 1차과정과 2차과정으로 되어 있으며, 이중 2차과정이 역반응에 관계하고 있다. 이 2차과정은 환경조건에 좌우되기 쉽다. 따라서 부반응의 방지에는 2차 과정에서의 반응을 일으키게 하지 않은 것과 같은 방법이 실시되고 있다.

또한 생물학적 효과는 그 생육의 단계에 의해서 효과의 발현에 필요한 선량이 다르므로 적당한 단계를 선택함으로서 저선량에서의 처리를 실시한다.

제12장

식품 가공의 단위 조작

식품가공은 단위조작과 단위반응에 의하여 이루어진다.

표 12-1. 단위조작과 단위 반응

단위조작	수송, 세정, 분쇄, 혼합, 열교환, 건조, 농축, 증류, 추출, 흡착, 흡수, 포장, 냉동 및 냉장과 같은 물리적인 처리조작을 말한다.
단위반응	유지의 수소첨가나 전분의 산당화와 같이 식품성분의 화학적 변화를 부여하는 처리조작을 말한다.

1. 수 송

1) 수송의 목적

식품가공에서 수송은 ① 산지로부터 공장으로까지의 장거리 수송과 ② 라인과 라인간의 단거리 수송으로 나눌 수 있고, 수송을 가공과 구분하여 생각하는 것은 곤란하다.

식품 원료는 미생물, 해충, 화학적 손상에 민감하고, 대부분의 경우 원료는 호흡을 계속하기 때문에 수확기의 짧은 기간에 원료를 처리하게 된다. 원료 공급과정이 지연되면 생산공정이 중단되고, 원료의 품질이 저하된다. 원료의 공급 계획은 매우 중요하므로 가공자 측은 수송 책임을 회사 자신이 지거나 공급자에게 위탁하고, 필요하면 구매 계획시 공급 분배의 모든 책임을 공급자가 지도록 명세화 하여서라도 차질이 없도록 하여야 한다. 또한, 공급된 원료를 처리하는 라인 간의 단거리 수송도 ① 원료 품질의 유지, ② 생산 능률의 향상, ③ 작업의 자동화 및 ④ 노동력의 절감 등을 위하여 반드시 적절한 방법을 선택하여야 한다.

2) 수송의 고려 사항

장거리 수송 및 단거리 수송에 관계없이 모두가 효율적으로 수송하기 위하여는 수송 방법을 선택하여야 한다.

수송방법의 선택시에는 다음의 사항을 고려하여야 한다.

① 위생적이면서 능률적인 환경인가

② 야채, 과실 중의 비타민 및 외관의 유지가 가능한가

③ 미생물의 증식 억제가 가능한가

④ 노동력 절감은 가능한가

⑤ 제품의 품질은 저하되지 않는가

⑥ 수송시간은 단축되는가

3) 수송의 종류

(1) 장거리 수송

장거리 수송의 목적은 농장 또는 어장과 같이 산지로부터 식품이 신선도를 그대로 유지한 채로 공장으로 원료를 수송하고자 하는 데 있다.

수송 중의 축, 어육, 과실, 야채류 등의 변화 패턴이 달라, 운반차의 용량 및 시간 등은 적절히 고려하여야 한다.

① 축, 어육

수송차에 액체질소를 부착한 다음 밸브 조절로 저온을 유지함과 동시에 공기 치환으로 산소화도 억제할 수 있다.

② 생야채 및 과실

추숙을 고려한 수확을 하여 수송 중 품질개선을 시도하고, 수송 중에 호흡 작용 및 용기 내 온도 상승에 의해 식품성분이 변화하는 것을 억제한다.

(2) 단거리 수송

① conveyer 수송

conveyer 수송은 고체 수송 방법으로, 일반적으로 수평, 경사, 수직으로 운반하기 위하여 사용하는 방법(<표 12-2> 참조)이다.

표 12-2. conveyer 수송의 종류

conveyer의 종류	특징	대상식품
belt conveyer	· 일정방향으로 운반하면서 직선적으로 운반하는 경우에 많이 사용	부피식품
screw conveyer	· 회전에 의하여 고체를 수송 · 분체가 분산되지 않아 화재 등의 위험이 없고, 원료 손실이 없으면서 이물질에 의한 오염의 우려가 적음	분체 (식염, 설탕, 곡류 등) 식품
air conveyer	· 공기 흐름으로 수송 · 수송관, 진공 pump, 송풍기, tank 등으로 구성	대맥, 소맥 등
roller conveyer	· 주로 이용되고 있지 않음	

② pipeline 수송

pipeline 수송은 주로 액체의 수송에 이용되는 방법으로, 각종 펌프를 동력원으로 한다. 주로 유가공 공장, 양조 공장 및 음료수 공장 등에서 수송 수단으로 채택하고 있다.

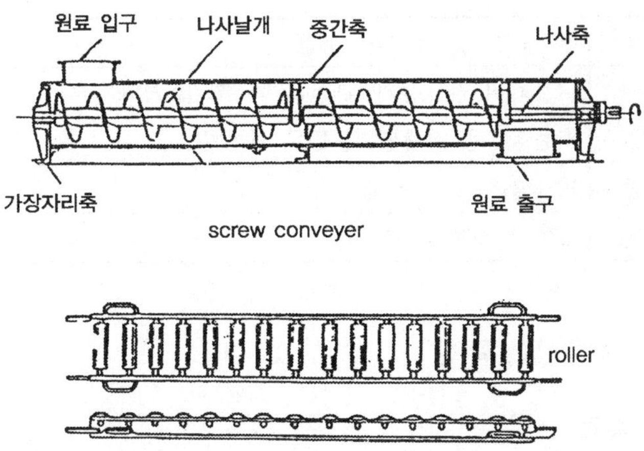

그림 12-1. screw 및 roller conveyer의 구조

2. 청정(cleaning)

청정은 원료에 혼입된 이물질을 분리 제거하는 공정으로, 원료를 물리적 성질, 즉 색조, 모양, 크기 등에 근거하여 구분하는 선별과는 차이가 있다.

1) 청정 목적 및 청정 방법의 선택시 고려하여야 할 사항

(1) 청정 목적

① 건강에 해롭거나 이에 준하는 이물질의 제거

② 가공 효율 및 제품 품질을 저해하는 미생물의 제거

③ 화학, 생화학적 반응의 억제

(2) 청정 방법의 선택시 고려사항

① 원료의 손실이 적으면서 이물질의 분리 효율이 높은가?

② 분리된 이물질은 완전히 제거되어 재오염이 없는가?

③ 청정을 실시한 후에 다음 공정에 적정한 상태로 되는가?

④ 청정으로 인한 손상이 적은가?

⑤ 청정 폐기물의 처리가 용이한가?

2) 이물질의 종류

표 12-3. 이물질의 종류

광물성	흙, 모래, 돌, 쇠붙이, 기름 등
식물성	나뭇가지, 잎, 줄기, 과실의 핵, 껍질, 기타
동물성	배설물, 털, 곤충알, 동물체 찌꺼기
미생물	미생물과 그 분비물
화합물	농약 잔류물, 비료 등

3) 청정 방법의 종류 및 특성

(1) 청정 방법의 종류

① 건식 청정법

건식 청정법은 물을 사용하지 않고 청정하는 방법으로 체분리, 송풍, 전자석 분리법 등이 있다.

② 습식 청정법

습식 청정법은 물을 사용하여 청정하는 방법으로 침지, 분무, 부유, 여과 등이 있다.

(2) 청정법의 특성

청정법	특 성
건 식	· 비용이 비교적 적게 소요된다. · 편리하다. · 원료 표면이 건조한 상태로 남는다. · 먼지의 확산에 유의하지 않으면 재오염되기 쉽다. · 분진에 의해 폭발 및 화재에 유의하여야 한다.
습 식	· 단단하게 묻어 있는 이물질을 제거하는 데에 아주 효과적이다. · 계면활성제와 소독약품의 사용이 허가되어 있다. · 물의 다량 사용으로 인한 수세비가 많이 소요된다. · 폐수처리에 유의하여야 한다. · 청정 후의 원료가 습식 상태이어서 건조공정을 거쳐야 한다.

표 12-4. 청정 방법

청정 방법		특 징
건식	체분리	이물질을 크기에 의하여 분리하는 방법으로, 이물질이 구형인 경우는 용이하나, 기타 형인 경우에는 불완전하게 분리된다.
	송풍	원료와 이물질의 부력차이에 의하여 분리하는 방법이다.
	마찰	마찰에 의해 원료에 묻어 있는 이물질을 분리하는 방법이다.
	자석	이물질이 금속인 경우 전기를 넣어 전자석에 붙인 다음, 단전하여 이물질을 분리하는 방법이다.
습식	침지	가장 간단한 습식 청정법으로, 단독으로 사용하기 보다 오염이 심한 원료의 1차 청정을 위하여 사용한다.
	분무	식품의 겉면을 분수에 맞혀, 이물질을 분리하는 방법이다.
	부유	원료와 이물질의 부력 차이를 이용하여 분리하는 방법이다.
	초음파	초음파를 가하면 생기는 공동현상(유체에 거품이 생겼다가 없어지는 현상)을 이용하여 이물질을 분리하는 방법이다.
혼합		두가지 이상의 청정법을 조합하여 이물질을 분리하는 방법이다.

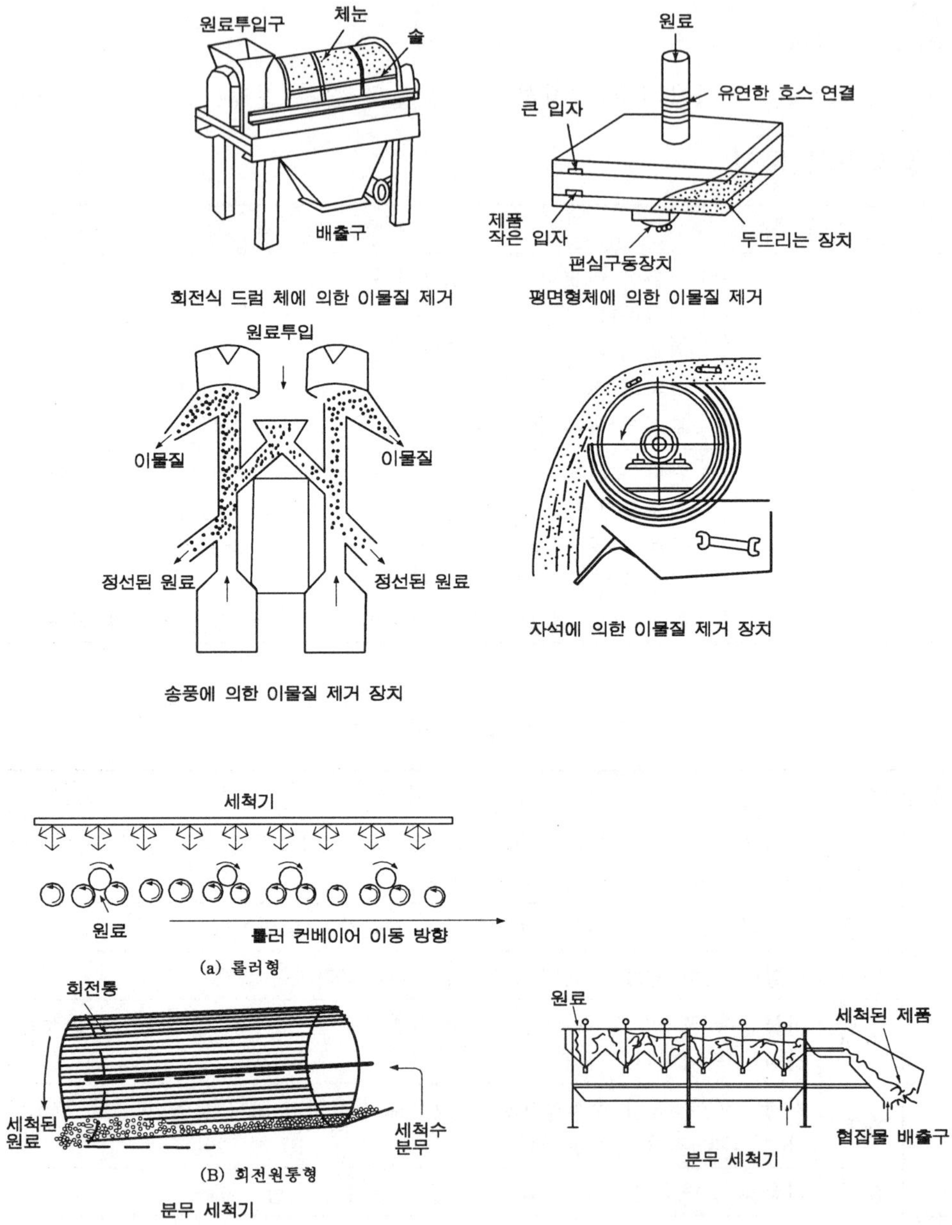

그림 12-2. 여러 가지 청정 방법

3. 분 쇄

1) 분쇄의 목적

(1) 성분 추출의 효율성 향상

단단한 조직으로부터 효율적으로 유효 성분을 추출할 목적으로 분쇄하며, 커피 및 식용유 추출 등에 이용된다.

(2) 균일한 입자 규격

균일한 분상제품을 제조할 목적으로 분쇄하며, 실험용 시료 조제, 향신료 및 설탕 등의 분쇄에 이용한다.

(3) 표면적 증대

건조시간, 추출시간, 열처리 시간 등을 단축할 목적으로 분쇄하며, 건제품, 식용유 추출 등에 이용된다.

(4) 혼합 용이

균일하게 혼합할 목적으로 분쇄하며, 분말 수프, 조제 식품 등에 적용한다.

2) 분쇄에 이용되는 힘의 종류

표 12-5. 분쇄에 이용되는 힘의 종류

힘	원리	기계	비고
압력	압착	롤 파쇄기	단단한 물질을 부순다.
충격	충돌	망치 회전식 파쇄기	거칠게 또는 곱게 분쇄한다.
마찰	마찰	원반형 마쇄 제분기	미세하게 분쇄한다.

3) 분쇄기의 종류

(1) 롤 파쇄기(crushing roll)

둘 이상의 묵직한 철제 원통형의 롤이 서로 맞대어 돌고 있는데, 이 롤사이에 끼어 들면 압력을 받아 부서진다.

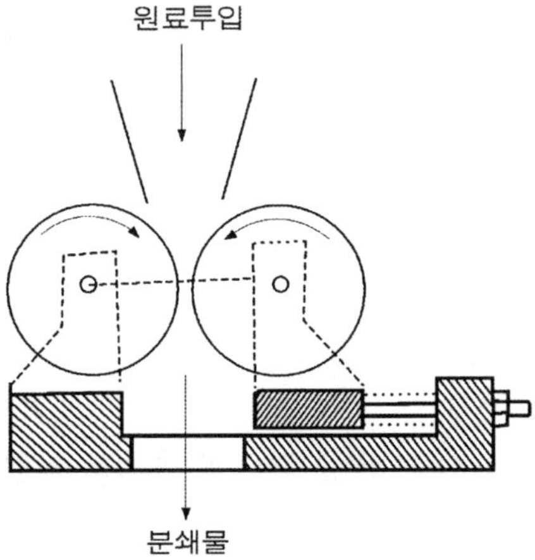

그림 12-3. 롤 파쇄기

(2) 볼밀(ball mill)

회전 원통 안에 철제공 또는 부싯돌이 들어 있어 원통이 회전할 때 공이 원통의 기벽을 따라 오르다가 떨어지면서 공 사이의 빈공간을 채우고 있는 원료에 부딪혀 분쇄한다.

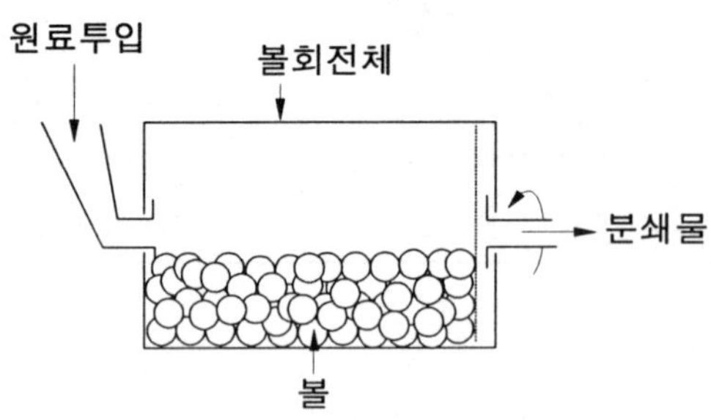

그림 12-4. 볼 제분기

(3) 망치 회전식 파쇄기 (hammer mill)

고속 회전체 둘레에 여러개의 망치가 달려 있어 회전체가 돌 때에 망치도 원을 그리어 같이 도는데, 여기에 원료가 공급되면 망치의 회전 타격에 의하여 원료가 파쇄된다.

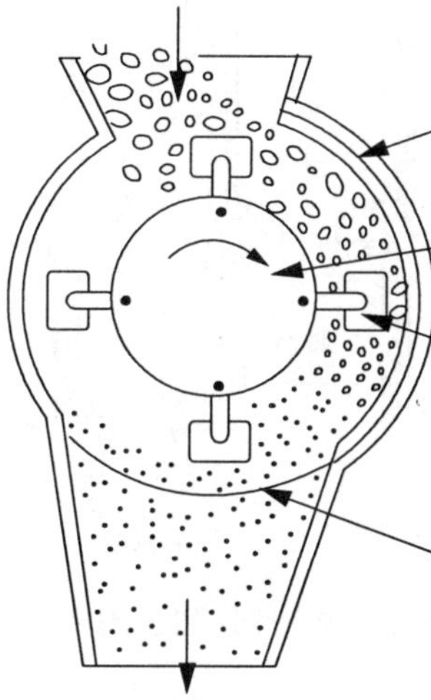

그림 12-5. 망치 회전식 제분기

(4) 원반형 마쇄 제분기

원반이 상자의 접촉면이나 다른 원반의 거칠은 접촉면과 맞대어 회전하는데 이 경우 식품이 투입되면, 이들의 마찰에 의해 미세분말이 제조된다.

4) 분쇄 용어

(1) 분석용 체의 mesh

식품 분석용 체의 구멍 크기는 1 inch 당 철사줄의 수로 나타낸다.

(2) 분쇄비 (reduction ratio, RR)

원료의 평균 입경/분쇄물의 평균 입경을 말한다.

(3) undersize

주어진 규격의 체를 통과할 수 있는 입자를 말한다.

(4) oversize

주어진 규격의 체를 통과할 수 없는 입자를 말한다.

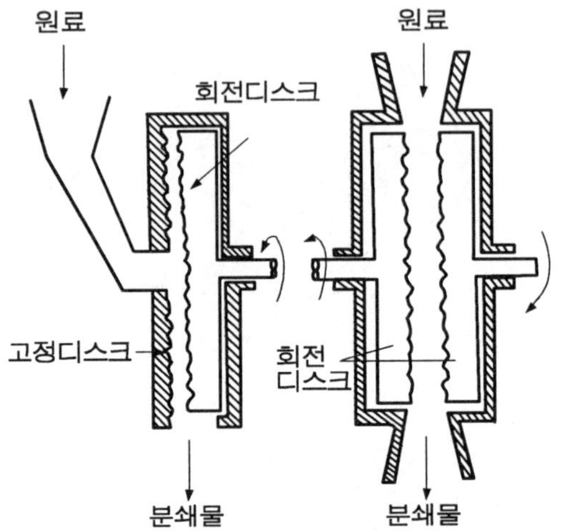

그림 12-6. 원반형 제분기

4. 혼합과 유화

1) 혼 합

혼합은 2가지 이상의 성분이 하나의 공간 내에서 서로 뒤섞여 균일한 상태로 존재하게 하는 조작으로 종류는 <표 12-6>과 같다.

(1) 혼합의 종류

표 12-6. 혼합의 종류

혼합의 종류	특성
교반 (agitation)	액체와 액체, 액체와 기체, 단독의 액체에 소량의 고체를 섞는 조작
반죽 (kneading)	점도가 아주 높은 액체 또는 고체에 약간의 액체를 섞는 조작
혼합 (mixing)	건조 분말 상의 고체를 혼합하는 조작

(2) 혼합 기계

① 교반기

표 12-7. 패들 교반기의 패들의 종류

패들의 종류	대상 식품
평판 패들 (flat paddle)	· 점성이 낮고, 용해성인 액체의 혼합 · 가용성 고체의 용해 · 부서지기 쉬운 고체를 함유한 액체의 완만한 혼합에 적절
게이트 패들(gate paddle)	점성이 높은 액체의 혼합에 적절
앵커 패들 (anchor paddle)	고점도 물체의 혼합에 벽면에 부착하는 것을 긁어 주면서 혼합하는 데에 적합

표 12-8. 교반기의 종류

교반기	회전수(rpm)	날개 위치	대상 식품
패들 교반기 (paddle agitator)	패들의 종류에 따라 다름	회전축에 여러 가지의 패들이 위치	패들의 종류에 따라 차이
터빈 교반기 (turbin agitator)	30~500	회전축에 4개 이상의 터빈이 위치	중점도 액체 혼합
프로펠러 교반기 (propeller agitator)	500~수천	회전축에 프로펠러가 위치	저점도 액체 혼합

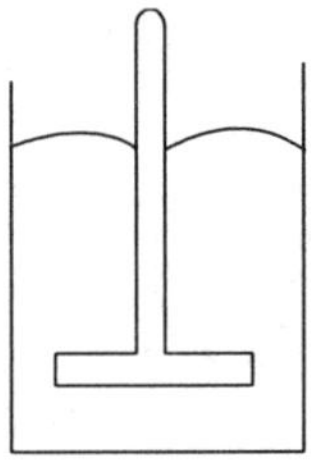

(a) 평판패들

(b) 평판패들

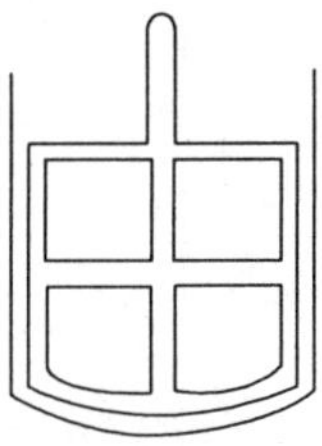

(c) 앵커패들

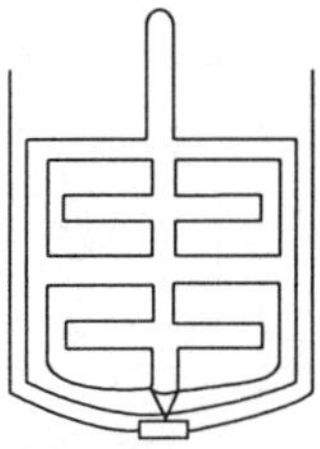

(d) 교차회전패들

그림 12-7. 교반기의 날개

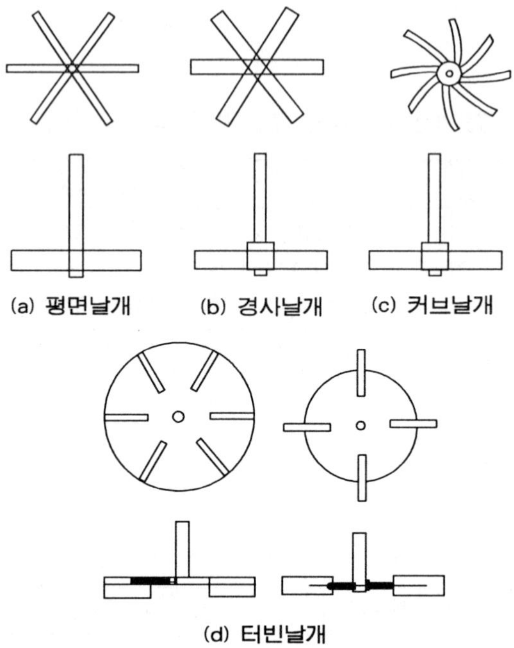

그림 12-8. 터빈 교반기의 날개

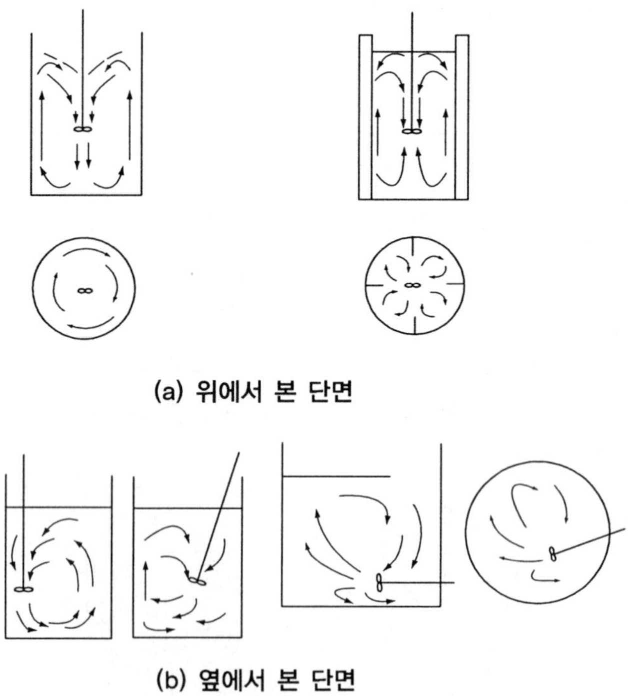

그림 12-9. 프로펠러 교반기의 날개

② 반죽기

표 12-9. 반죽기의 종류

반죽기	구성		특징
pan mixer	pan		회전식 : pan이 회전하고, 혼합날개는 고정
	혼합날개		고정식 : 혼합날개가 회전하고, pan은 고정
	보조기구	whipper	젤라틴, 난백 등을 공기가 함유되도록 기포를 생성시키면서 혼합시키는 데에 적절
		beater	분말과 액체의 혼합에 적절
		hook	밀가루 반죽에 적절
kneader	용기		두 개의 반원통을 붙인 w모양의 바닥을 가짐
	혼합날개		수평축을 중심으로 회전하는 육중한 기구로 서로 반대방향으로 다른 속도로 회전하고, 날개와 용기 사이의 간격이 좁아 전단과 압축작용을 받아 혼합됨

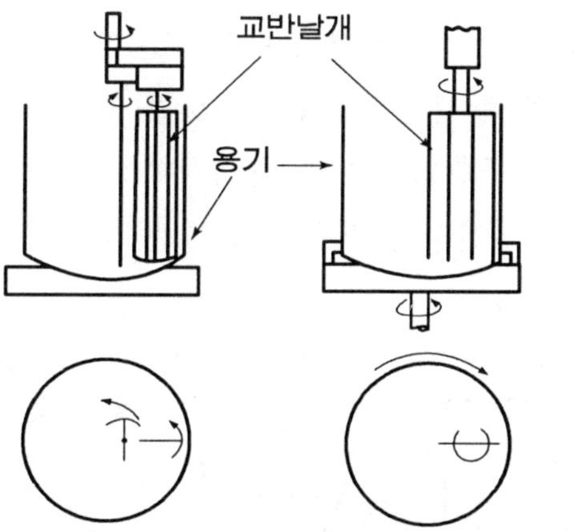

(a) 고정식 팬 혼합기 (b) 회전식 팬 혼합기

그림 12-10. 팬 혼합기

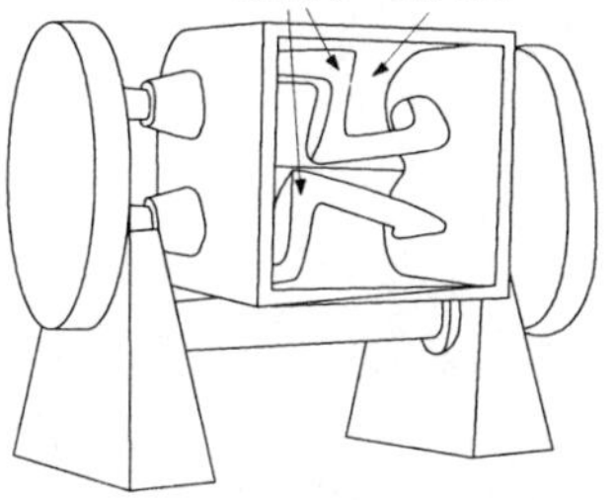

그림 12-11. kneader

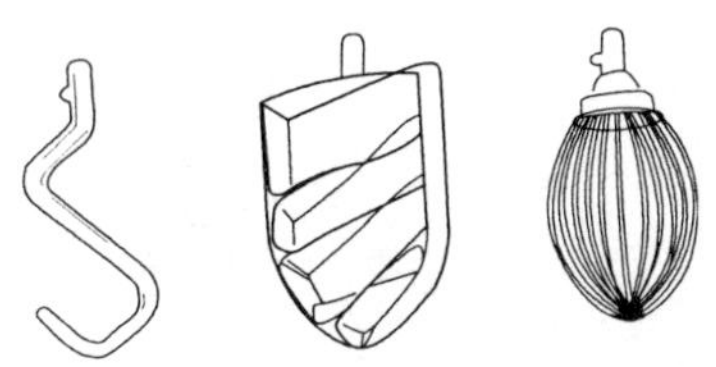

그림 12-12. 후크형 혼합기

③ 혼합기

표 12-10. 혼합기의 종류

혼합기의 종류	특징
용기 회전형 혼합기	· 용기 안에 고체를 넣고, 용기를 회전 또는 tumbling (뒤집기)시켜 혼합하는 혼합기 · 물리적 성질이 비슷한 물체의 온화한 혼합에 적절
수평 용기형 혼합기	· 용기는 고정하여 두고, 2~3개의 리본 또는 스크류 중 하나는 고체와 같은 방향으로 이동시켜, 다른 하나는 반대 방향으로 이동시켜 혼합하는 방식
수직 스크류 혼합기	· 원통형 또는 원뿔형 용기에 회전하는 스크류가 수직 또는 용기 벽면에 경사지게 설치되어 자전하면서 용기 벽을 따라 공전하는 혼합기 · 혼합이 신속하고, 효율이 우수 · 대량의 물체에 소량의 물체를 혼합하는 경우에 우수

2) 유화

유화는 두 개의 혼합하지 않는 액체를 강력히 교반하여 한 개의 액체가 작은 물방울 상태로 안정하게 다른 액체에 분산되어 emulsion을 형성하게 하는 조작을 말한다. 이때 emulsion 형성시 조그만 구형의 입자를 형성하여 분산되어 있는 액체를 분산상이라고 하고, emulsion 형성시 분산상을 포용하고 있는 액체를 연속상이라고 한다.

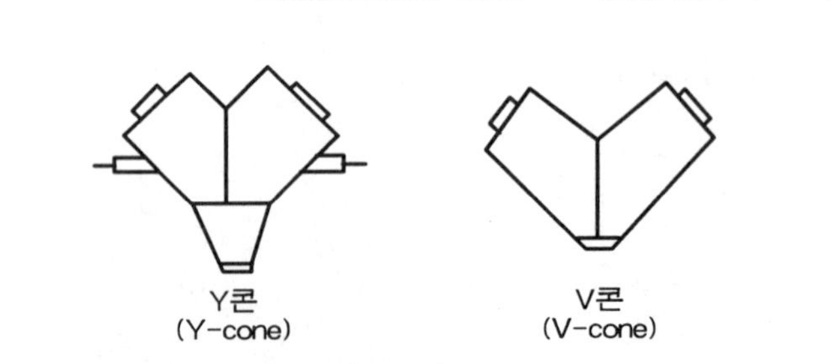

그림 12-13. 여러가지 회전형 혼합기의 기본구조

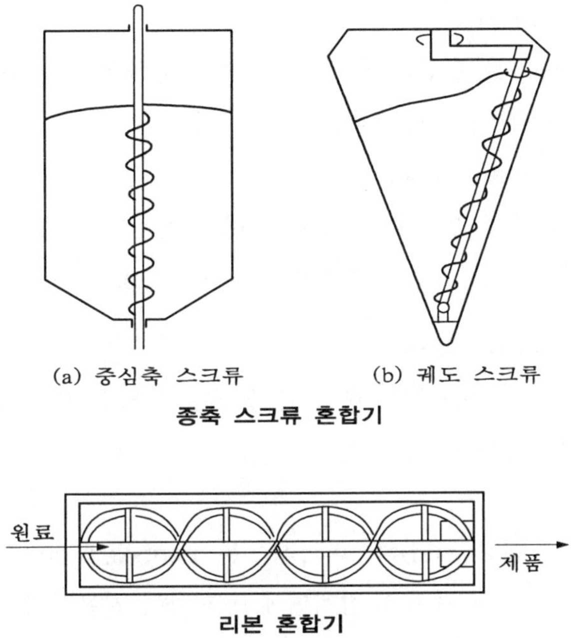

그림 12-14. 리본 및 screw 혼합기의 구조

(1) 유화의 형태

유화의 형태에는 O/W emulsion (=oil in water)과 W/O emulsion (=water in oil)의 2종류가 있다.

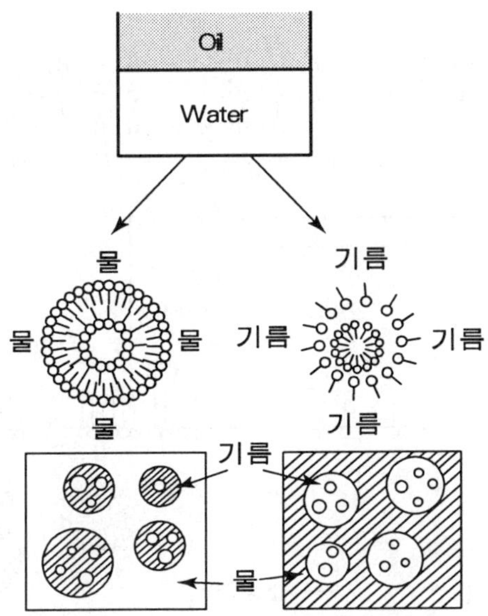

그림 12-15. 유화의 형태

① O/W emulsion (=oil in water)

기름이 물 속에 미립자로 분산되어 있는 형태로 분산상이 기름이고, 연속상이 물이며, 이러한 형태의 대표적인 가공제품은 우유이다.

② W/O emulsion (=water in oil)

물이 기름 속에 미립자로 분산되어 있는 형태로 분산상이 물이고, 연속상이 기름이며, 이러한 형태의 대표적인 가공품은 butter와 margarine이다.

(2) 유화제 (emulsifying agent)

유화제는 액체의 표면장력을 작게 하고, 분산상태에 있는 미립자의 응집을 방지하고자 첨가하는 화합물을 말한다.

① 구조

유화제는 극성부분 (polar end)과 비극성부분 (nonpolar end)으로 구성되어 있다. emulsion 중에서 유화제는 두 액체의 경계면에 흡착하여 친유성의 비극성 부분은 기름쪽으로, 친수성인 극성 부분은 물쪽으로 배열하여 입자들의 응집화를 방지한다.

② 종류

- 인지질
- carboxyl methyl cellulose
- gelatin 등과 같은 단백질
- glycerol ester 등

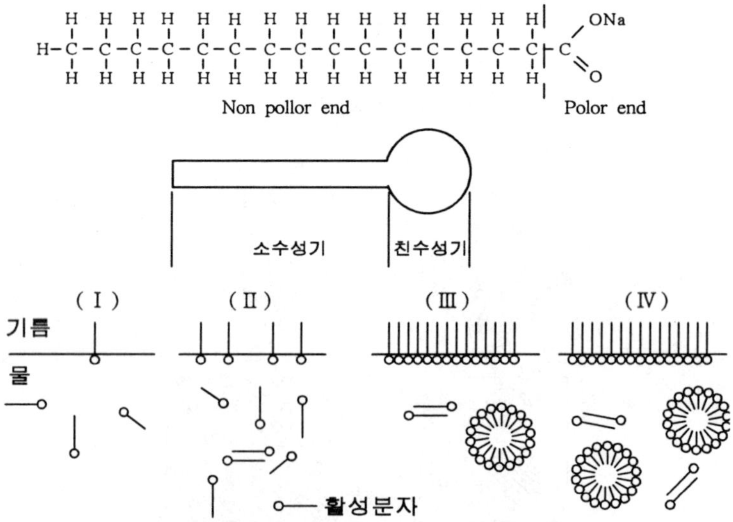

그림 12-16. 경계면에 에멀전화제의 배열

표 12-11. HLB와 유화제

HLB	수중분리성	용도	유화제	HLB 값
1			glycerol monooleate	2.80
2			propylene glycole monostearate	3.40
3		W/Q 용 에멀젼화제	glycole monostearate	3.80
4			lecithin	4.20
5			sorbitan monostearate	4.70
6	불안정한 우유상태 분산		glycole monostearate(self-emulsifing)	5.50
7		습윤제	sucrose distearate *	7.78
8			sucrose dipalmitate	8.31
9	안정한 우유상채분산		sucrose dimyristate	8.92
10				
11		O/W 용 에멀젼화제	sucrose monolinoleate	11.40
12	반투명 분산된 용액			
13			sucrose monolaurate	13.10
14	투명용액	세정제	sucrose monocaprate	13.80
15				
~				
18		가용화제	polyoxyethylene[40] stearate	16.90

③ HLB값 (hydrophilic-lipophilic balance)

HLB값은 emulsion 분자 구조내의 친수성기와 친유성기의 평형관계를 나타내는 값으로, 그 수치의 의미는 다음과 같다.

- HLB값 = 7 : emulsion 분자 구조 내의 극성과 비극성이 평형을 이루고 있음.
- HLB값 > 7 : emulsion 분자 구조 내의 친수성 부분이 강함.
- HLB값 < 7 : emulsion 분자 구조 내의 소수성 부분이 강함.

(3) 유화장치

유화장치는 액체에 압력, 충격, 전단 및 마찰력 등과 같은 힘을 작용시켜 액체를 미세입자로 분쇄하는 일종의 분쇄장치이다.

① 고속 교반기

고속 교반기는 날의 모서리나 rotor의 고속회전에 의해, 아래 위에 압력차가 생겨 액이 흡입되어 상부로 배출되는데, 분출된 액은 액표면의 조절판에 의해 벽면을 따라 하강한다.

저점도인 주스, 케첩, 마요네즈 등의 유화에 사용한다.

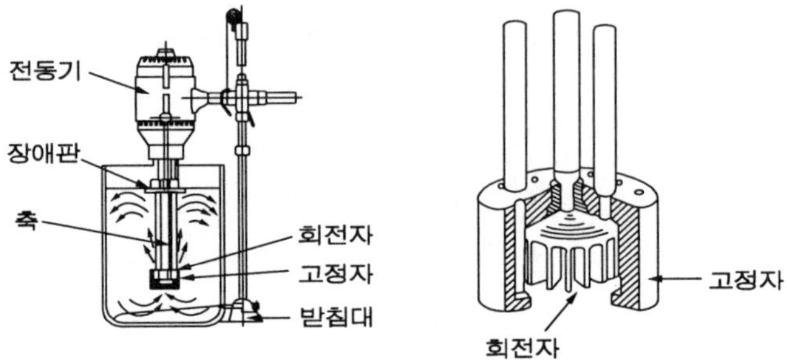

그림 12-17. 교반형 유화기

② 고압 교반기

고압 교반기 액체 식품을 예비 혼합한 다음, 고압(10,000 Lb/in²) 하에서 고속(250 m/sec)으로 valve seat 사이의 좁은 공간을 통과하여, break ring에 직각으로 충돌한 다음 분쇄되고 또한, 고압에서 저압으로 압력이 갑자기 낮아져 팽창되어 더욱 미세한 입자가 된다.

우유의 균질, 아이스크림, 크림 수프, 샐러드 크림 등의 제조에 이용한다.

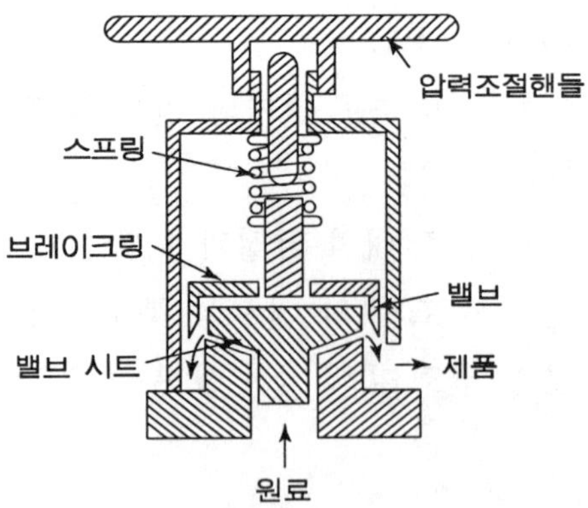

그림 12-18. 고압 균질기의 균질화 원리

③ colloid mill

colloid mill은 예비 혼합된 액체가 중력에 의해 고정자의 중심에 공급되고, 공급된 액은 고정자와 회전자 사이의 좁은 간격(0.0025 mm)을 통과하는 동안 전단력, 원심력, 충격력, 마찰력이 작용하여 유체 식품을 유화시킨다.

colloid mill은 cheese, mayonnaise syrup 등의 emulsion화에 이용한다.

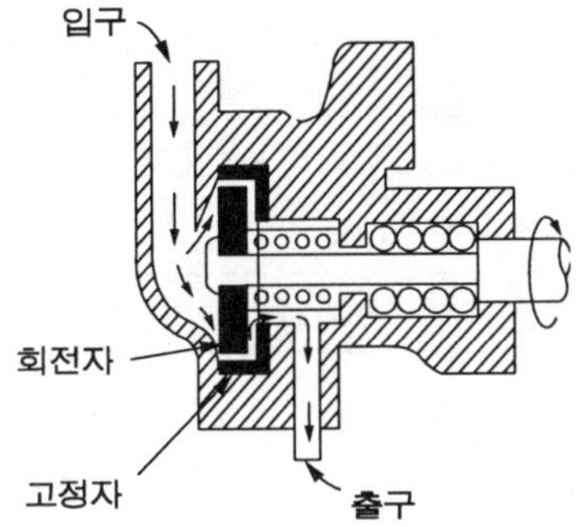

그림 12-19. 콜로이드 밀

④ 초음파기

초음파기는 고압의 액체를 분산시켜 끝이 쐐기 모양인 날개에 부딪히게 하면 날개는 진동하고, 이 진동에 의해 분산상은 입자가 파괴된다.

그림 12-20. 초음파기를 이용한 유화장치

5. 침강, 원심분리 및 여과

1) 침강

침강은 고체-기체, 고체-액체의 혼합물을 가라앉혀, 고체를 분리하는 조작이다.

(1) 유체에서 입자에 작용하는 힘의 종류

표 12-12. 유체에서 입자에 작용하는 힘의 종류

힘의 종류	정 의
중력	유체의 밀도차에 따라 침강하려는 힘
부력	입자를 뜨게 하려는 힘
drag force	입자가 침강하려는 경우 유체와의 마찰로 침강에 저항하려는 힘

(2) 침강기구

현탁액을 <그림 12-21>과 같이 실린더에서 높이 z만큼 채운다(a). 시간이 경과하면서 경과 초기에는 현탁액 층(B)>맑은 액층(A)>퇴적층(D)≥전이층(C)의 형태로 되고, 경과 중기에는 (A) 및 (D)층은 점차 증가하고, (B) 및 (C)층은 점차 감소한다. 그리고 경과말기에는(A) 및 (D)층은 점차 증가하고, (B) 및 (C)층은 구분이 안된다. 그리고 최종적으로는 (A)와 (D)층으로 확연히 구별된다.

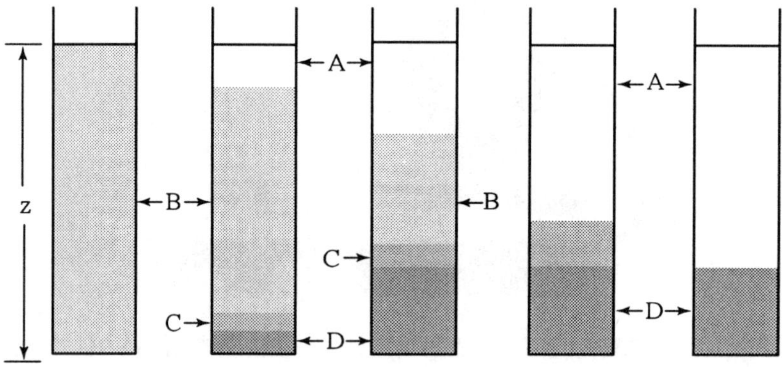

그림 12-21. 침강 기구(mechanism)

(3) 침강장치

① 정치식 침강 탱크

정치식 침강 탱크는 간단한 탱크로 고체를 단순히 침강시킨다.

침강 완료시간은 높이에 반비례하고, 면적에 비례한다.

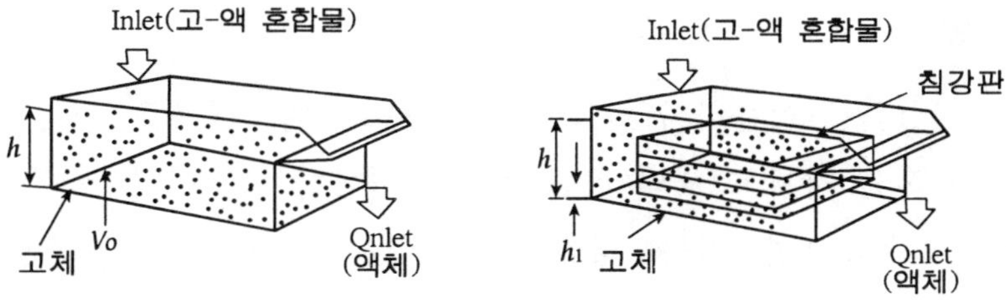

그림 12-22. 정치식 침강 탱크

② 유동식 침강 탱크

유동식 침강 탱크는 현탁액을 한쪽 끝에서 유입시켜 다른 쪽 끝으로 액이 흘러 나가도록 하는 경우 유체가 이동하면서 침강하게 된다. 이때 입구 쪽에는 입자가 큰 것이, 출구 쪽에는 입자가 작은 것이 침강한다.

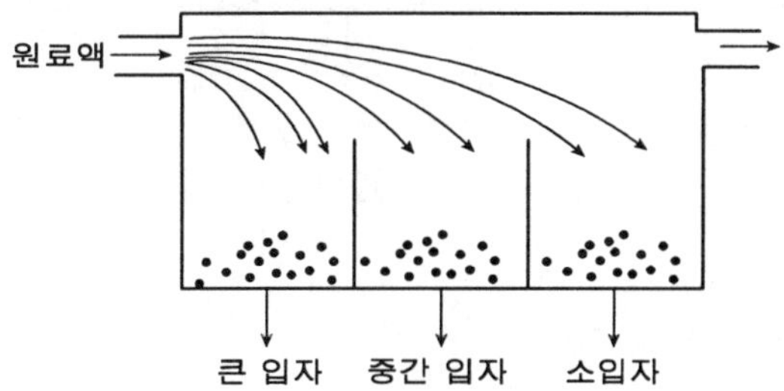

그림 12-23. 유동식 침강 탱크

③ 연속식 침강 장치

연속식 침강 장치는 현탁액을 중심부의 경사통에 공급하면 탱크 안에서 연속적으로 침강하고, 청정액은 벽면관을 통하여 배출하며, 침강물은 천천히 회전하는 갈퀴 팔에 의하여 바닥 중앙 출구에 모이게 되어 펌프에 의하여 제거된다.

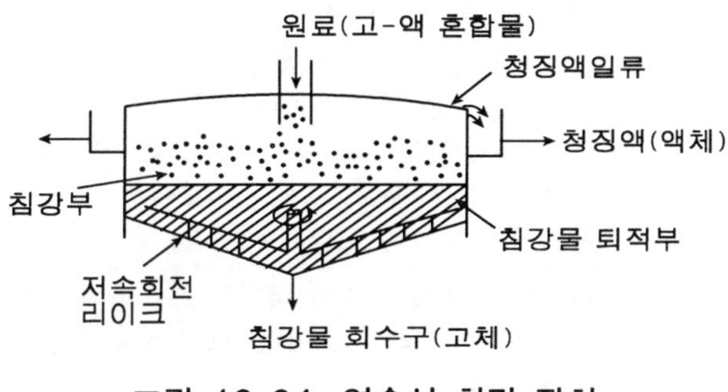

그림 12-24. 연속식 침강 장치

2) 원심분리

원심분리는 원심력을 이용하여 물질을 분리하는 단위조작으로, 기본적으로 섞이지 않는 액체-액체 혹은 액체-고체의 비중 차이를 이용하는 것이다.

비중 차이가 크지 않으면 중력에 의한 분리에 많은 시간이 필요할 뿐만이 아니라, 분리층의 경계가 불확실한 경우가 있다.

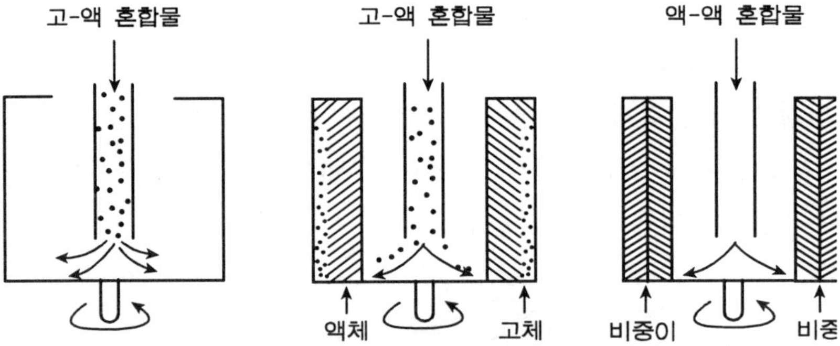

(a) 고-액 혼합물의 원심분리과정 (b) 액-액 혼합물의 원심분리과정

그림 12-25. 원심분리 과정

원심분리는 침강을 목적으로 하는 경우에는 원심 침강기를, 여과 또는 탈수를 목적으로 하는 경우에는 원심 여과기 또는 원심 탈수기를 사용한다.

표 12-13. 원심분리기의 종류

원심분리기	특징	대상식품
원통형 볼 원심분리기 (tubular bowl centrifuger)	· 시료는 볼(직경 8~16 cm, 길이 1.5 m 정도) 밑에서 유입되며, 고형물은 볼의 기벽에 침강되고, 액은 위쪽으로 배출 · 일반적으로 속도는 15,000~50,000 rpm정도	과즙, 사이다 등의 청정
디스크 볼 원심분리기 (disc-bowl centrifuger)	· 침강분리판이 여러 개 들어 있어, 효과적으로 고체-액체 혹은 액체-액체 혼합물의 분리 가능 · 축의 중심부로부터 현탁액을 유입하면 액체는 외부로부터 내부로, 고체는 외부에서 내부로 이동되어 침강판에 도달하여 침강	우유 크림 분리
원심여과기 (centrifugal filter)	· 다공판 원통형 드럼에 여포를 내벽면에 부착하고 현탁액을 넣어 회전하면 액은 여포를 통하여 여과 배출	어육 탈수

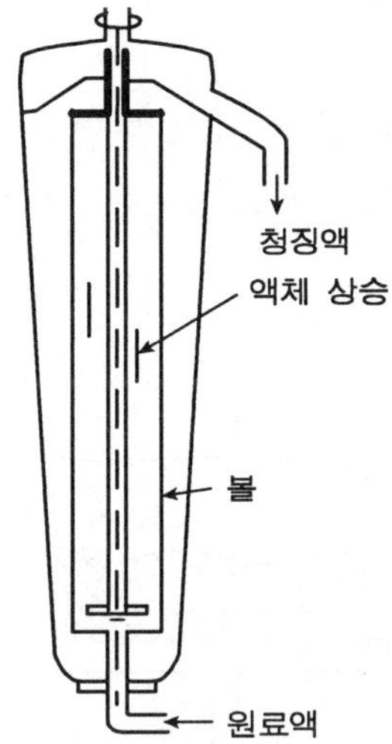

그림 12-26. 원통형 볼 원심분리기

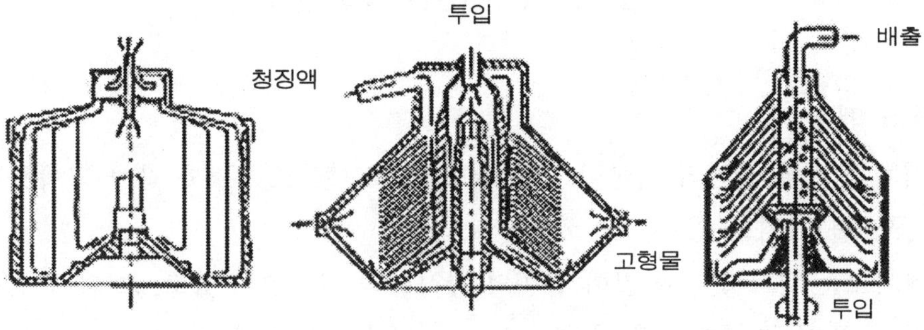

(a) 실린더 볼형　(b) 노즐 배출형　(c) 원관 분리형

그림 12-27. 디스크 볼 원심분리기

3) 여 과

(1) 용어

표 12-14. 여과에 관련한 여러 가지 용어

용어	정의
여과	여과 매체를 사용하여 고체-액체 혼합물을 물리적으로 분리하는 조작
slurry (슬러리)	고체-액체의 현탁액
filtrate (여액)	여과 매체로 분리된 액체
filer cake (여과박)	여과 매체로 분리된 고체

(2) 응용 식품

식용유, 주류, 식초 및 과즙 등과 같이 맑고 투명한 액체상태의 것이 많다. 이들은 대부분이 고체-액체 혼합물이었으나, 여과 매체로 고형물을 여과하여 투명한 액상으로 만든 제품들이다.

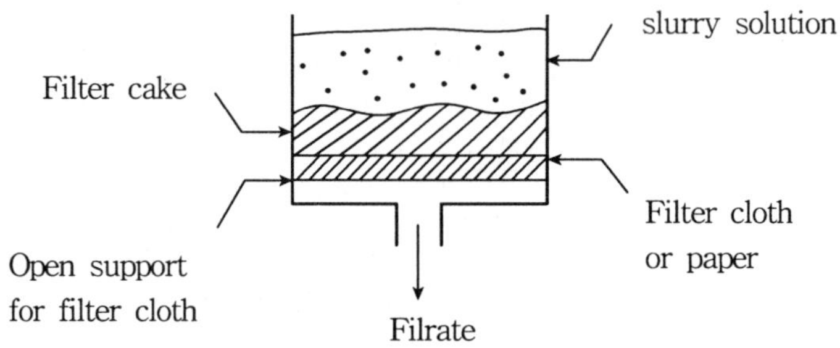

그림 12-28. 간단한 여과 장치

(3) 여과 매체

여과 매체는 여과 장치의 기본이 되는 것으로, <그림 12-29>와 같이 고체를 걸러낼 수 있는 구조를 가지고 있다.

여과 매체로는 체나 면직과 같이 일종의 망사형의 직조형이 있고, 그 외에 미세한 구멍을 여러 개 뚫어 놓은 다공판 형, 솜, glass wool과 같은 펄프형, 모래, 자갈 등을 사용한 모래상형 등이 있다.

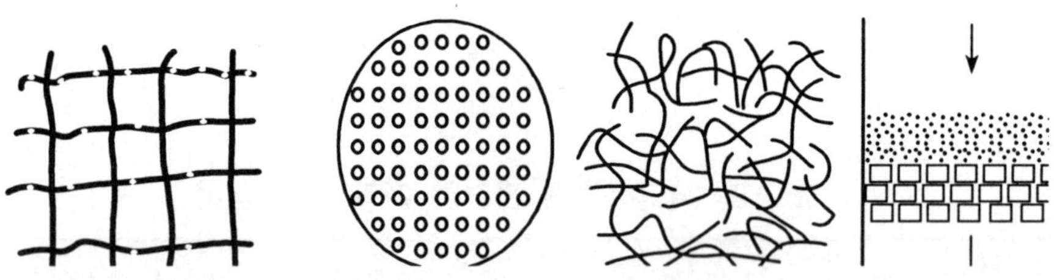

(a) 직조형(금속망, 직물류) (b) 다공판형(금속판, 초벌구이 자기류) (c) 펄프형(솜, 석면, 펄프) (d) 모래상(bed형)(자갈, 모래, sillica gel 등)

그림 12-29. 여러 가지 여과 매체의 구조

(4) 여과 조제(filter aid)

① 정의

여과 중 고형물은 여과매체의 공극을 막아버려, 여과 속도가 늦어지거나 여과작업을 할 수가 없다. 이러한 현상을 개선하기 위하여 사용되는 재료를 여과 조제라 한다.

② 종류

여과 조제로는 규조토, silica gel, 숯 등이 있다.

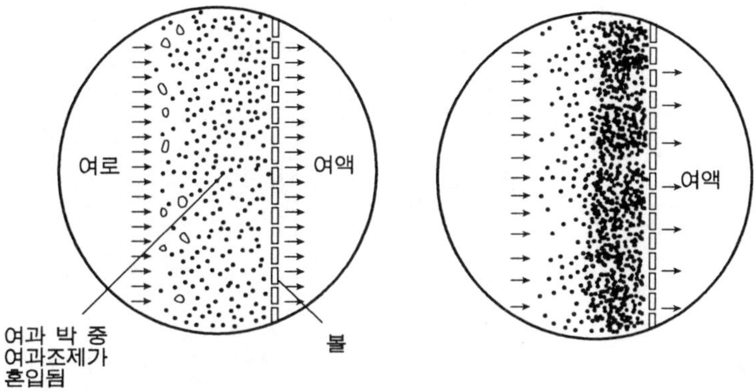

그림 12-30. 여과조제의 역할

③ 사용 방법

여과조제를 사용하는 방법으로는 precoating법과 premix법이 있다.

- precoating법 : 여과 조제 만을 물에 현탁시키고, 이를 여과 매체에 통과시켜 여과 매체 상부에 여과 조제의 얇은 층을 형성시킨 후 slurry를 통과시켜 여과하는 방법이다.
- premix법 : 현탁액에 미리 여과 조제를 혼합시켜 고체입자를 여과 조제에 흡착시킨 후 여과하는 방법이다.

(5) 여과장치

① 중력 여과기

여과장치 중에서 가장 간단한 것으로, 여과 매체를 깔고 고체-액체 혼합물을 자연적으로 걸러서 여과하는 장치이다.

공업적으로는 정수시설에 많이 이용하고 있다.

② 가압 여과기

압력을 가하여 여과하는 장치로, 식품 공업에서 가장 널리 사용하고 있다.

③ 감압 여과기

여과 매체의 밑에서 압력을 걸어 여과하는 장치로, 실험실 등에서 많이 이용하고 있다.

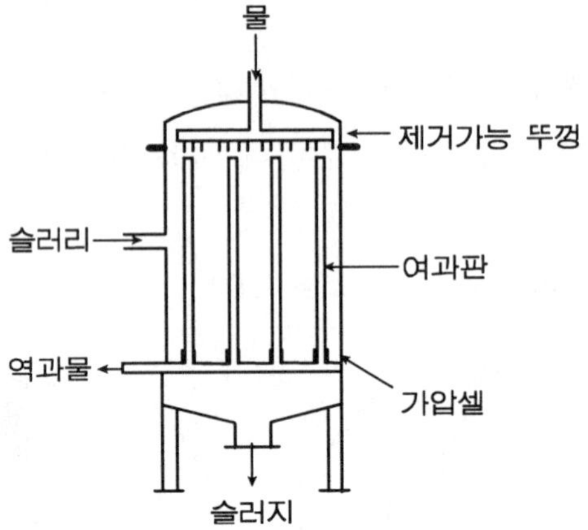

그림 12-31. 가압 여과기

6. 농 축

농축은 용액으로부터 용매를 제거하여 용질의 농도를 높여주는 조작이다. 용매는 일반적으로 물 또는 유기용매이며 식품공업에서는 주로 물인 경우가 많다. 이 농축조작은 식품가공과정에서 식품 중에 유효물질의 농도가 낮을 때 농도를 높이는 수단으로 사용되고 있다.

한편, 농축은 용질의 농도를 높여 액상이나, 건조는 고상이란 점에서 확연한 차이를 보인다.

1) 농축의 목적

(1) 예비 농축

농축은 건조, 냉동 또는 결정 등의 조작을 거치기 전에 실시하여 다음 조작에서 에너지를 절감할 수 있고, 또한 부피 축소로 인한 저장 및 유통 경비를 절감할 수 있다.

(2) 저장성 부여

농축은 잼 등과 같이 수분 활성을 감소시켜 저장성을 향상시킨다.

(3) 편리성 부여

농축은 부피 감소 등으로 식품 가공업자의 포장 및 수송 등에 용이하고 또한 농축에 의한 맛 개선으로 소비자 기호도 증진시킨다.

2) 적용 대상

표 12-15. 농축 기술의 응용 대상식품

대상식품	응용 목적
농축주스	수분의 증발에 의한 식품 성분의 농축
게향	바람직한 휘발성 물질의 회수
유지탈취	바람직하지 않는 휘발성 물질의 제거

3) 농축공정 중에 야기될 수 있는 현상

수용액의 성질은 용질의 종류와 농도에 따라 다르며, 농축이 진행되는 동안에 계속 변화하는 특징을 갖고 있다.

(1) 비점상승

농축에 의해 용액의 농도는 상승되고, 이로 인해 끓는점이 상승한다. 이 끓는점 상승으로 순수한 물보다 높은 온도에서 끓게 되어 식품의 열변성 상승 요인이 된다.

이를 억제하기 위하여 식품의 농축은 일반적으로 감압 농축을 실시한다.

(2) 점도상승

농축이 진행됨에 따라 수용액의 농도가 상승하여 점도가 증가하게 된다. 이로 인해 열전달 속도가 늦어져 열효율이 감소한다.

(3) 거품발생

식품과 같은 유기물은 농축 중에 거품이 발생하는데 감압 하에서는 더욱 많이 발생하게 된다. 거품 발생은 일부 성분을 함께 소실하여 수율 저하를 초래한다.

이의 억제를 위해 silicone oil 등과 같은 소포제를 첨가한다.

(4) scaling 생성

scaling은 증발관의 가열부가 수용액과의 오랜 접촉으로 관면에 형성한 딱딱한 층을 말한다. scaling은 열전달 속도를 감소시킨다.

이의 방지를 위하여 일정기간마다 가열부를 해체하여 제거하여야 한다.

(5) 비말동반

비말동반은 증발관 속에서 액체가 끓을 때 생긴 아주 작은 액체 방울이 증기와 더불어 증발관 밖으로 나가는 현상을 말하며, 이 현상은 수율을 저하시키므로 방지하여야 한다.

이의 방지를 위하여는 증발관을 이탈하기 전에 액체 방울을 분리하는 장애판을 설치하여야 한다.

4) 농축기의 종류

액체를 가열 농축할 수 있는 장치를 증발농축기 또는 농축기라 한다. 증발기에는 여러 가지 형태가 있으나, 일반적으로 가열부, 기체-액체 분리부, 응축부로 구성되어 있고, 기타 시설이 일부 첨가된 것들도 있다.

식품가공분야에서 일반적으로 사용하고 있는 것은 다음과 같다.

(1) 이중 솥형 농축기

이중 솥형 농축기는 솥 또는 pan 모양의 가장 간단한 농축기로, 소량 농축에 적합하고 화염으로 직접 가열하는 직화식과 스팀 자켓식이 있다.

구조가 간단하다는 장점이 있으나 증발 속도가 낮고, 식품 변성의 우려가 있다는 단점이 있다. 이 농축기는 소량의 토마토 즙, 수프(soup) 및 잼을 제조하는 데에 널리 사용되고 있다.

(2) 단관형 농축관 = calandria 증발관

단관형 농축관은 가열관의 길이가 짧은 농축기로, 원액은 입구를 통하여 증발관 내에 들어가서 가열되면 대류작용에 의하여 가열부 주위로 순환한다.

액이 끓기 시작하면 증기는 배출구로 배출되며, 배출구는 감압 상태로 유지되기 때문에 증기는 쉽게 관을 이탈한다.

실제로 제당 및 당시럽 제조 등에 많이 이용되고 있다.

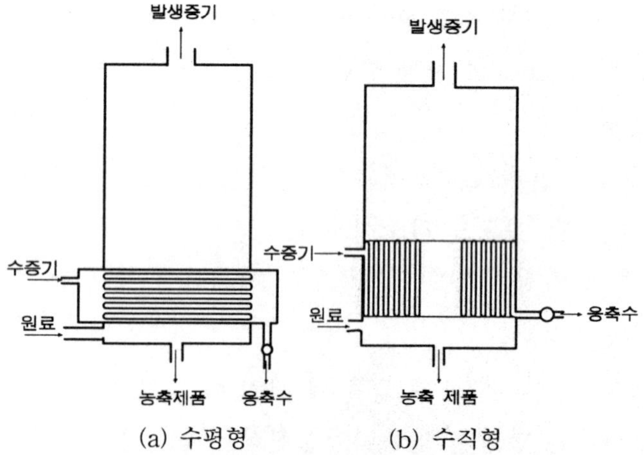

(a) 수평형 (b) 수직형

그림 12-32. 단관형 증발농축 장치

(3) 장관형 농축관

장관형 농축관은 가열관의 길이가 3~11 m정도로 긴 농축기로, 가열관이 길이가 길어 원료액을 단 한번 거쳐 흐르는 동안에 비점까지 가열되어 증발관 속으로 들어가서 증발된다.

단시간 가열 (5~10초)로 농축되어 열변성을 피할 수 있다는 장점이 있다.

열에 약한 식품인 우유, 과즙, 토마토 주스, 젤라틴, corn syrup, 포도당 등을 농축하는 데에 적절한 농축기이다.

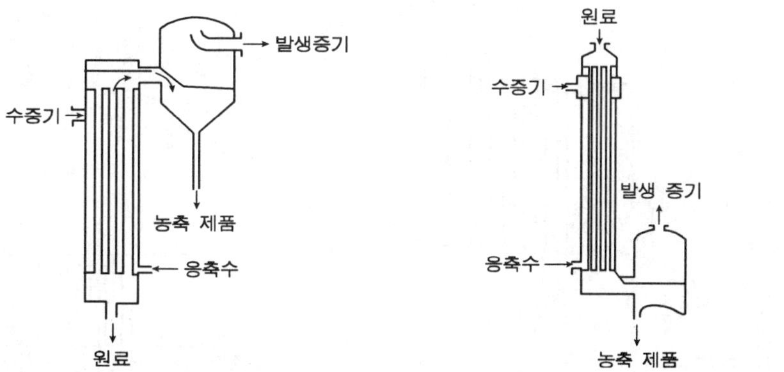

(a) 상승막식 장관형 증발 농축기 (b) 하강막식 장관형 증발 농축기

그림 12-33. 장관형 농축기

(4) 강제 순환식 농축장치

강제 순환식 농축장치는 스팀과 액 사이의 열교환 효율을 높이기 위하여 송환 펌프를 증발 장치에 설치한 농축기이다. 고점도 식품의 농축에 좋다.

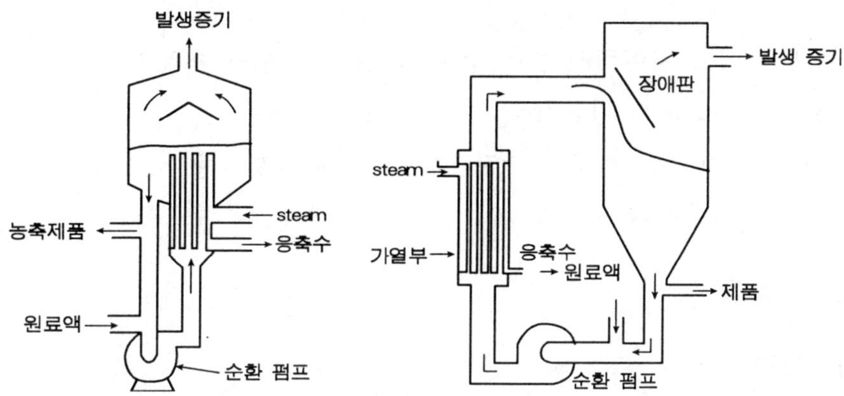

(a) 증발관 내 가열관이 있을 경우 (b) 가열부가 증발관 밖에 있는 경우

그림 12-34. 강제 순환식 농축 장치

(5) 판상식 농축장치

판상식 농축장치는 가열부가 판상식 열 교환기의 구조로 되어 있고, 증발관과 가열부가 분리되어 있어, 비점까지 가열된 용액을 원심분리식 기체-액체 분리기에서 농축액이 분리되는 농축기이다. 이 농축기는 액이 순간적으로 가열된다.

따라서 열에 약한 식품인 우유, 과즙의 농축에 적절하다.

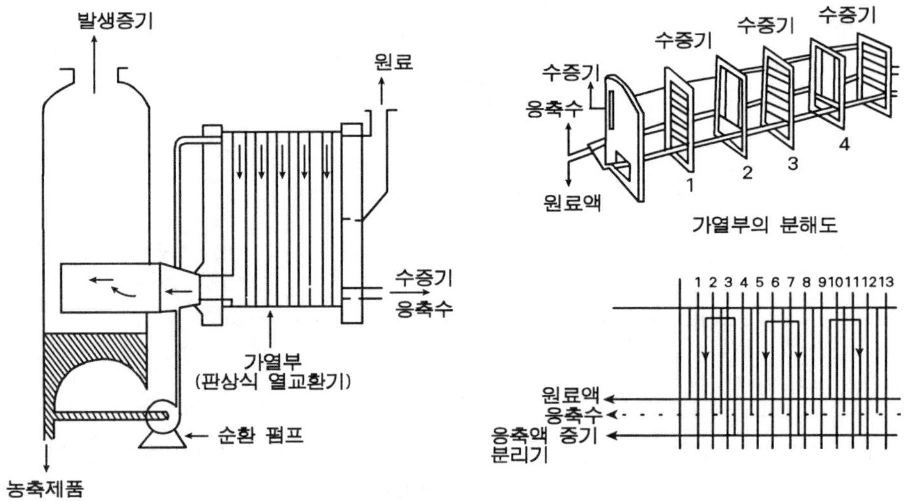

(a) 구조 (b) 가열부의 유로

그림 12-35. 판상식 농축장치

7. 증류(distillation)

증류는 액체와 기체 사이에서 비점 차이에 따라 물질을 분리하는 조작으로 분류(fractional distillation) 또는 정류(rectification)라고도 한다.

따라서 고체와 액체 또는 서로 잘녹지 않는 액체와 액체 간의 물질 분리조작인 추출과 2개의 상 사이의 물질의 이동을 취급한다는 점에서 유사한 점이 많다.

1) 증류의 종류

(1) 분류=정유

분류는 2종 또는 그 이상의 성분을 함유하는 혼합액을 가열하여 각 성분의 비점 차이를 이용하여 분리하는 조작이다.

일반적으로 증류라 하면 분류를 의미한다.

(2) 단증류

단증류는 혼합액을 끓일 때 발생하는 증기를 모두 농축하여 제품화하는 조작이다. 일반적으로 위스키가 여기에 해당한다.

(3) 공비증류

공비증류는 A, B 두 성분의 혼합물인 C는 어떤 조성비에 이르면 공비현상(비점이 같아지는 현상)이 일어나는데, 이때 제 3의 물질 D를 첨가하는 경우 혼합물 C를 이루고 있는 두 물질 A, B는 비점 차이가 생기게 된다.

이와 같이 공비현상이 일어나는 혼합물에 어떤 물질을 첨가하여 비점 차이가 생기게 한 다음 물질을 분리하는 방법을 공비증류라 한다.

이 공비증류는 주정분야에서 많이 이용하고 있다. 에탄올 수용액은 에탄올이 95.57%인 경우 에탄올과 물이 모두 78.15℃에서 같이 끓게 된다. 그러나 제 3의 물질인 benzol을 첨가하면 비점의 차이가 생겨 100% 에탄올까지 순수하게 분리할 수 있다.

(4) 수증기 증류

증류법은 고급 지방산과 같이 비점이 높은 물질을 비휘발성 물질로부터 분리하는데 사용하는 방법이다.

수증기를 원료액에 취입하여 가열하면 수증기와 분리 목적 성분의 혼합 기체가 발생하고, 이 혼합 기체를 응축하는 경우 응축액은 목적 성분과 물의 2가지 성분으로 분리된다.

2) 주요 증류 장치

증류 장치는 크게 예열기, 증류탑, 증류관 및 응축기로 구성되어 있으며, 이밖에도 원액, 환류액 등의 수송에 필요한 펌프와 파이프 배관으로 이루어져 있고, 각 부위의 온도, 압력, 유량 등을 측정, 기록 및 조절할 수 있는 계기 등이 설치되어 있다.

증류장치는 원료 및 제품의 성질에 따라 증류탑의 구조 및 높이가 달라지기 때문에, 그 종류도 아주 다양하다.

8. 추 출

추출은 식품조직에 함유되어 있는 유효성분을 물, hexane과 같은 용매로 분리하는 조작을 말하며, 추출에 사용되는 원료를 추출 원료라 하고, 추출 제품을 추출액이라 하며, 추출하고 남은 불용성 고형물을 잔사 또는 폐기물이라 한다.

그림 12-36. 식품산업을 위한 추출 탱크

1) 추출 원료에 따른 분류

(1) 고체-액체 추출

고체-액체 추출은 커피, 차, 보리차, 콩, 깨로부터 식용유를 추출하는 것과 같이 고체 추출 재료로부터 목적 성분을 추출하는 조작으로, 식품공업에서 추출조작의 대부분이 여기에 속한다.

(2) 액체-액체 추출

액체-액체 추출은 액체 추출 재료로부터 다른 용매로 목적 성분을 추출하는 조작으로, 식용유로부터 지방산을 추출하는 조작이 여기에 해당한다.

(3) 수세

세척도 일종의 추출조작이다. 근년에 수세 추출에 해당하는 것으로는 폐기물에서 특수 성분을 분리 이용하는 것과 굴 세척수에서 taurine 등을 분리 이용하는 것이 여기에 해당한다.

2) 용제의 조건

① 목적 성분을 선택적으로 잘 용해하여야 한다.

② 화학적으로 안전하여야 한다.

③ 독성 및 부식성이 없어야 한다.

④ 비점이 높지 않아야 한다.

⑤ 증발 잠열과 비열이 적어야 한다.

⑥ 융점이 낮아야 한다.

⑦ 인화 및 발화가 없어야 한다.

⑧ 저렴하여야 한다.

⑨ 제품에 악영향을 미치지 않아야 한다.

3) 용제의 종류

추출 용매로는 여러 가지가 있으나, 일반적으로 식품공업에서 많이 사용하고 있는 용매로는 물, hexane, benzene, alcohol, acetone 등이 있다.

4) 추출 영향 인자

(1) 온도

온도가 높을수록 추출 속도는 빠르다. 그러나 과다하게 추출온도 높으면 원료 변질로 추출에 방해가 되기도 하고, 이물질이 추출되기도 한다.

(2) 용제

적절한 추출용매를 선택하여야 추출효과가 크다.

(3) 표면적

표면적이 클수록 추출효과가 크나, 과다하게 표면적이 크면, 즉 추출재료가 미세하면 용매에 잔사가 혼입될 우려가 있으므로 이를 잘 고려하여야 한다.

5) 추출 장치

(1) 회분식 추출기

회분식 추출기는 가장 간단하면서도 <그림 12-37>과 같이 추출재료와 용매가 골고루 접촉하게 되어 있는 대표적인 추출기이다. 추출액은 다공판이 바닥에 깔려 있어 작은 구멍을 통하여 회수액을 거쳐 회수되고, 이어서 steam으로 가열하여 용매를 증발시킨 다음 제품을 분리한다.

이 추출기는 종실유, coffee 및 tea의 추출에 적합하다.

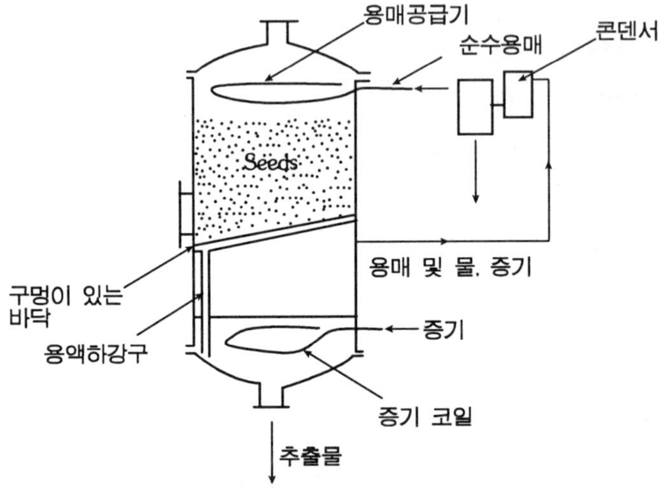

그림 12-37. 회분식 추출기

(2) 다단식 추출기

다단식 추출기는 회분식 추출기를 여러개 연결하여 하나의 추출기에서 분리되는 상층류를 다음의 추출기에서 재사용하는 형식이며 일종의 반연속식이다.

9. 흡 착

1) 흡착 분리 기구(mechanism)

흡착공정에서는 기체 또는 액체 중의 한 개 이상의 성분이 고체 흡착제에 흡착되어 분리된다.

일반적으로 흡착공정은 네가지 단계로 진행된다.

① 용액에 흡착제의 첨가

② 흡착제에 용질의 선택적 흡착

③ 흡착제와 액체의 분리

④ 흡착된 용질을 다른 용매로 용출시키는 과정

2) 흡착제의 종류

흡착제는 흡착에 이용되는 고형물질을 말하며, 활성탄, 실리카겔, 활성 알루미나, 지오라이트 등이 있다.

(1) 활성탄 (active carbon)

활성탄은 미세 결정질 물질로 나무, 숯 등을 가열분해하여 만든 흡착성을 가지는 탄을 말하며, 주성분은 탄소이다. 평균 세공의 지름은 10~60Å, 세공의 표면적은 300~1,200 ㎡/g으로 대단히 크다.

식품공업에서는 유지, 물, 수용액 등의 정제, 탈색, 탈취 및 배기 가스의 제거에 이용된다.

(2) 실리카겔 (silica gel)

실리카겔은 sodium silicate 용액을 산처리한 후 건조하여 제조하며, 탈수되어진 것일수록 흡착작용이 강하고, 다공질의 망상조직으로 세공의 평균 표면적은 600~800 ㎡/g이다.

기체 및 액체의 건조와 탄화수소 분리에 많이 이용된다.

(3) 활성 알루미나 (active alumina)

활성 알루미나는 수화된 aluminum oxide를 가열해서 물을 제거하여 제조한다. 세공의 평균 표면적은 200~500 ㎡/g, 평균 세공의 지름은 20~140Å이다.

기체 및 액체의 건조에 주로 이용한다.

(4) 지오라이트 (zeolite)

지오라이트는 다공성의 aluminosilicate로 정확히 같은 크기의 세공을 포함하고 있는 개방형 결정 격자를 형성하고 있다. 일정한 크기의 세공을 가지고 있어, 일정 범위의 세공크기를 가지고 있는 다른 흡착제와는 차이가 있다.

이 흡착제는 건조 및 탄화수소 혼합물의 분리 등에 사용한다.

(5) 이온 교환 수지 (resin)

이온 교환 수지는 어떤 종의 물질을 염류의 수용액에 두면 그 물질 중의 이온이 용액에 녹고 용액 중의 이온이 그 물질 중에 취입된다. 이와같은 현상을 이온교환이라 하고, 이 반응을 나타내는 다공질의 합성수지를 이온 교환 수지라고 한다.

① 음이온 교환 수지

음이온 교환 수지는 수용액 중의 음이온을 흡착시켜 양이온을 나타내는 수지를 말한다.

② 양이온 교환 수지

양이온 교환 수지는 수용액 중의 양이온을 흡착시켜 음이온을 나타내는 수지를 말한다.

③ 양쪽성 이온 교환 수지

3) 장치

(1) 접촉 여과식

접촉 여과식는 교반기를 설치한 수조 중에서 원액과 흡착제를 혼합하여 일정시간을 경과시켜 여과하는 장치로, 산성 백토를 이용한 조제유의 탈색이 여기에 해당한다.

(2) 충전식

충전식은 탑 또는 column에 흡착제를 충진하고 원액을 위에서 아래로 서서히 흘려 흡착시키는 방식으로, 제당의 정제에 이용한다.

(3) 이동층식

이동층식은 원액을 하부에서 상부로 흘리고, 흡착제는 서서히 하부로 이동시켜 향류 흡착을 하는 방식으로 제당공업에 많이 이용되고 있다.

제13장

식품의 포장

1. 식품 포장의 정의

식품 포장은 식품의 유통과정에 있어 그 보존성과 위생적인 안전성을 높이고, 편의성과 보호성을 부여하며, 판매를 촉진하기 위하여 알맞은 재료나 용기를 사용하여 식품에 적절한 처리를 하는 것이다.

2. 식품 포장의 목적

식품을 포장하는 목적은 다음과 같다.

① 보존성 향상

② 미생물이나 유해물질의 혼입을 차단하여 식품의 위생성 향상

③ 제품의 취급이 간편하도록 편의성 부여

④ 제품의 수송 및 취급 중에 손상이 적도록 보호성 부여

⑤ 제품의 외관 개선에 의한 판매 촉진

⑥ 소비자들에게 내용물의 정보 제공 등

3. 식품 포장 재료의 조건

표 13-1. 포장 재료의 조건

위생성	무해, 무독, 무미 및 무취
보호성	가벼우면서 물리적 강도가 있어야 하고, 포장 중에 찢어지거나 충격, 팽창, 굴절 및 마찰 등에 잘 견디어야 함
	방습성, 방수성, 기체 차단성, 단열성, 차광성, 자외선 차단성 등과 같은 차단성이 있어야 함
	포장재료가 내수성, 내유성, 내광성, 내한성, 내약품성, 내열성 등과 같은 성질이 있어, 식품성분이나 주위환경에 따라 변성되지 않아야 함
작업성	적당한 경탄성, 활성, 대전성, 열접착성, 열수축성, 접착제 적응성 등을 가져야 작업 능률이 저하하지 않음
편리성	개봉 용이성 등과 같이 소비자가 사용하기에 편리하도록 되어야 함
상품성	인쇄 적성, 디자인, 색조 및 모양이 아름다워 소비자의 구매 의욕을 촉진하여야 하고, 소비자에게 적절한 정보를 제공할 수 있어야 함
경제성	저렴하고, 구입이 용이하여야 하며, 생산성이 높아야 함, 또한, 수송이나 보관을 위해 가볍고, 부피가 작으며, 모양도 적절히 조절할 수 있어야 함

4. 포장재 원료에 의한 포장재의 분류

1) 금속

금속용기로 많이 이용되고 있는 종류로는 양철관, TFS관 및 알루미늄관으로 나눌 수 있다.

(1) 양철관

얇은 연강철판에 주석 도금한 것을 원료로 하여 관으로 제조한 것으로 통조림 용기로 가장 많이 볼 수 있는 용기이다.

(2) TFS (tin free steal)관

주석을 도금하지 않고 산화 크롬 피막을 입힌 관이다.

황화변색을 일으키지 않고, 주석을 사용하지 않아 가격이 저렴하다. 하지만, 납땜이 잘 안되고, 녹 방지를 위한 포장이 필요하며, 금속 광택이 떨어진다는 단점이 있다.

그러나 과거에는 통조림관을 납땜으로 side seam부를 밀봉하였으나, 근년에는 납땜 공정은 없어져 TFS관이 납땜이 잘 안된다는 것은 과거만큼 통조림 용기로서 큰 단점은 아니다.

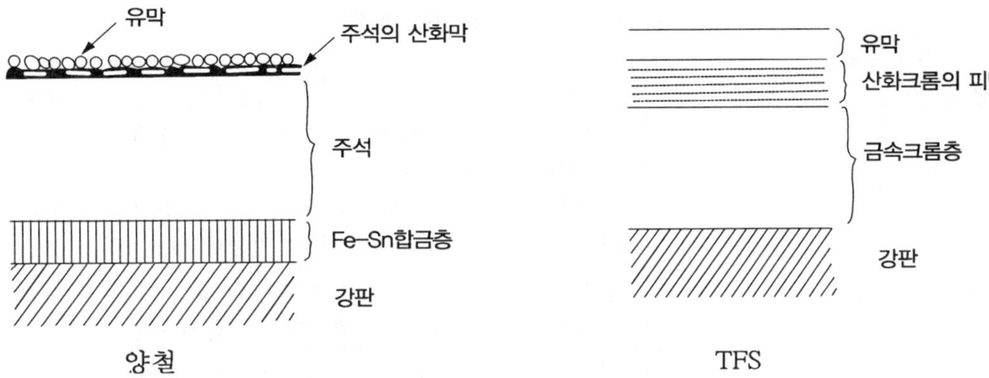

그림 13-1. 양철 및 TFS의 단면도

(3) 알루미늄 관

알루미늄관은 많은 장점에도 불구하고 과거에는 고가라는 경제적인 이유로 일부 제한적으로 사용되어 왔으나, 근년에는 우리 주위에서 흔히 볼 수 있는 통조림 용기 중의 하나이다.

금속취가 적고, 녹이 슬지 않으며, 철 및 주석의 혼입이 없어 황화 흑변의 발생이 없을 뿐만이 아니라 독성이 적고, 비중이 가볍고, 개관이 용이하다는 장점이 있다. 그러나 가격이 비싸고, 납땜이 안되며, 유연하여 상처나기 쉬울 뿐만이 아니라 내 식염성이 약하여 토마토 육질의 연화를 방지하기 위하여 식염을 사용하는 토마토 가공품의 용기로 사용하기에는 문제가 있다.

2) 유리

유리는 규사와 같은 산성물질과 탄산나트륨, 석회 등과 같은 알칼리성 물질을 혼합하고 여기에 유리의 성질을 개선하기 위하여 착색제 (각종 금속 산화물), 소색제 (이산화망간) 등과 같은 부원료를 첨가한 다음 고온에서 액상이 될 때까지 용융시켜 고화시킨 물질이다.

유리 용기는 내용물을 볼 수 있고, 중금속의 용출이 없어 위생적으로도 안전하고, 내용물의 흑변도 방지할 수 있으며, 녹이 스는 일이 없다. 또한 용기의 회수 및 재사용이 가능하고, 기체나 증기의 투과가 곤란하며, 산, 알코올, 기름 및 알칼리에 내성이 있다는 장점이 있다. 그러나 유리용기는 열 전달 속도가 늦고, 광선의 투과에 의해 변색 및 퇴색이 용이하며, 무겁고, 포장 및 수송 경비가 많이 든다는 단점도 있다.

표 13-2. 포장용기의 분류

<table>
<tr><th>분류 기준</th><th>종류</th><th>비고</th></tr>
<tr><td rowspan="3">기 능</td><td>낱포장</td><td>· 최종 소비 단위로 나누어진 식품과 직접 접촉하는 포장으로 식품 포장의 기본임.
· 내용물의 보존성을 높이고, 위생적인 안전성을 부여하며 판매 및 소비를 편리하게 하는 기능을 함.</td></tr>
<tr><td>속포장</td><td>· 낱포장한 것을 판매단위로 재포장한 것
· 낱포장을 보호하면서, 판매하기 용이하게 하는 기능을 함.</td></tr>
<tr><td>겉포장</td><td>· 낱포장 및 속포장한 것을 재포장한 외부포장
· 유통 및 보관을 용이하게 하고 충격, 진동, 가압 등으로부터 보호하는 기능을 함.</td></tr>
<tr><td rowspan="2">용 도</td><td>공업포장</td><td>· 산업 자재의 포장</td></tr>
<tr><td>상업포장</td><td>· 일반 소비 물자의 포장
· 식품 포장은 여기에 해당</td></tr>
<tr><td>형 태</td><td colspan="2">· 상자포장, 포대포장 및 통조림 등으로 분류</td></tr>
<tr><td>재료종류</td><td colspan="2">· 종이포장, 플라스틱 포장, 골판지포장, 병포장, 금속관 포장 등으로 분류 가능</td></tr>
<tr><td rowspan="3">성 상</td><td>강성 용기 포장</td><td>· 양철관, 유리병 등</td></tr>
<tr><td>유연포장</td><td>· 종이, 플라스틱 필름 등</td></tr>
<tr><td>반강성 용기포장</td><td>· 플라스틱, 알루미늄박 등의 성형용기</td></tr>
<tr><td>포장방식</td><td colspan="2">진공포장, 가스치환포장, 탈산소제 첨가 포장, 무균화 포장 등으로 분류 가능</td></tr>
<tr><td>포장목적</td><td colspan="2">방습포장, 방진포장, 방수포장, 기체 차단 포장 등으로 분류 가능</td></tr>
<tr><td rowspan="3">포장작업 공 정</td><td>1차포장</td><td>· 담은 제품과 직접 접촉하는 포장</td></tr>
<tr><td>2차포장</td><td>· 골판지 상자와 같이 많은 1차 포장들을 담은 포장</td></tr>
<tr><td>3차포장</td><td>· 골판지 상자들을 수축 필름으로 재포장한 포장</td></tr>
<tr><td rowspan="2">재 활 용 여 부</td><td>재사용포장</td><td>· 포장 상품을 사용하고 난 후에 재사용하는 포장</td></tr>
<tr><td>1회 사용포장</td><td>· 포장 상품을 사용하고 난 후에 재사용이 불가능한 포장</td></tr>
</table>

3) 종이

두꺼운 종이를 압착하여 만든 것으로, 근년에는 종이에 피막을 입히는 coating 방법이 고안되어 cellophan, aluminum막(foil), polyethylene, vinyl 막 등을 겸용하여 사용하고 있다.

종이 용기는 내용량에 비하여 소형이고, 가볍고, 저렴하고, 폐기처리 하기 쉬우며, 금속 용출의 우려가 적다. 또한 개봉이 용이하고, 다양한 인쇄에 의한 미장효과가 크다는 장점이 있다.

그러나 강도가 약하고, 열전도가 낮아, 에너지 소모가 많고, hot pack 인 경우 급냉이 곤란하며, 압력에 약하여 맥주, 탄산음료로 부적절할 뿐 만이 아니라 기체 차단성이 낮는 등의 단점이 있다.

4) 플라스틱(plastic) 용기

식품 포장에 사용되는 플라스틱 용기로는 polyethylene, polypropylene, polyvinylchloride, polystyrene, polyester, polyamide(보통 nylon이라 함), polyvinylidene chloride 등이 있다.

플라스틱 용기는 금속이나 유리에 비하여 가볍고, 가소성이 있으며, 150~200℃ 범위에서 film, sheet, tube, 병 등의 각종 형상으로 쉽게 성형 가공할 수 있다. 또한 산, 알칼리, 염류에 대하여 안정하여 부식되지 않고, 적층 필름의 제조가 가능하여 여러 가지 특성을 가진 필름의 제조가 가능하다. 그리고밀봉이 용이하고, 광택과 투명성이 있으며, 고운 인쇄가 되는 이외에도 금속이나 유리보다 가격이 저렴하다는 등의 장점이 많다. 그러나 강도가 작고, 기체를 완전 차단하기 어렵다는 단점도 있다.

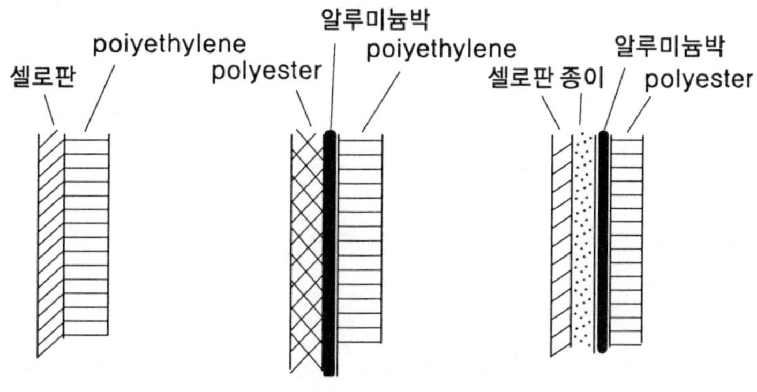

그림 14-2. 복합 필름의 구성

5. 밀봉 방법

표 13-3. 밀봉방법의 분류

결속법	고무밴드, 실, 노끈, 열수축성 플라스틱 끈, 알루미늄 합금선 등	
기계적 방법	이중밀봉법, 타전법 등	
접착제 방법	보통 접착제, 감압 접착제, 열용융 접착제, 테이프 등	
열용융 접착법	외부 가열법	열판 접착법, 순간 전류 접착법
	내부 가열법	고주파 접착법, 초음파 접착법, 유도 접착법

1) 결속법

결속법은 실이나 끈으로 포장용기의 끝을 묶는 방법이다.

소시지와 같은 육제품포장에 많이 이용되고 있다.

2) 접착제 사용법

접착제 사용법은 종이나 판지를 풀, 아교, 아라비아 고무, 폴리비닐알코올 등의 접착제로 포장하는 방법이다.

접착제에 의하여 두 면이 접착되므로 인해, 접착 부위가 매끄러우면서 일그러지는 현상이 없기 때문에 열접착을 시킬 수 없는 재료나 열에 의하여 손상을 받기 쉬운 재료를 밀착하는 데에 좋다.

3) 기계적 밀봉법

기계적 밀봉법은 통조림의 이중 밀봉법, 병조림의 타전법 등이 대표적인 기계적 밀봉법이다.

통조림의 이중 밀봉은 can body가 lifter에 공급되고 seaming chuck에 의해 관이 고정되며, seaming 제 1 roll 및 2 roll에 의하여 밀봉한다.

4) 열용융 접착법

(1) 고주파 접착법

고주파 접착법은 plastic film을 고주파 발생관과 받침대 사이에 넣어 압착한 다음, 고주파를 발생 (50~80 MHz정도)시켜 플라스틱 필름 분자 간에 진동과 마찰이 일어나게

한 후 발생하는 필름 자체 열로 용융, 접착하게 하는 방법으로 외부에서 필름을 가열시키지 않고도 강한 접착을 할 수 있다.

이 방법은 폴리 염화비닐, 폴리 염화비닐리덴, 폴리 비닐 알코올 등에는 사용할 수 있으나, 고주파에 의해 내부 발열이 일어나지 않는 폴리 에틸렌에는 사용할 수 없다.

고주파 접착의 장점으로는 액체가 있는 상태에서도 접착이 가능하며, 원하는 모양대로 간단히 접착할 수 있으나 장치가 비싸다는 단점이 있다.

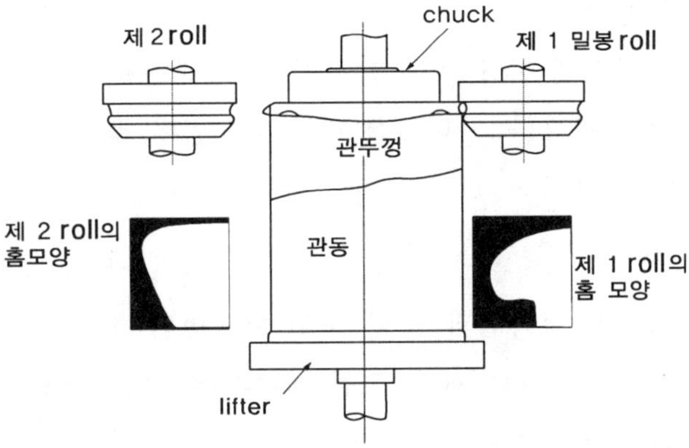

그림 13-3. 밀봉기구 및 밀봉부 절단면

(2) 열판 접착법 (heat seal)

열판접착법은 일정 온도로 가열된 금속 열판을 필름 위에 압착하여 열전달에 의하여 필름을 서로 용융, 접착시키는 방법이다.

장치가 간단하고, 저렴한 것이고, 반면에 단점은 예열에 시간이 필요하고, 온도, 압력, 시간 등의 조절이 어려우며, 용융 접착하는 부분이 변형되기 쉬운 것이다.

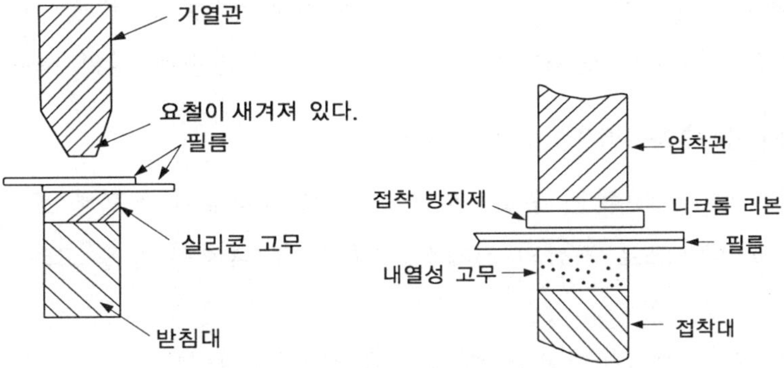

그림 13-4. 열판 접착법

(3) 순간 전류 가열법(Impulse식 접착법)

순간 전류 가열법은 니크롬 선에 의한 가열 용착이라는 점에서 열판 접착법과 같으나, 열판 접착법은 계속적으로 고온을 유지하나, impulse seal은 필요한 때에만 가열되는 점이 다르다.

이 방법은 가열체의 열용량을 작게 하여 단시간에 전류를 흘려 그 발열에 의해 필름을 용융, 접착시키고, 니크롬 선이 냉각된 후에 분리하므로 접착면에 무리가 없고, 안정하며, 강한 밀봉을 할 수 있다.

장점은 많은 종류의 필름에 이용할 수 있고, 취급이 간편하며 전력이 적게 든다는 점이다. 그러나 냉각시간이 필요하고, 니크롬 리본의 수명이 짧으며, 두꺼운 필름에는 이용할 수 없다는 단점도 있다.

(4) 초음파 접착법

초음파 접착법은 고주파 접착법과 같이 내부 발열법의 하나로, 초음파 발진기에서 나온 초음파가 플라스틱 필름 사이에서 진동 에너지(약 20,000 Hz/sec)로 전달되어 필름을 발열시켜 접착하는 방법이다.

이 방법의 장점은 발열이 접착부에만 집중되고, 순간적으로 가열, 접착이 일어나므로, 접착 표면에 이물질이 있어도 그 위로 접착이 가능할 뿐만이 아니라, 포장재료의 종류에 제한을 받지 않고, 강하게 접착시킬 수 있다. 특히 두꺼운 포장재료와 수축하기 쉬운 필름의 연속 접착에도 적합하다. 그러나 장치의 가격이 비싸고, 작업속도가 느리다는 단점도 있다.

(5) 유도 접착법

유도 접착법은 접착할 두 플라스틱 재료 사이에 놓여진 알루미늄 호일과 같은 금속물질을 교류 전기장에 의하여 가열한 다음 용해하여 접착하는 방법이다.

이러한 밀봉접착은 주로 변조방지 목적으로 병마개 밀봉에 많이 사용하고 있다.

6. 포장재의 선택을 위한 식품의 분류

포장재를 선택하기 위하여는 무엇보다 먼저 식품 내용물에 적합한 포장재의 선택을 고려하여야 하고, 다음으로 포장의 경제성, 실용성 및 디자인 등을 고려하여 선택하여야 한다.

<표 13-4>는 포장재의 선택을 위한 식품을 분류한 것이다.

표 13-4. 포장재의 선택을 위한 식품의 분류

비 가공식품	호흡 식품	과일류, 채소류, 버섯류 및 활어류와 같이 호흡이 왕성한 식품
		곡류, 달걀, 열매 등과 같이 휴면상태의 식품
	무호흡 식품	신선육과 같은 축산육
		선어패류와 같은 수산물
		blanching 농산물
가공식품	수분 함유량	다수분계 식품
		중간 수분계 식품
		건조 식품
	성분 성상	고지방, 고단백 식품
		산성, 중성 및 알칼리성 식품
	형태	유동성, 점착성의 액체 식품
		sol 및 gel 등의 반고체 식품
		분체, 입체, 부정형, 성형체 등과 같은 고체 식품
	살균방법	무처리, 발육 억제 처리, 방부 처리 등의 무살균 식품
		열탕, 가압 증기, 가스, 방사선 살균 등과 살균 식품

7. 식품포장 각론

식품은 종류나 형태에 따라 품질의 특성이 다르므로, 포장방법도 식품마다 달리 하여야 한다.

단기간 저장하는 식품과 흡습, 산화, 곰팡이의 발생 등을 고려할 필요가 없는 식품은 반드시 밀봉할 필요가 없다. 김, 동결 건조 식품 등과 같이 흡습이 심한 식품은 투습성이 낮은 재료를 선택하여야 하며, 또한 특수한 향기를 가지는 식품은 향기가 발산하지 못하도록 기체 투과성이 적은 재료로 포장하여야 한다.

반면에 과실, 채소류와 같이 수확 후에도 호흡을 하는 천연 식품의 경우에는 산소 및 이산화탄소의 투과성이 비교적 좋은 포장재료가 필요하다.

한편, 지방질이 많은 식품, 호기성 미생물에 의한 변패의 우려가 있는 식품의 장기저장에는 진공포장, 질소 가스 치환 포장, 탈산소제 첨가포장 등이 사용되며, 이 경우 기체차단성이 큰 포장재료가 사용된다.

1) 가열 살균 식품의 포장

가열 살균이 가능한 포장용 필름은 여러 가지가 있으나, 실제로 포장에 이용되는 것은 적층 가공한 복합 필름 즉 레토르트 파우치이다.

레토르트 파우치는 식품을 넣고 진공포장하여 고온에서 가열살균이 가능한 복합 필름 주머니를 말하며, 주로 고밀도 폴리 에틸렌과 폴리 에스테르를 적층한 것이 사용되고 있다. 이 레토르트에 의한 고온살균은 레토르트 파우치 내외의 압력 차이가 있어 유연성이 있는 플라스틱과 같은 포장재는 가열 및 냉각과정에 파열될 우려가 있어 사용할 수 가 없다.

2) 냉동식품의 포장

냉동식품은 일반적으로 -18℃ 이하에서 저장하여 저장 중 품질변화가 크지 않으나, 건조, 산화 및 냄새의 부착 등을 방지하여야 한다.

따라서 냉동식품의 포장재료는 수증기와 산소의 투과에 의한 건조, 변색 및 산화현상을 방지하기 위하여 기체 차단성이 크고, 내수성이 있어야 한다. 특히 저온에서 유연성의 감소, 물리적 강도의 저하 및 부서러짐의 증가가 없도록 내한성이 강한 재료를 선택하여야 한다. 또한 조리 냉동 식품의 경우에는 바로 열탕처리 하는 경우가 많으므로 내열성도 가지고 있어야 한다.

일반적으로 냉동식품의 포장재료로서는 방습 또는 방수 가공을 한 판지상자, 산소 투과성이 적은 폴리 에스테르, 폴리 에틸렌, 폴리 염화비닐리덴 등의 복합 필름 및 용기, 알루미늄박 등이 사용된다.

3) 건조 식품의 포장

건조식품은 커피, 차, 향료 등과 같이 향, 독특한 색소 및 맛을 가지고 있어, 저장 중에 흡습하게 되면 산화되어 향미가 나빠지고, 퇴색하게 되어 품질이 저하한다. 따라서 투습성, 산소 투과성이 적으며 광선을 투과하지 않는 포장재료를 선택하여야 한다.

건조식품에 적당한 포장재료는 이축 연신 폴리프로필렌/셀로판/폴리에틸렌, 폴리 염화비닐리덴 도포 셀로판/폴리에틸렌 등의 복합 필름 등이며, 용기로는 금속캔이나 유리병 등이 사용된다.

4) 과일 및 채소류의 포장

과일, 채소류는 육류나 어패류와는 달리 수확 후에도 생명 현상을 유지하고 있어, 이 생명현상을 적절히 조절할 수 있는 포장을 하여야 한다. 일반적으로 과일, 채소류의 품질은 플라스틱 필름으로 포장함으로써 포장하지 않은 경우보다 상당히 오래 유지할 수 있다. 즉, 그 생리작용을 억제하고, 미생물의 증식을 방지하며, 수송이나 취급시에 손상되지 않도록 하는 것이 포장의 목적이다.

내용물의 품질유지를 위하여 투습성이 낮고, 기체 투과성이 비교적 높은 포장재료를 선택하는 것이 바람직하다.

포장재료는 폴리에틸렌, 폴리염화비닐, 폴리프로필렌, 폴리스티렌 등의 필름이 수축포장 형태로 많이 이용된다.

5) 육류 및 어패류의 포장

일반적으로 육류 및 어패류는 색조, 모양 등이 상품 가치에 크게 영향을 미치게 되므로 포장재료의 성질이 극히 중요하다.

육류 및 어패류의 포장에 요구되는 포장 재료의 성질은 투습성이 작고, 기체 투과성은 큰 것이 좋으며, 포장의 작업성과 제품 외관면에서 볼 때 열수축성이 있는 것이 좋다. 또한 육의 퇴색을 촉진하는 요인인 자외선을 차광할 수 있는 필름을 사용하는 것이 좋다. 이러한 점에서 육고기 등의 포장은 주로 방습 셀로판과 폴리 염화비닐 랩 필름 등이 좋다.

8. Bar code

1) Bar code의 정의

상품 포장 뒷부분에 특수 숫자와 선으로 된 전자 감응 코드로 가공식품의 내용물에 대한 각종 정보(제조 회사명, 제조회사의 주소, 상품의 종류 및 크기, 내용 등)를 제공하며, 상점에서는 판매량, 재고량 등의 확인에 사용한다.

2) bar의 폭

가장 얇은 것이 1모듈로 0.33 mm이고, 가장 굵은 것이 4모듈로 1.32 mm이다.

3) bar의 종류

(1) guard bar

guard bar는 시작과 끝을 알리는 bar로 왼쪽과 오른쪽에 위치하면서 약간 길다.

(2) center bar

center bar는 구분을 나타내는 bar로 중앙에 위치한다.

(3) bar code

bar code는 왼쪽부터 국가와 제조업체를 나타내고, 오른쪽에는 식품 품목과 검증 번호를 알려주는 code가 있다.

(4) 수치 해석

bar code는 일반적으로 13자리로 구성되어 있으며 다음과 같은 의미를 가지고 있다.

① 처음 3자리…국가 번호, 우리 나라 : 880

② 다음 4자리…제조 업체

③ 그 다음 5자리…상품 품목

④ 마지막 1자리…판독상 오류가 없도록 검증

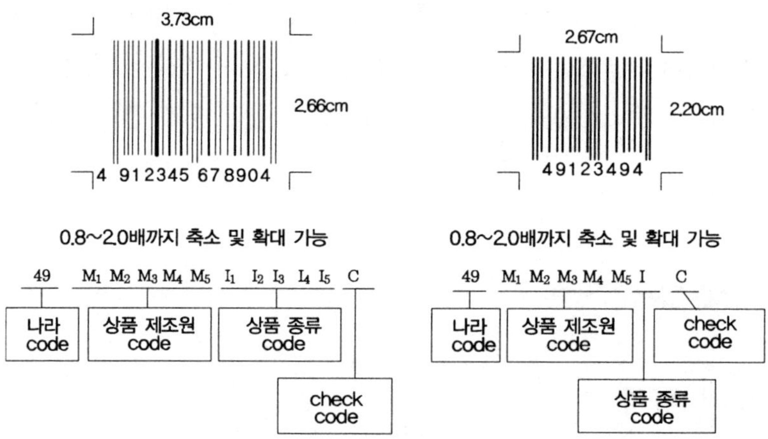

그림 13-5. bar code의 구조

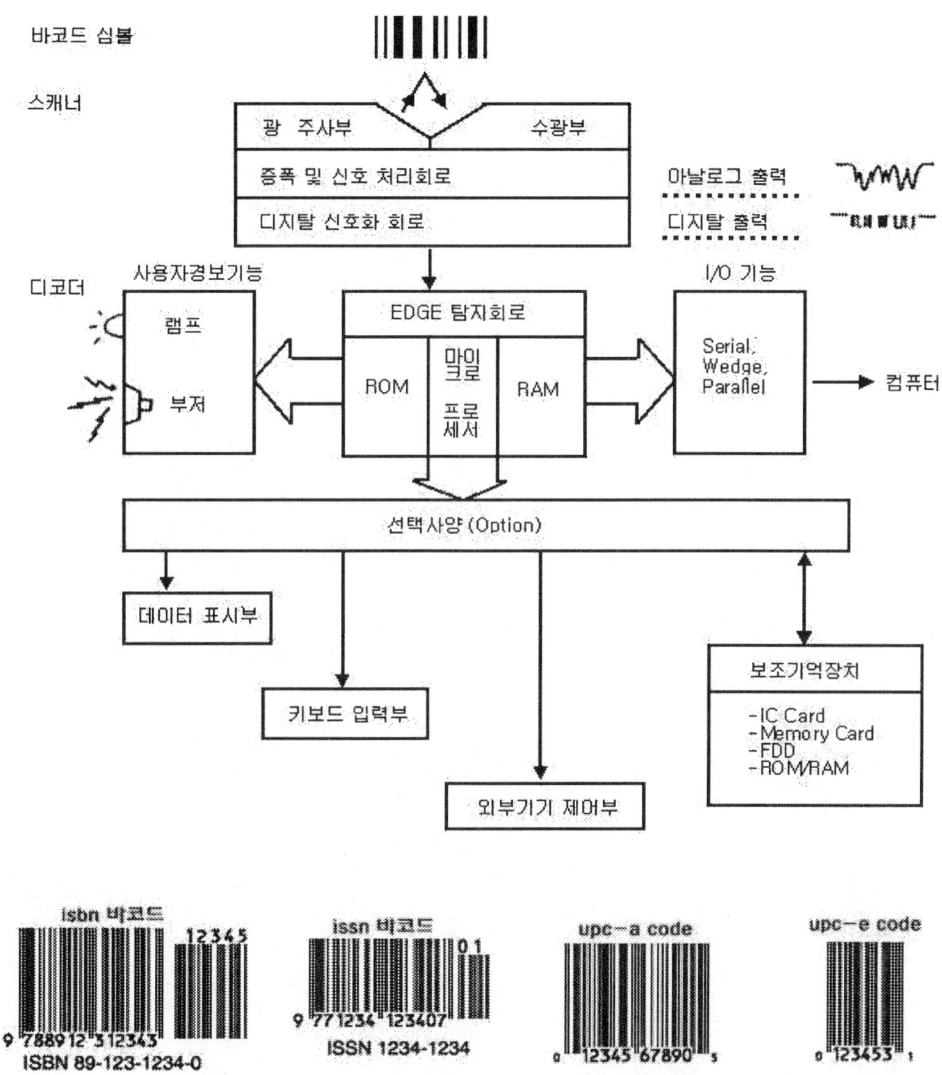

그림 13-6. bar code의 해석기구(mechanism)

제14장

식품제조를 위한 신기술

1. 막분리 기술

1) 막분리 기술의 특징

표 14-1. 식품 공업 분야에서 사용되는 막분리 기술의 특징

막분리법	막기능	물질투과	효과	추진력
확산투석 (dialysis)	확산에 의한 선택 투과성	용질 분자, 물	용질 상호 간의 분리	농도차
전기투석 (electrodialysis)	이온성 물질의 투과성	이온성 물질, 물	이온과 비전해질의 분리	전위차
정밀여과 (microfiltration)	막외경에 의한 입자 크기의 분배	용질 분자, 물	미립자나 미생물의 분리	압력차
한외여과 (ultrafiltration)	막외경에 의한 분자 크기의 선별	용질 분자, 물	콜로이드, 고분자, 저분자의 분리	압력차
역삼투 (reverse osmosis)	막에 의한 용질과 용매와의 분리	물	물분리	압력차

2) 막분리 영역

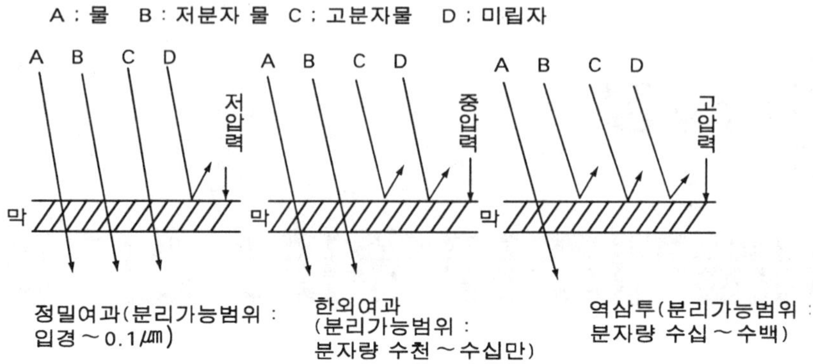

그림 14-1. 막의 종류와 분리되는 분자의 크기

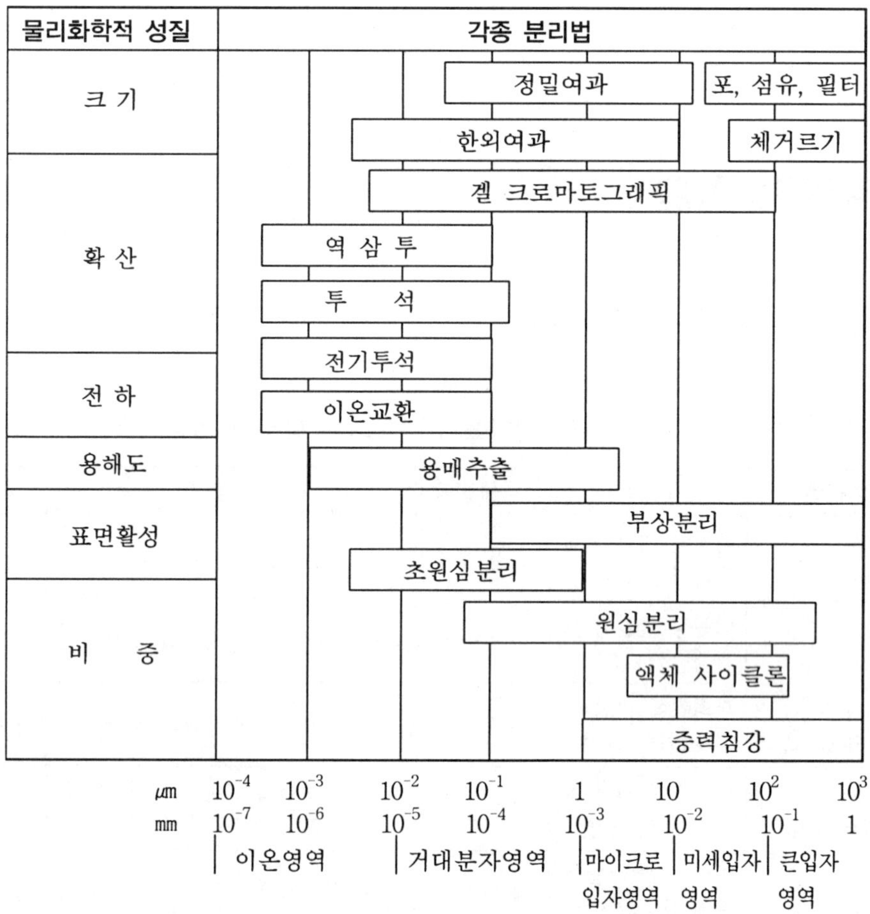

그림 14-2. 각종 분리 기술의 분리 가능 영역

3) 막분리의 장단점

표 14-2. 막분리 기술의 장단점

장점	단점
분리과정에서 상의 변화가 발생하지 않으며, 상온에서 가동되므로 에너지가 절약	다른 농축장비보다 설치비가 고가
가열을 하지 않기 때문에 열에 민감한 물질의 열변성 또는 열에 의한 영양분 및 향기성분의 손실을 최소화	최대 농축한계인 약 30% 고형분 이상의 농축이 난이
가열, 진공, 응축, 원심분리 등의 장치가 필요없으며, 단지 가압과 용액의 순환만으로 운행되므로 장치와 조작이 간단	막의 오염 형성으로 막을 세척하는 동안 운행이 중지
화학약품을 거의 필요로 하지 않기 때문에 2차 환경오염을 유발하지 않음	
자동적으로 운전되기 때문에 인건비가 절약	

4) 막분리의 종류

(1) (확산)투석법

투석법은 막을 통하여 고농도의 용액으로부터 저농도의 용액으로 확산 투과되는 단순 공정으로 농도 차이에 의존한다.

확산 투석법은 투과 속도가 느리고, 선택성이 낮다는 단점이 있다. 농도차에 의한 장점은 분리 공정이므로 에너지가 따로 필요없다는 점이다.

효소의 정제, 가수 분해액의 탈염, 우유나 간장의 탈염 등에 이용되기도 한다.

(2) 전기 투석법

전기 투석은 양전하(+)를 가진 음이온 교환 막과 음전하(-)를 가진 양이온 교환 막을 교대로 설치하고 직류 전류를 통하면 Na^+와 같은 양이온은 음 전하를 갖고 있는 양이온 교환 막을 통과하나, 양전하를 갖고 있는 음이온 교환 막은 통과하지 못한다.

따라서 NaCl이 없는 탈염실과 NaCl이 집결된 농축실에서 염류의 탈염액과 농축액을 교대로 얻을 수 있다.

이 전기 투석법은 다른 막분리와는 달리 재생 처리가 필요 없고, 연속조작이 가능하며 고농도까지 처리 가능하다는 장점이 있다.

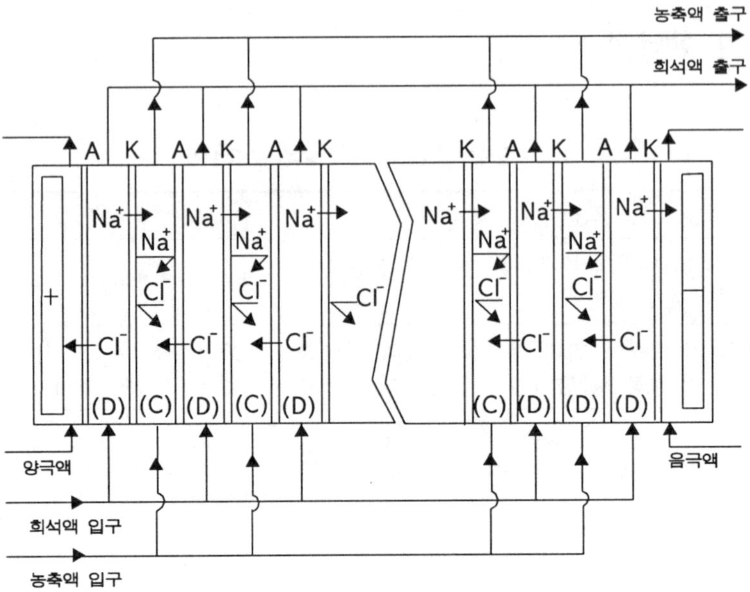

그림 14-3. 전기투석의 원리

표 14-3. 식품분야에서 전기투석법의 이용

적용방법	응 용
탈 염	우유 및 유제품의 탈염, 아미노산 조미료의 염분조정, 아미노산의 탈염 및 정제, 효소 및 비타민류의 탈염 정제, 해수의 담수화, 수산물 자숙수의 탈염 등
농 축	해수 농축에 의한 제염, 발효산물의 농축 회수, 수산 자숙 폐수의 유용성분 분리 및 회수
치 환	과즙의 산미 조정

(3) 정밀여과법 (microfiltration)

한외여과의 일종으로 크기 0.1～10 μm정도의 콜로이드를 분리한다. 정밀여과는 역삼투나 한외여과를 시행하기 위한 사전 여과공정으로 이용되며 특히, 용액 내의 세균을 제거하는 데에 널리 사용된다.

정밀 여과막의 세공은 0.01～10 μm정도이고, 세공이 막에 총 부피의 80%정도를 차지하는 것이 적당하다.

정밀여과는 한외여과와 유사하나 한외여과에 비하여 상대적으로 분자량이 큰 콜로이드 물질들이 퇴적하므로 한외여과에 비하여 겔층의 형성이 뚜렷하여진다.

정밀 여과 공정에서의 가장 큰 문제점은 막 표면에 콜로이드 물질이 침착하여 세공을 막음으로써 정밀여과의 효과를 크게 저하시키는 것으로 이와 같은 현상은 막을 교체하거나 재생시켜 막 기능을 원상 회복시킬 수 있다.

고체의 퇴적과 오염을 최소화하기 위한 간단한 방법은 표면에 고속으로 공급액을 흘려보내 난류를 생성시키는 것이다. 또한 일단 오염된 막은 압력을 간헐적으로 감소시켜, 여과를 중단함으로써 재생시키는 수세(flushing)처리를 하거나 또는 막 투과 압력을 역전시켜 투과액을 역류시켜 오염된 것을 재생하는 역세척(back flushing)처리를 한다.

정밀여과법은 맥주, 청주 및 포도주 등의 효모, 곰팡이, 먼지 제거에 의한 청징에 많이 이용되고 있다.

(4) 한외여과법 (ultrafiltration)

한외 여과법의 원리는 <그림 14-5>와 같다.

우유 등과 같이 분자량이 다른 여러가지 물질을 함유한 용액 중에서 물, 염류 및 유당과 같이 막세공 지름보다 작은 물질은 막을 투과하여 좌측으로 이동하고, 단백질과 같이 막세공 지름보다 큰 물질은 막을 투과하지 못하기 때문에 우측에 그대로 머물러 있다. 따라서 용액 중에서 물, 염류 및 유당이 제거되어 고농도의 단백질 용액을 얻을 수 있다.

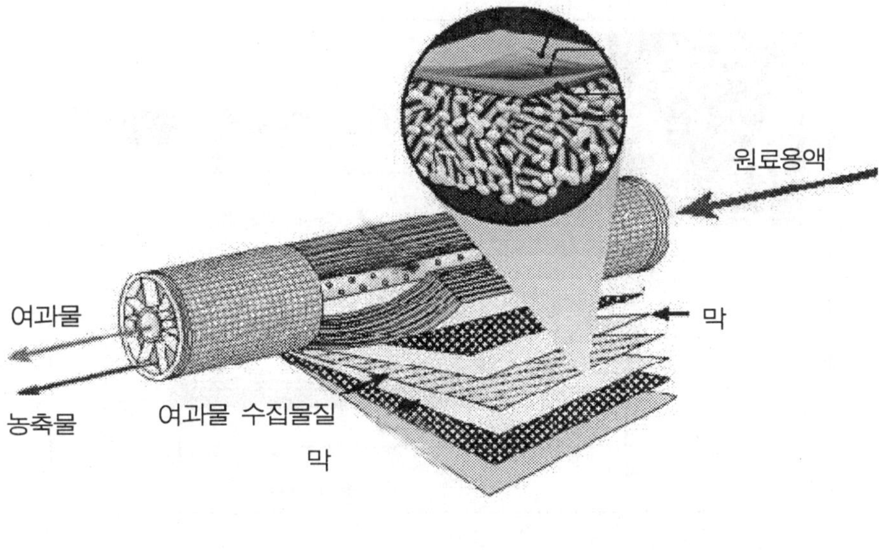

그림 14-4. 한외여과막의 구조

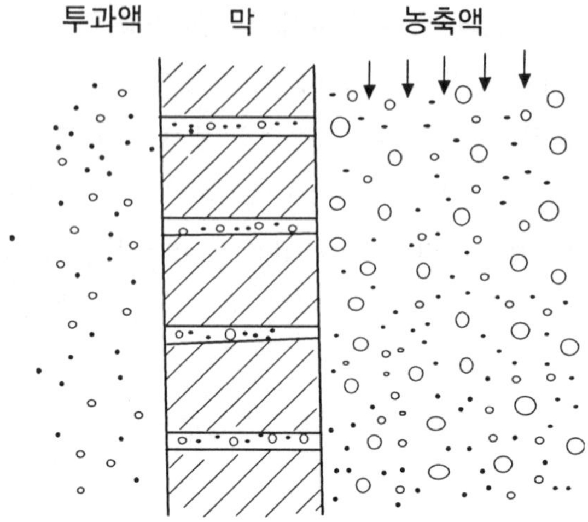

그림 14-5. 한외여과의 원리

한외 여과막은 대개 10~100Å크기의 세공을 가지고 있어, 분자량 1,000~50,000 정도의 물질 분리에 효과적이며, 용질과 용매 분자량이 100배 이상 차이가 있을 때 효과적이다.

따라서 한외여과는 단백질 등의 고분자를 분리하는 데에 많이 이용되고 있어 콜로이드를 분리하는 정밀여과보다는 저분자를 분리하고, 역삼투보다는 고분자를 분리한다.

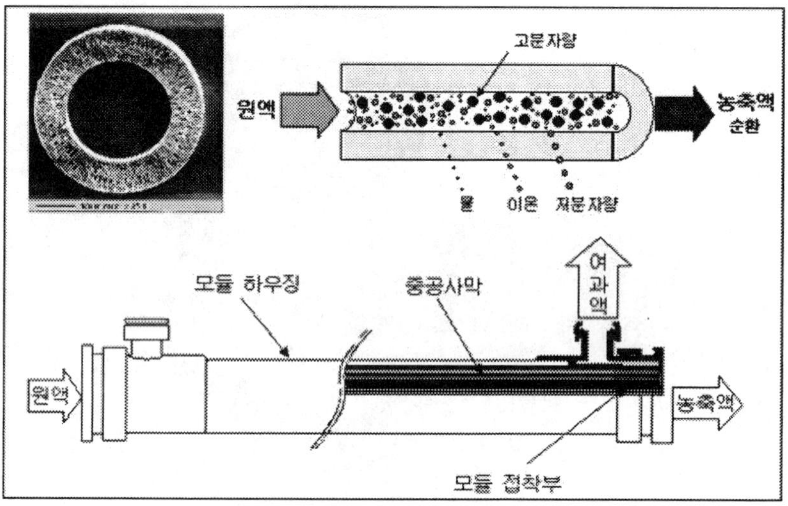

그림 14-6. 한외여과 장치

용질에 따라서는 농도분극으로 인하여 막의 표면농도가 일정농도에 도달하면 막 표면에 부착되어 비유동성의 겔층(gel layer)이 형성되는 오염(fouling)이 발생한다. 이와 같은 오염은 다당류의 경우 1% 이하의 농도에서, 수용성 고분자의 경우 2~5% 농도에서, 단백질, 핵산 등과 같은 고차 구조를 가진 분자들은 10~30%의 농도에서 발생한다.

(5) 역삼투법(reverse osmosis, hyper filtration)

역삼투의 원리는 <그림 14-7>과 같다.

이상적인 반투막을 끼워 물과 용액을 넣으면 (A) 물은 용액측으로 이동하여 거의 삼투압과 균형을 이루는 점에서 물이 용액 측으로 이동하는 것이 멈추게 된다.

반대로 (B) 용액 측에 삼투압 이상의 압력을 가하면 용액 중의 물은 반투막을 투과하여 물 측으로 이동한다.

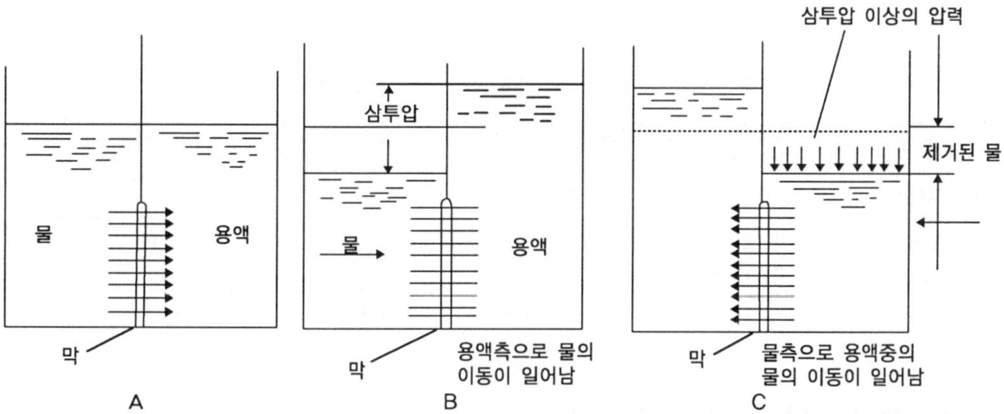

그림 14-7. 역삼투압의 원리(A, B는 정상적인 삼투를 나타내고, C는 용액측에 압력을 작용시키는 방법이 역삼투법의 원리이다.)

역삼투는 분자량이 10~1000정도인 작은 용질분자와 용매를 분리하는 데에 사용하며, 그 대표적인 예가 해수의 탈염이다.

그림 14-8. 역삼투 여과장치

표 14-4. 막분리의 응용 분야

막분리 방법	응용 분야
역삼투	각종 주스의 농축, 당액의 농축, 커피 추출액의 농축, 포도 및 사과주스의 농축에 의한 발효주의 제조, 저알코올 맥주의 제조, 단당류 정제, 치즈 유청으로부터 lactose 회수, 유청의 정제, 어육 중의 아미노산 회수, 어육류 엑스분의 탈염, 염수의 탈염, 폐수 및 용수 처리
한외여과	치즈 유청으로부터 단백질의 회수 및 정제, 우유 농축에 의한 고단백유의 제조, 어육 단백질의 회수, 가축의 혈액으로부터 적혈구의 분리, 혈액 중의 알부민과 글로블린의 농축 정제, 과채류 주스의 청정화, 감귤류, 사과 팩틴액의 농축, 대두 즙 및 전분공업 폐수로부터 유용단백질의 회수, 천연 색소의 회수 및 정제, 각종 효소의 회수 및 정제, 난백의 농축, 계란 단백질의 농축, 다당류의 농축 및 정제, 젤라틴의 농축 및 정제, 콜로이드 물질 제거를 위한 용수의 전처리
정밀여과	맥주, 청주, 와인, 탄산음료, 당액 등의 효모, 곰팡이, 세균 및 먼지 등의 제거

표 14-5. 한외 여과법과 역삼투압의 비교

구분	한외 여과법	역삼 투압법
분리 분자량	1,000~50,000	10~1,000
분리 화합물	저분자(단백질과 같은 고분자는 안됨)	물(염류는 통과 안됨)
필요 압력	저압(3~10 kg/cm^2)	고압(30~100 kg/cm^2)

2. 압출(extrusion)

수송, 혼합, 압축, 가열, 반죽 및 성형 등의 여러 단위 공정이 복합된 가공방법으로 생물 고분자 물질(biopolymer)들을 회전하는 스크류 내에서 자체 발열하는 열 또는 투입되는 층밀림 열에 의하여 가열 처리함으로써 식품을 삶음과 동시에 성형, 제조하는 압출 조리 공정을 말한다.

1) 특성

(1) 다용성

압출은 하나의 기계로 여러 가지 공정과 제품을 만들 수 있다.

(2) 고 생산성

압출은 연속 공정으로 대량 생산이 가능하다.

(3) 비용 절감

압출은 노동력, 공장 면적 감축, 저수분으로 가열처리가 가능해 에너지의 효율이 높아 비용이 절감된다.

(4) 특수 성형

압출은 다른 방법으로 어려운 특수 성형이 가능하다

(5) 품질 향상

압출은 가열처리 방식이 HTST이어서, 즉 고온 단시간 열처리를 함으로 인해 영양손실, 열에 의한 품질 저하를 감소시키면서 소화율 향상, 독성물질 제거, 생균수 감소의 효과를 낼 수 있다.

(6) 폐기물 생성의 극소화

2) 압출 식품의 제조

과립형 원료를 압출기 barrel에 투입하면 스크류는 과립형 원료를 이동, 압착하여 반고상 소성체 (semi-solid plastic mass)로 변환시킨다. 이어서 반고상 소성체는 die를 통해 압출시키고, 회전칼은 구형, 막대형, 튜브형 등과 같은 다양한 형태로 가공한다.

3) 압출기의 종류

표 14-6. 압출기의 종류

분류 기준	압출기의 종류
조작 방법	cold extruder
	extrusion cooker
구조	single-screw extruder
	twin-screw extruder

(1) Extrusion cooker

식품을 steam-jaketed barrel 이나 steam-heated screw에 의해 가열하고, barrel 내부에 걸리는 압력(스크류 지름의 증가, screw pitch의 감소, barrel 직경의 감소 및 스크류에 제한 날개가 부착되어 생성된다)으로 고압인 식품은 die로부터 빠져 나오는 순간 압력 감소에 의해 제품 내부의 증기와 가스의 순간적 팽창으로 다공성의 저밀도 제품을 생산할 수 있다. 이 때 팽창되는 정도는 압출기 내부에서 발생되는 압력과 온도, 식품의 물성에 따라 좌우된다. 그리고 고밀도 제품은 구경이 큰 die를 사용하면 생산이 가능하다.

이 방법은 HTST공법이므로 식품의 영양적 손실을 최소화하고, 미생물의 오염을 감소시키며, 수분 활성 0.1~0.4 정도이어서 저장성이 우수하다.

(2) cold extrusion

식품을 cooking이나 팽창에 의한 뒤틀림없이 식품을 긴 형태로 압출하는 방법이다. 이 압출기는 날개 깊이가 깊은 스크류를 저속으로 회전시킴으로써 마찰열의 발생이 적게하여 압출하는 방법으로 hot dog, pastry dough, 제과류 등의 생산에 많이 사용된다.

(3) single-screw extruder

single-screw extruder는 1개의 screw로 운용되며, 그 스크류는 공급부위(feed section), 압축부위(conpression section), 계량부위(metering section)로 나누어 진다.

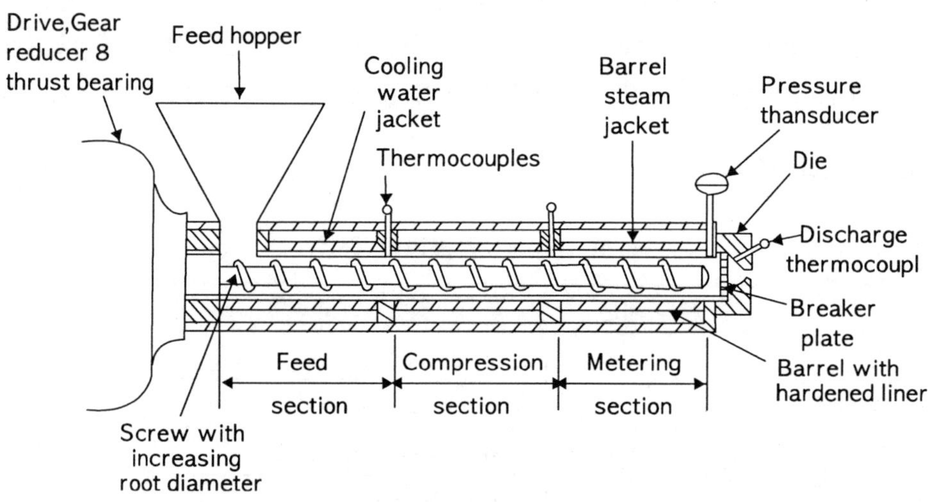

그림 14-9. Single-screw extruder의 단면도

① 공급부위 (feed section)

공급부위는 스크류 앞 부분에 위치하며, 전체 스크류 길이의 10~20%를 차지하고 원료로 꽉 차도록 날개의 깊이가 깊다

② 압축부위 (conpression section)

압축부위는 스크류 중간부위에 위치하며, 전체 스크류 길이의 50% 이상을 차지하고,

원료를 압축 및 전진시킨다.

③ 계량부위(metering section)

계량부위는 스크류 끝 부위에 위치하여 다량의 열이 발생하는 곳이다.

압출식품은 다음과 같이 제조되어진다. 내용물이 스크류에 투입되고 회전에 의해 barrel 내벽과 강한 층밀림을 일으켜 스크류에 가해진 마찰 에너지가 열로 전환되어 고온 고압으로 된다. 이것이 대기압으로 사출되면서 급격한 수분 증발이 일어나고, 이때 팽윤과 동시에 조직의 배열 및 냉각이 일어나 조직화가 일어난다.

표 14-7. extruder의 특성 비교

	single	twin
생산속도 조절	어려움	용이함
열전달속도	완만	신속하고 조절 가능
물질의 이송 작용힘	스크류와 원료 사이의 마찰, barrel과 원료 사이의 마찰에 의해 이송	2개의 스크류간 작용하는 힘에 의해 이송
식품 성분의 제한 요건	고지방, 고수분 식품은 처리 곤란(즉, 지방 4%이상, 당 10%이상, 수분 10% 이상은 곤란)	고지방, 고수분 식품도 처리 가능(그러나 지방 20%이상, 당 40% 이상, 수분 65% 이상은 곤란)
barrel 내부 압력의 조절	어려움	용이함
마모부분	큼	작음
입자크기	특정 크기	미세분말부터 낱알까지 다양
자본투자	저렴	고가
견고성	견고	bearing구조가 취약
소요동력	고동력(900~1,500 kJ/kg)	저동력(400~600 kJ/kg)

(4) Twin-screw extruder

twin-screw extruder는 내용물이 스크류에 투입되고, 두 개의 스크류의 회전에 의해 이송, 혼합, cooking하여 고온고압으로 된다. 이것이 대기압으로 사출되면서 급격한 수분 증발이 일어나고, 이때 팽윤과 동시에 조직의 배열 및 냉각이 일어나 조직화가 일어난다.

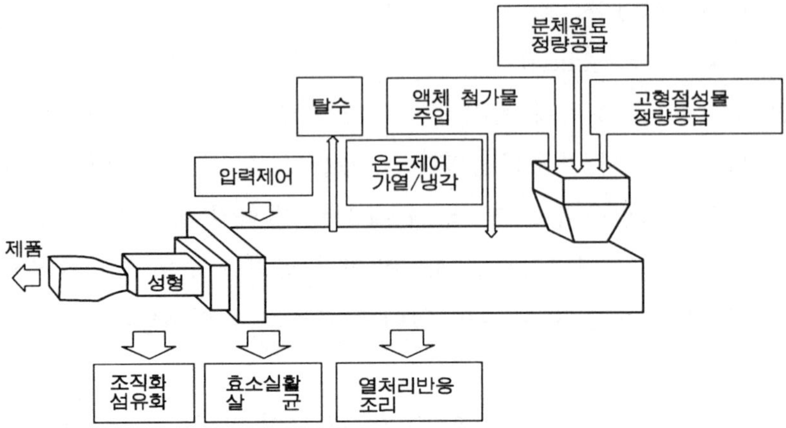

그림 14-10. Twin-screw extruder

4) 식품 가공에서 응용

(1) corn flake

재래식 제조법에서는 옥수수 낟알의 크기가 최종 제품의 크기를 결정했으므로 당연히 낟알 크기가 큰 옥수수가 필요하였고, 또한 제조 소요 시간이 5시간이나 소요되었다. extruder를 이용하는 경우 원료의 크기에 관계없이 사용 가능하여 원료비 절감, 에너지 소비, 설비 및 노동비를 절감할 수 있다는 장점이 있고, 이 이외에도 공정속도가 빠르고, 최종 산물의 크기와 품질의 조절이 가능하며 제품의 특성을 손쉽게 변화시킬 수 있다.

(2) 식물성 조직 단백질

대두 등과 같은 식물성 단백질로 육류와 유사한 조직을 부여한 인공적인 단백질로 제조 가능하다. 이를 extrusion cooking할 경우 효소류(저장 수명을 단축시키는 urease, 대두유를 산화하여 off-flavor를 생성시키는 lipoxydase 등)를 불활성화 시키며, 단백질 소화율을 감소시키는 trypsin inhibitor를 파괴하여 기호성, 소화율, 저장성이 증가된다.

(3) 제과류

5) extrusion 주요 진행 반응

extrusion 주요 진행 반응은 다음과 같다.

전분질이 수화, 팽윤, 혼합되고, 열처리에 의해 단백질 변성되며, 효소가 불활성화된다. 그리고 미생물의 사멸 및 살균되고, 독소가 파괴되며, 냄새가 제거된다. 뿐만이 아니라 조직이 팽화하고, 밀도가 조절되며, 갈변반응도 진행된다.

6) 압출 용어

extrustion cooking

압출 식품의 제조시 압력, 외부 투입열 및 기계적 전단응력 등에 의해 가열 처리 되는 것을 말한다.

3. 초임계 가스 추출

초임계 가스 추출은 식품, 의약, 향료 등의 천연물 성분을 자연상태로 회수할 목적으로 기체-액체 공존이 가능하면서 압력 및 온도가 임계점(일정 온도나 압력하에서 조건을 변화하여도 상의 변화가 없는 점)을 넘는 가스인 초임계 가스를 용제로 하여 추출 및 분리를 보다 낮은 온도에서 실시하는 새로운 분리 기술이다.

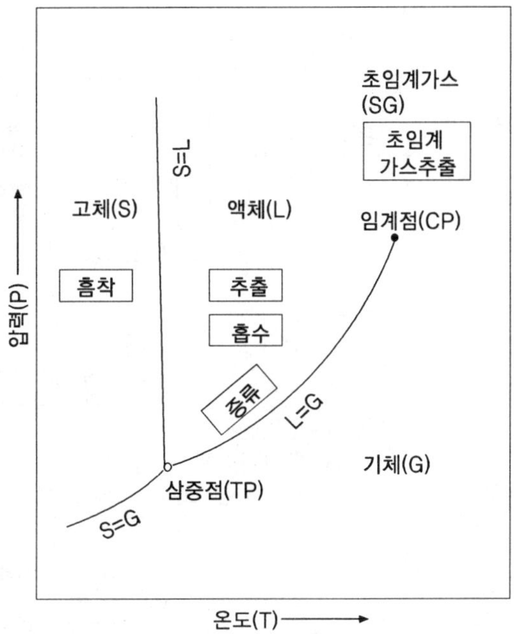

그림 14-11. 분리 매체의 상태도

1) 원리

초임계 추출은 종래의 추출 및 증류의 원리를 동시에 실시하는 것으로 일정온도 및 고압 하에서 액화되는 초임계 가스를 이용하여 아주 용이하면서 단시간 추출한 다음 종래의 증류보다 훨씬 낮은 온도에서 행하는 단위조작이다.

즉 capric acid($C_{10}H_{20}O_2$, 융점 31℃, 비점 269℃)는 상온에서 고체 지방산이지만 이것을 -196℃로 냉각한 후 진공상태로 만들어 온도를 19.5℃로 높이면, 이 산은 고체로 있지만 일부는 기체상으로 휘발한다. 이것을 에틸렌으로 82기압까지 가압하면 기체 상의 에틸렌은 1.3~1.4 g/㎤정도의 물질을 용해하는 능력을 가지게 된다. 이 때에 용해도는 7 g/L로 진공 중의 용해도에 비해 1억배 증가한 것이다.

이와 같이 초임계 가스 추출에는 주 용제 가스의 밀도가 물질을 용해시키는 힘이 된다. 보통의 추출이나 증류공정은 비점까지 온도를 높여야 하므로 추출물의 변질이 일어나지만 이 방법은 추출물의 변질없이 추출할 수 있다.

<그림 14-12>는 초임계 가스의 추출원리를 나타낸 그림이다.

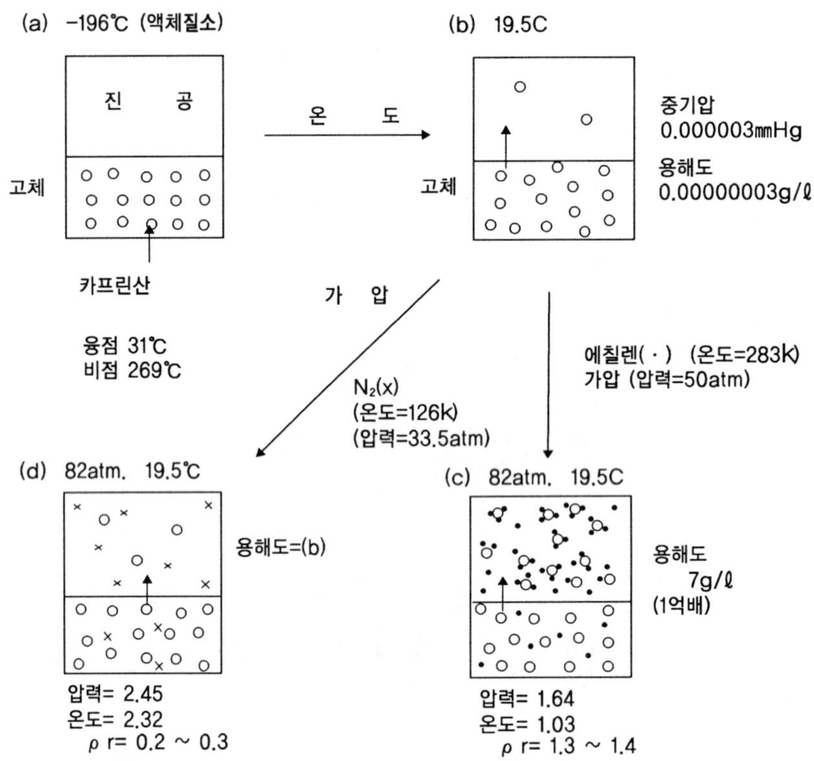

그림 14-12. 초임계 가스 추출의 원리

2) 초임계 가스의 조건

① 밀도가 액체와 유사(분자 간 인력이 강하게 작용할 수 있게 근접거리에 있을 것)하여야 한다.

② 성질은 기체와 유사하여야, 즉 침투성이 강하여야 추출 효율이 우수하다.

3) 초임계 유체로서 이산화탄소

이산화탄소는 초임계 상태에 존재하는 것이 가능하고, 임계 온도는 31℃로 낮아 비교적 저온으로 추출 가능하며, 가격이 비교적 저렴하다는 등의 성질이 있어, 초임계 가스 추출에서 초임계 유체로서 널리 이용되어지고 있다.

4) 추출 공정

초임계 가스 추출 공정은 다음과 같다.

즉 이산화탄소(기체)를 가압하여 초임계 유체를 추출조에 넣고, 원료로부터 성분의 추출을 행한다. 이어서 압력 또는 온도를 조절하고, 추출물을 분리조에서 단계적으로 분리, 회수한다.

5) 장점

초임계 가스 추출은 저온에서 추출 가능하여, ① 자연성분 그대로 회수 가능하며 또한 ② 수율이 높다는 장점이 있다.

6) 식품에서의 응용

초임계 가스 추출은 커피, 홍차의 카페인 제거, 식물과 수산물로부터 유지의 추출, 색소의 추출과 같이 불안정한 물질의 추출 및 분리에 적절하다. 그리고 유지 추출에 응용하는 경우 인, 철 등의 함량이 적어 탈검공정의 생략이 가능하다는 장점도 있다.

4. 고압이용 기술

고압처리는 공유결합을 파괴하는 열처리와는 달리 비공유결합 만을 파괴하여 영양소의 품질저하, 비타민의 파괴, 풍미의 변화 등이 없이 단백질이나 전분의 입체구조를 가열에 의한 변화와 유사한 변화를 일으키고, 또한 효소 실활, 식품 살균 및 살충을 할 수 있어 식품 가공 분야에서 새로운 기술로 대두되고 있다.

1) 계란의 가압처리

<그림 14-13>과 같이 계란을 물에 넣어서 피스톤을 눌러 압력을 가하면 물이 압력 매체가 되어 계란에 압력이 전달된다. 파스칼의 원리에 의하여 계란의 내외가 동일한 압력이 되어 계란의 내부도 높은 정수압의 환경에 놓이게 된다.

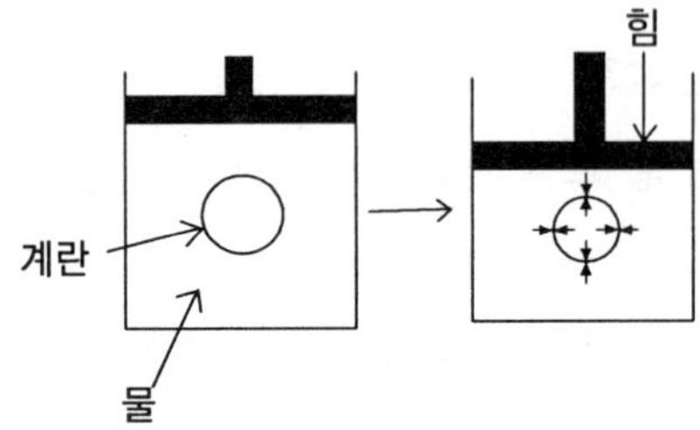

그림 14-13. 계란의 가압처리

압력은 열과 같이 서서히 전달되는 것이 아니라 식품의 중심부까지 순간적으로 전달되며 일정하게 압력을 유지시킬 경우에도 추가의 에너지 공급이 필요없다. 일정 시간 후에 피스톤을 뽑아 감압하여 계란을 끄집어내면 난백과 난황은 응고되어 있다.

이러한 계란의 가압실험을 통하여 고압하에서도 계란의 외형이 파손되지 않고, 단백질이 응고되는 것이 입증된다. 식품의 가압처리는 액상 및 물을 함유한 식품에만 행할 수 있으며 건조된 분말상의 식품은 불가능하다.

2) 고압하에서 생물학적 생화학적 변화

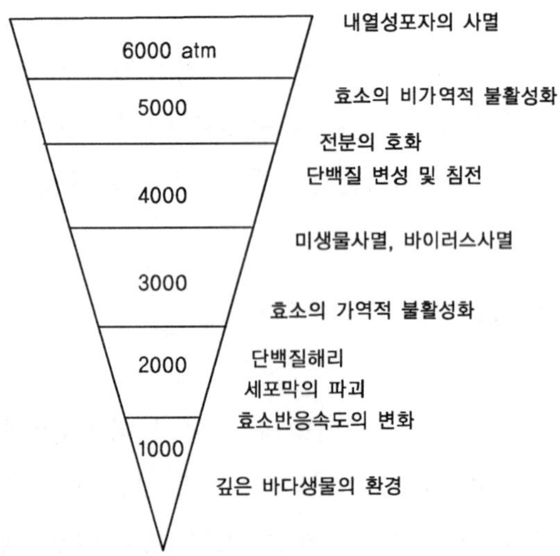

그림 14-14. 고압 하에서 생물학적 생화학적 변화

3) 고압에 의한 식품가공 원리

(1) 효소 반응의 제어

효소반응을 포함한 화학반응은 가열에 의하여 촉진되나, 압력변성이 수반되지 않는 압력범위 (3,000기압 이하)에 있어, 효소반응은 압력에 의해 촉진되기도 하고 지연되기도 한다.

따라서 압력을 조절하여 가압한다면 효소 반응을 제어할 수 있을 것이다.

(2) 선택적 효소 분해

단백질의 경우 일정 고압 하에서는 천연상태의 것과 변성상태의 것이 공존한다. 따라서, 일정 압력 하에서는 적당한 효소와 단백질을 함께 가압하는 경우 기질은 변성하고, 효소는 실활되지 않는 상태로 존재한다면 기질의 효소분해가 아주 용이하게 된다.

(3) 효소의 불활성화

저장 중에 식품에 내재된 효소가 작용하여 풍미 및 품질의 저하가 일어나는 경우가 있으며, 이러한 현상을 방지하기 위하여 열처리로서 효소를 불활성화시키게 된다. 그러나, 천연과즙 및 맥주와 같이 식품에 따라서는 열처리를 피하여야 할 경우 고압처리에 의하여 이러한 목적을 수행할 수 있다.

(4) 단백질 및 전분의 물성 변화

단백질 및 전분은 압력처리에 의해 가열처리와는 다른 독특한 물성을 나타내어 새로운 식품소재로 가공이 가능하다.

① 단백질

• 계란 : 4,000기압으로 가압하는 경우 반숙상태로 되어, 계란을 60℃에서 30분 처리한 것과 유사

• 어묵 : 고기풀을 2,000기압 이상 가압하는 경우 가압어묵이 되며, 4,000기압에서 처리하는 경우 파단강도가 가열처리한 경우보다 오히려 높게 나타난다.

• 쇠고기 : 4~5℃에서 10~14일 소요하여 숙성하는 쇠고기를 1,000~3,000기압으로 단시간동안 숙성처리가 가능하다.

② 전분

전분을 가압처리하면 본래의 입체구조가 붕괴되고, amylase 소화성이 증가하는 등 가열에 의한 전분의 호화 현상과 유사한 변화가 나타난다.

상온에서 수시간 가압처리하면 소맥전분은 3,000~4,000 기압, 옥수수 전분은 4,000~5,000 기압의 처리에 의해 amylase에 분해되기 쉬운 형태로 변화한다.

(5) 고압에 의한 미생물의 살균

일반적으로 상온에서 6,000기압 이상으로 고압처리할 경우 거의 살균이 불가능하나, 가온을 병용할 경우 현저히 살균 효과가 나타난다. 이는 고압과 온도의 균형에 의해 spore coat의 결합이 느슨해지거나 균열이 나타나 세포벽의 파괴 및 core내부의 원형질이 변성되기 때문이다.

(6) 발효의 제어 및 정지

발효식품에 있어 가장 맛있는 기간이 짧은 이유는 미생물에 의한 과도한 발효와 미생물 유래 효소에 의한 성분의 분해 및 변질이 진행되기 때문이다. 이와같은 경우 고압처리에 의한 살균과 동시에 효소의 불활성화가 가능하므로 풍미가 중요시 되는 발효식품에 있어 발효 및 숙성의 제어에 유효한 수단으로 기대된다.

그 한 예로 김치류는 유산균 등이 생성하는 유기산에 의하여 특유한 맛이 형성된다. 그러나 유통 중에도 계속 발효가 진행되어 제조 후의 품질을 지속적으로 유지하기는 곤란하다. 김치의 보존성 향상의 목적으로 실온에서 4,000기압 이상의 고압처리를 하면 산 생성균이 거의 살균된다. 또한 산의 생성도 3,000기압 이상의 압력처리로 충분히 억제된다. 그러나 고압처리에 의한 물성 및 외관의 변화는 없다.

(7) 향 및 색조의 보호

향 및 색조보호를 위한 고압처리 기술의 첫 적용상품은 잼가공품이다. 잼은 과실, 설탕 및 펙틴 등을 가열하면서 혼합하고, 상압 또는 감압하에서 가열 농축한 후에 병 또는 캔에 충진, 밀봉하여 살균 및 냉각공정을 거쳐 제조된다.

그러나 가압처리 잼은 과실, 설탕, 펙틴 등의 혼합물을 상온에서 플라스틱 등의 유연한 용기에 충진 및 밀봉한 후에 고압처리 공정 만으로 제조 가능하다. 즉 고압처리로 과실, 설탕, 펙틴 혼합물의 젤리화가 촉진되고, 과육에 당액이 침투되며, 살균이 동시에 이루어진다. 이와같이 제조된 가압처리 잼은 전공정이 무가열로 이루어지므로 가열제품에서 볼 수 있는 내용물의 열변성, 열분해 등이 발생되지 않았고, 과일 본래의 신선한 향 및 색이 유지된다.

(8) 기타

기타 고압처리는 emulsion의 개선, 신선 식품의 저장 및 수송기간 연장을 위한 정균,

발아 억제 등에도 널리 이용된다.

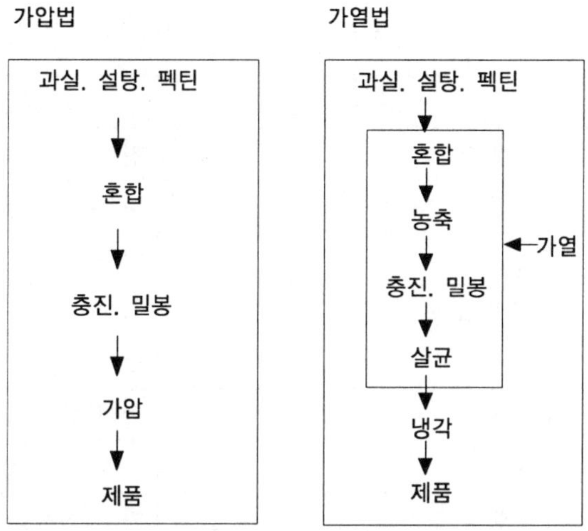

그림 14-15. 가압처리 잼과 가열처리 잼의 제조공정

4) 식품가공에서 고압처리 효과

표 14-8. 식품가공에서 고압처리 효과

분야	고압처리효과
효소 및 효소 반응	protease에 의한 펩타이드 가수분해 및 합성, 대두 단백질의 효소분해, protease에 의한 우유의 lactoglobulin의 선택적 제거, pectin esterase의 불활성화, polyphenol oxidase의 활성화, oxidase의 불활성화
단백질	고압 이용 단백질의 화학적 수식
전분	가압 처리 미반, 청주 및 양조에 고압 이용
겔형성	계란 albumin, surimi, 대두단백, 우유, 펙틴의 겔 형성
식품 살균	쇠고기, 어육, 난백, 우유 및 유제품, 토마토주스, 잼, 차, 야채류, 소시지 등
육가공	쇠고기의 연화 숙성, 어묵제조
농산가공	잼, 과일 소스, 펙틴의 추출, 오렌지의 효소 불활성화, 대두단백의 가공 등
유가공	우유, 치즈, 요구르트
조리	계란, 쇠고기, 생선 등

5) 고압 및 열처리에 의한 식품성분의 변화 비교

표 14-9. 고압 및 열처리에 의한 식품성분의 변화 비교

	열처리	고압처리
단백질 변성	진행함	진행 하지 않음
결합 파괴	공유 및 비공유결합 파괴	비공유 결합 만 파괴
이취	있음	없음
에너지	대량 소모	적게 소모
풍미 변화	있음	없음
영양소	파괴	거의 파괴 없음
비타민	파괴	거의 파괴 없음
갈변반응	진행	거의 진행하지 않음

6) 안전성

초고압 처리에 의한 식품성분의 불가열적 변화 기구가 해명되지 않았으므로, 유해성분의 생성 유무는 추후에 충분히 검토되어야 할 것이다.

5. 전자파 이용 기술

전자파(electromaganic wave)는 전장이나 자장의 시간적 변화로서 공간으로 전파하는 파동의 총칭으로 단파장부터 열거하면 γ선, x선, 자외선, 가시광선, 적외선, 전파(마이크로파, 초단파, 단파, 장파) 등이 여기에 속한다.

1) 전자파의 이용

전자파의 이용에서 언급되는 전자파로는 방사선, 자외선, 적외선 및 마이크로파 등이 있으나, 방사선의 경우 앞장에서 언급한 바 있어, 여기서는 생략하기로 한다.

전자파는 식품분야에서 주로 살균, 가열 및 건조 등에 이용된다.

살균은 전자파 중에서 γ선, x선, 자외선의 경우 높은 에너지에 의해 직접 대상물의 분자 구조를 파괴하여 살균하는 냉살균이고, 적외선, micro파의 경우 대상물의 분자에 에너지를 부여해 분자를 진동 및 회전시켜 이것의 마찰열로 살균하는 가열살균이다.

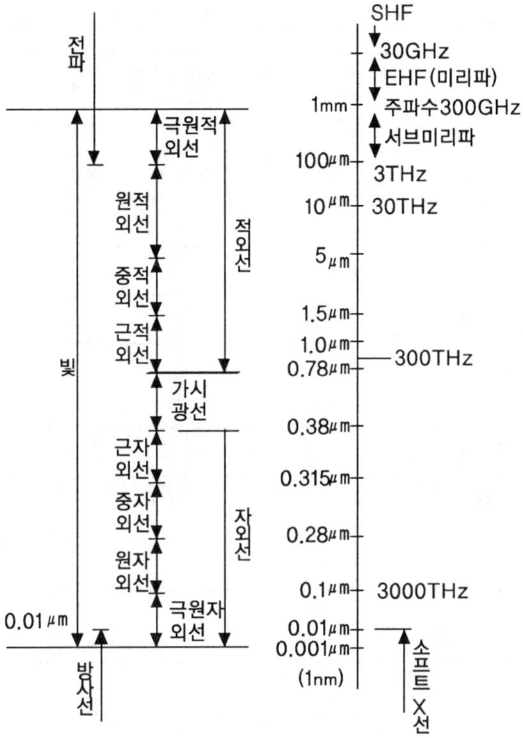

그림 14-16. 전자파의 파장과 이용 범위

(1) 적외선

적외선은 가시광선보다는 길고, 마이크로파보다는 짧은 0.75~10³㎛(750~106 nm)의 파장을 가진 전자파로, 물체의 복사 가열 능력이 있는 열선이다. 적외선은 다시 근적외선과 원적외선으로 분류된다.

① 근적외선

근적외선은 파장이 0.75~4 ㎛(750~4,000 nm)범위에 속하는 전자파로, 열 매체를 이용하여 가열하며, 가열속도가 다소 늦어 식품가공에서는 크게 이용되지 않는다.

② 원적외선

원적외선은 파장이 4~1000 ㎛(4,000~1,000,000 nm)범위에 속하는 전자파이다.

원적외선은 열 매체를 이용하지 않고 가열하여, 가열속도가 신속하다. 이로 인해 열풍가열보다 20~30%정도의 에너지 절약 효과가 있다. 그러나 금속과 이온 결합성이 강한 물질(알루미늄박, 고식염 식품)이 함유된 식품의 원적외선 처리는 곤란하다. 원적외선은 열의 내부 침투성이 좋아 표면 만을 조사하지는 않으므로 타는 일은 없어 건조 및 해동에 적절하다.

표 14-10. 식품가공에서 원적외선의 이용 형태

적용 부분	가공 식품
건조	생선, 조개 등을 말린 제품, 포테이토 칩, 차, 인스턴트 식품용 야채
roast	치킨, 햄버거, roast pork, 장어, 어패류, 아몬드, 땅콩, 커피원두, 차
숙성	제면
살균	각종 식품의 2차 살균
기타	삶은 계란

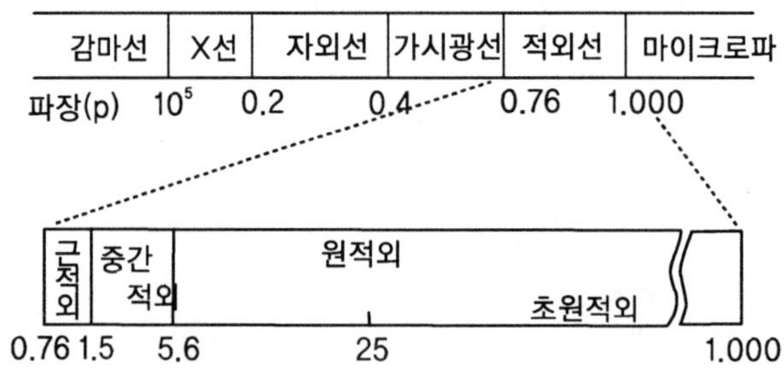

그림 14-17. 원적외선의 범위

(2) 자외선 (ultraviolet rays)

파장의 차이에 따라 물리적, 화학적 및 생물에 대한 생리적 작용에 차이가 있다.

일반적으로, 자외선은 400~315 nm범위의 파장을 가진 UV-A, 315~280 nm범위의 파장을 가진 UV-B 그리고 280~100 nm범위의 파장을 가진 UV-C로 나누어진다. 살균 작용은 균체 내 유전자 및 핵단백질을 파괴하는 260 nm 부근이 최고 높아, 실제로 산업계에서는 살균 램프등에 253.7 nm를 이용하고 있다.

이용은 공기 중 부유 미생물의 살균을 목적으로 의약품 공장, 식품공장, 병원에서 많이 이용하고 있으며, 식품이나 기구의 표면 살균, 음료수 살균 등에도 많이 이용되고 있다.

(3) 마이크로파 (microwave)

주파수가 높은 전파(300 MHz~30 GHz)이고, 식품산업에서 주로 사용되는 주파수는 915 MHz와 2,450 MHz이다.

마이크로파를 응용한 대표적인 조리기기로는 전자렌지를 들 수 있다.

마이크로파는 가열속도가 빠르고, 균일하게 가열할 수 있으며, 식품 내부와 외부를 거의 동시에 가열할 수 있다. 그리고 부정형의 것도 거의 균일하게 가열되고, 수분이 많은 식품을 선택적으로 가열하며, 장치의 조작과 제어가 간단하고 안전성이 높으며, 작업 환경이 청결하다. 또한 식품 중량의 감소폭이 커서, 주의하지 않는 경우 식미 저하 및 경화 현상 등이 일어나며, 가열속도가 빨라 표면 및 내부의 온도 차이가 크지 않아 표면이 타거나 눌지 않는다. 뿐 만이 아니라 용기 채 가열이 가능하며, 열, 연기 등이 발생하지 않아 조리 환경이 깨끗하다는 특징이 있다.

식품 분야에서는 주로 빵을 굽거나, 식품의 가열 살균, 농축, 조리, 효소의 불활성화, 과일주스의 저온 살균, 냉동어, 냉동육의 급속 해동, 튀김 식품의 최종 건조, 과자의 소성, 어간유의 채취, 곡물류의 해충 구제, 주류, 향류의 숙성 촉진에 이용되고 있다.

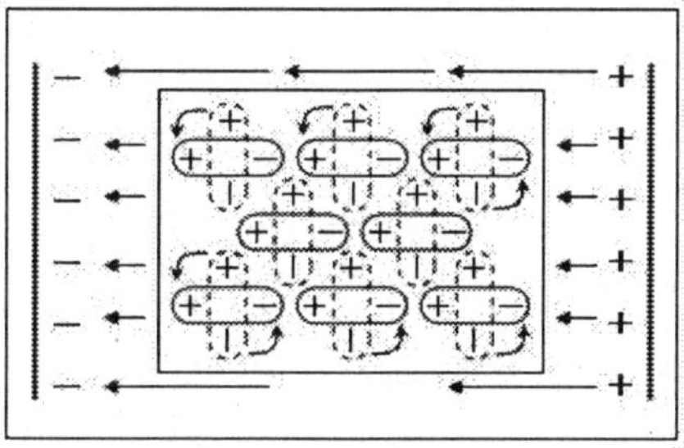

그림 14-18. 마이크로파 가열원리

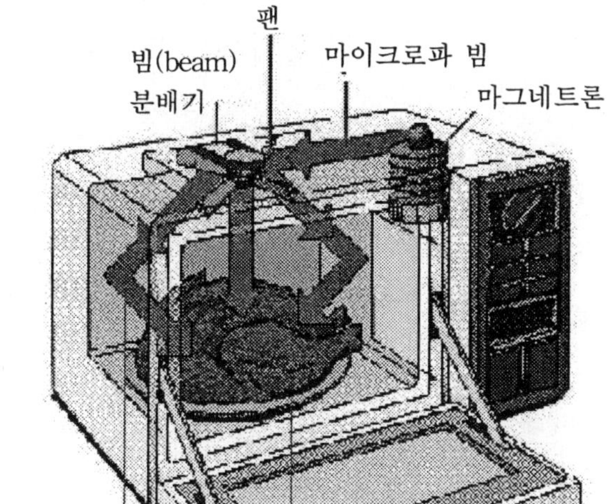

그림 14-19. 마이크로파 가열장치인 전자렌지의 구조

표 14-11. 마이크로파와 원적외선 가열과의 비교

	마이크로파	원적외선
열분포	미흡	좋음.
장치구조	복잡	간단
두꺼운 식품	균일 가열 양호	균일 가열 미흡

6. 동결 분쇄 기술

분쇄 곤란한 플라스틱이나 고무 등의 산업 폐기물을 처리하기 위하여 개발된 기술로 원료를 저온 하에서 분쇄하는 조작이며 반드시 냉매를 필요로 한다.

1) 원리

탄성이 약한 원료는 물론이고 고무와 같은 탄성체의 경우도 위화점 이하로 냉각하면 위화되어 (저온 위화성) 용이하게 분쇄된다.

2) 근년 각광 받게 된 동기

과거에는 경제적, 기술적 의미에서 그다지 각광을 받지 못하였으나, 근년에는 식품이 양적인 개념보다는 질적인 개념을 도입하여 향미가 양호한 분말의 요구도가 증가하고 있고, 액체 질소도 비교적 저가로 구입이 가능하기 때문이다.

3) 특징

① 상온에서 잘 분쇄되지 않는 식품 (지질 또는 섬유질 함량이 많은 식품, 수분이 많은 식품, 단단한 식품, 탄성이나 점탄성이 있는 식품)이 용이하게 분쇄된다.

② 분쇄 중에 발생하는 마찰열은 액체 질소에 의하여 흡수, 제거되어 단백질의 열변성이 적고 휘발성분의 소실이 적으며, 불활성 가스를 이용함에 따라 지질 등의 산화가 억제되는 등으로 인해, 마쇄 중 식품성분의 변화가 적다.

③ 상온 분쇄에 비하여 입경이 고른 제품이 얻어진다.

④ 분쇄에 의해 야기되는 냄새, 소음, 분진에 의한 폭발을 막을 수 있다.

⑤ 고가의 냉매, 분쇄 장치의 설비비 등으로 운영비가 비싸다

4) 동결 분쇄 기구(mechanism)

분쇄하고자 하는 원료를 투입하면 freezing hopper에서 액화 질소 가스로 원료를 냉각한다. 그리고 원료를 다시 저온 분쇄기로 이송 및 분쇄하고, cyclon에 의해 회수한 다음 분쇄물 및 질소가스를 분리한다. 이 때 질소가스는 상당히 저온이어서 일부는 분쇄기 및 원료의 예냉에 이용하고 나머지는 대기 중에 방출한다.

5) 냉열원

냉열원의 조건은 다음과 같다.

① 대량 냉각 가능하여야 한다.

② 초저온이 얻어져야 한다.

③ 취급이 간편하여야 한다.

④ 독성이 적어야 한다.

⑤ 가격이 저렴하여야 한다.

이와 같은 조건을 대체로 충족시키는 냉열원으로는 액체 질소를 들 수 있고, 현재 대부분의 동결분쇄를 위한 냉열원으로는 액체질소가 이용되고 있다.

6) 동결분쇄법과 동결마쇄법의 비교

표 14-12. 동결분쇄법과 동결마쇄법의 비교

	동결분쇄법	동결마쇄법
동결온도	-80~-100℃	-20~-50℃
냉매	액체 천연 가스, 액체 질소	필요 없음
냉각장치	냉매로 예비 냉각 필요	동결품의 품온으로 냉각
분쇄기구	hammer mill과 같은 충격 분쇄	grinder와 같은 마쇄
분쇄원료	· 상온에서 분쇄할 수 없는 원료 · 휘발성 및 산화용이한 원료 · 초미분쇄를 요하는 원료	· 유용 폐기 식품 소재 · 상온에서 분쇄할 수 없는 원료 · 분쇄 중에 열변성 및 산화용이한 원료
소요경비	냉매가 소요되어 고가	냉매가 필요없어 저가
설비비	단열, 분쇄장치가 고가	기본 마쇄 설비외에는 설비가 없어 설비비가 거의 소요되지 않음

7) 이용

설비비 등이 고가이어서, 동결 분쇄 기술은 건강 식품, 향신료 등과 같은 비교적 고부가 가치에 적용되고 있다.

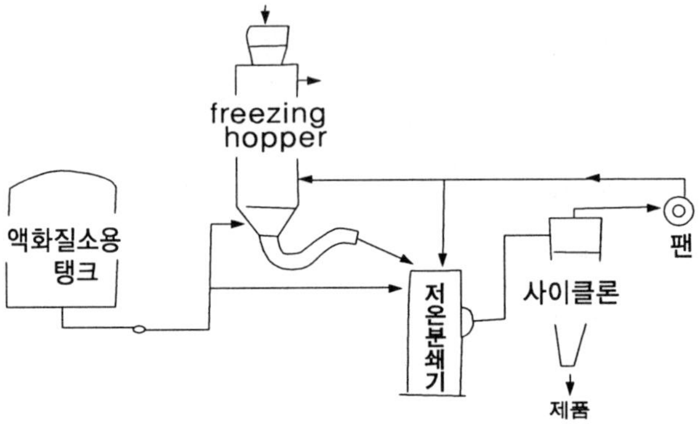

그림 14-20. 동결 분쇄 장치

7. 동결 농축 기술

동결 농축 기술은 수용액을 부분적으로 동결하여 용질이 농축된 수용액을 원심분리기 또는 세정탑으로 분리, 농축하는 것이다

1)원리

일반적으로 용질의 농도가 높을수록 어는 점은 낮아진다. 따라서 일정 농도의 용액을 동결하는 경우 순수한 물은 빨리 동결되고, 나머지 용액은 점차 저온에서도 동결되지 않는다. 이를 일정 온도에서 원심분리하여 얼음을 제거한다면 자연히 농축된 용액을 얻는 것이 가능하다.

2) 특징

① 농축에 대한 에너지가 적게 소요된다.

② 저온에서 처리함으로 인하여 색소, 비타민 등의 성분이 분해되지 않는다.

③ 방향 성분이 휘발되지 않는다.

④ 미생물의 오염이 적다.

3) 이용

차나 커피 추출액의 농축, 우유, 과즙, 식초, 와인, 맥주 등의 농축에 주로 이용된다.

8. 무균 포장 기술

무균 포장 기술은 상업적으로 살균한 제품을 무균 환경 하에서 미리 살균한 용기에 충진, 밀봉하여 저장성을 높이는 기술이다.

1) 종류

(1) 사전 처리 방법

멸균한 식품을 미리 무균 처리한 포장 재료 및 용기에 무균 환경 하에서 충진하는 방법으로 식품의 열처리가 충진 전에 행하여져 식품 성분 및 관능적 품질을 양호하게 유지하는 것이 가능하다.

사후 처리 방법과는 달리 충진 후에 살균공정이 없어 용기가 대형화하여도 문제가 없다.

일반적으로 이야기하는 무균 충진 포장 기술이라 함은 이 사전 처리 방법을 말한다. 특히 액체, 점성체는 사전 처리 방법이 좋다.

(2) 사후 처리 방법

식품을 살쟁임 한 후에 최종적으로 가열 처리하여 식품의 무균화를 시도하는 방법으로 고형, 액체-고형으로 된 레토르트 파우치 및 통조림 식품의 포장에 이용되고 있다.

2) 사전 처리 무균 포장을 위한 식품의 멸균 방법

(1) 액체, 점성체

가열 온도가 높고, 최소 시간으로 멸균하여 급히 냉각하는 방법인 UHT 처리 (135~150℃, 1~수초간 연속적 가열 처리)를 하여 물리, 화학적 변화가 적고, 풍미, 외관, 영양가의 손상이 없으며, 높은 살균율을 나타내도록 한 다음 무균포장을 한다.

(2) 액체-고체 혼합물

액체와 고체를 따로 분리하여 충진 전에 이들 양성분을 무균적으로 혼합한다.

3) 포장 재료의 살균 방법

(1) 포장 재료 살균을 위한 기본 조건

① 공급 포장 재료의 생균 수를 낮게 한다.

② *B. subtilis* 등에 대하여 멸균 효과가 있어야 한다.

③ 포장 system의 허용 시간 내 병원균 및 기타 유해 미생물을 사멸시키는 능력을 가지고 있어야 한다.

④ 살균 종료 후 살균제의 제거가 용이하여야 한다.

⑤ 잔존 살균제는 소량이 존재하여도 식품의 품질이나 섭취자에게 영향을 미치지 않아야 한다.

(2) 포장 재료 살균법

① 가열 살균

200~290℃의 steam을 사용하여 금속관 및 유리용기에 살균한다.

② 과산화수소

무균 충진 포장 system 중에서 가장 많이 사용되고 있는 약액 살균제이다. 1980년에 과산화수소의 발암성이 제기되어 사용 금지하였으나, 1981년에 FDA에서 과산화수소의 살균제로서 인가하여 현재 우유 등에 살균제로 사용하고 있다.

현재 우유의 경우 포장 직후에 100 ppb 이하이어야 하고, 24시간 이내에 1 ppb 이하로 되어야 한다.

③ 방사선 살균

④ 자외선 살균

⑤ 가스 살균 (ethylene oxide gas, ED gas)

⑥ 복합 방식 - 이들의 적절한 혼합에 살균

4) 적용 대상 식품

무균 포장 기술을 적용하고 있는 식품분야로는 우유, soup, 과즙, 카스테라, 연제품, cheese 등을 들 수 있다.

5) 종이 용기 식품의 무균 포장 예

roll을 과산화수소에 침지하고, 가열 roller로 과산화수소를 제거한 다음 무균 chamber 내에서 roll을 원통으로 성형한다. 이어서 2개의 pipe로부터 각각 무균 air를 도입하고, 멸균 제품의 충진 및 밀봉을 한다.

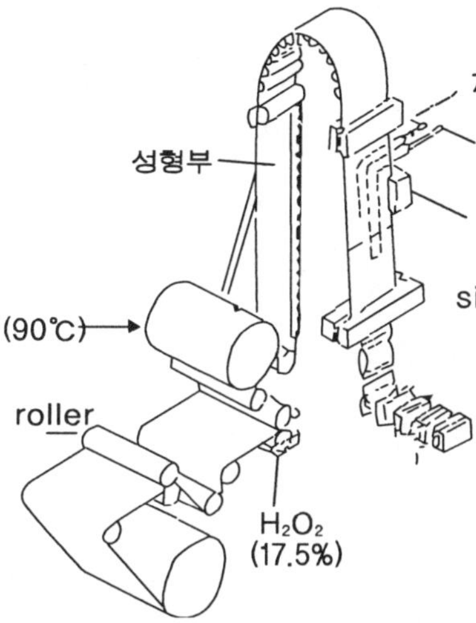

그림 14-21. 무균포장 system

9. 탈산소제에 의한 식품 포장

탈산소제 포장법은 산소를 화학적으로 흡취하는 물질 즉 탈산소제를 식품 포장 내에 충진한 다음 밀봉하여 포장품 내의 산소를 제거함으로써 식품의 품질저하를 방지하는 방법이다.

이에 대한 세세한 것은 이미 앞 장에서 언급한 바 있으므로, 이를 참조하기 바란다.

1) 탈산소제 처리 효과

① 호기성 미생물의 증식을 억제한다.

② 유지의 산화를 방지한다.

③ 병충해를 방지한다.

④ 색소의 산화 변색을 방지한다.

⑤ 산화방지제 무첨가에 따라 식품의 안전성을 기대할 수 있다.

2) 탈산소제처리 전망

근년 소비자들은 식품에 대하여 양보다는 질적인 개념을 중시하게 되어 화학물질 첨가(산화방지제)에 대한 거부감, 간단한 봉입처리 및 생산자의 입장에서 식품의 품질을 유지할 수 있는 기간의 연장 등으로 상당히 전망이 밝다.

3) 처리 대상 식품

탈산소제 봉입 대상 식품으로는 유지류 및 유지가공품, 비타민류 강화식품, 김 등의 색소 식품, 향미 강화식품, 다지어 등과 같이 산소가 존재함으로 인하여 식품의 품질이 저하할 수 있는 식품들이다.

참고문헌

1. 국외 문헌

J. G. Brennan(1976) : Food Engineering Prerations. Applied Science Pubishers Limited

J. M. DeMan(1980) : Principles of Food Chemistry. AVI.

P. Jelen(1985) : Introduction to Food Processing. Reston Publishing Company, Inc,

N. W. Destosier and J, N. Desrosier(1977) : The Texhnology of Food Preservation, 4th ed. AVI.

R. L. Earle(1996) : Unit Operation in Food Processing, Pergamon Press, London.

A. W. Farral(1976) : Food Engineering Systems, vol. 1, AVI.

P. M. Gaman and K. B. Sherrington(1981) : The Science of Food, Pergamon Press

F. D. Gunston and F. A. Norris(1983) : Lipids in Foods, Pergamon Press

J. C. Harper(1976) : Elements of Food Engineering, AVI.

M. A. Joslyn and J. L. Heid(1974) : Food Processing Preration, AVI.

M. Karel, O. R. Fennema and D. B. Lund(1975) : Physical Principles of Food Preservation, Marcel Dekker, Inc., New York.

P. Magnus(1964) : Food Science and Techonlogy, Join Murray, London.

S. Thorne(1981) : Developments in Food Preservation, Applied Scence Publishers.

G. M. Plgott and B. W. Tucker(1990) : Seagood Effects of Technology on Nutrition. Marcel Dekker, Inc.

J. W. Park(2004) : Surimi and Surimi Seafood : Second Edition. Taylor & Francis.

M. Sakaguchi(2004) : More Efficient Utilization of Fish and Fisheries Products. Elsevier Ltd.

C. M. D Man and A. A. Jones(1996) : Shelf Life Evaluation of Foods. Blackie Academic & Professional.

G. M. Hall(1977) : Fish Processing Technology. Blacked Academic & Professional.

C. M. Lee and T. C Lanier(1992) : Surimi Technology. Marcel Dekker, Inc.

纜芫長典(1984):鑵びん詰,レトルト食品辭典. 朝倉書店(株).

並木滿夫 외 1人(1980) : 食品加工の相互作用, 構談社

並木滿夫 外 3人(1993) : 現代の食品化學. 三共出版(株).

加藤舜郎(1988) : 冷凍食品の理論と應用. 光琳.

高橋雅弘(1982) : 冷凍食品の知識, 辛書房

古賀克也 外 2人(1979).食品化學. 三共出版(株).
藤原耕三(1985)食品加工貯藏. 朝倉書店(株).
木村進(1984) : 乾燥食品辭典. 朝倉書店(株).
保井忠彥(1987) : 食品學(Ⅰ,Ⅱ). 光生館.
彬山三千三 外 2人(1981) : 水產加工. 建博社
山口八郎(1967) : 食品加工圖說. 產業圖書株式會社.
山中英明(1991) : 魚類の死後硬直. 恒星社厚生閣.
緖方邦安(1978) : 園藝食品の加工と利用. 養賢堂.
食品流通システム(1985) : 食品流通技術ハンドブック. 恒星社厚生閣.
十農蓚(1985) : 食品化學-食品成分の特性と變化. 弘學出版(株)
安田耕作(1977) : 油脂製品の知識. 辛書房.
五十豊蓚(1985) : 食品化學-食品成分の特性と變化. 弘學出版(株).
日本果汁協會(1983) : 果汁,果實飮料事典. 朝倉書店.
日本冷凍食品協會(1985) : 冷凍食品事典. 朝倉書店.
日本食品工業學會(1990) : 食品工業における科學,技術の進步(Ⅳ). 光琳(株)
日本包裝技術協會(1988) : 食品包裝便覽(基礎編). 社團法人 日本包裝技術協會.
林力丸 外 1人(1981) : 食品照射の化學. 學會出版センタ-.
林弘通 外 3人(1996) : 基礎食品工學, 建博社
太田靜行(1983) : くん製食品. 創元社.
太田靜行(1990) : 水產物の鮮度保持. 株式會社梵波書房.
鴻巢章二, 橋本周久, 卞在亨, 錢重均(1994) : 수산이용화학. 형설출판사.
荒井綜一 外 7人(1987) : 食品加工學. 同文書院.

2. 국내 문헌

강인수 외 4인(1997) : 식품화학. 지구문화사.
공재열(1983) : 식품냉동공학의 기초. 형설출판사.
교육부(2000) : 식품과학. 교육부
교육부(2001) : 수산식품 제조 응용. 교육부
교육부(2001) : 식품기술. 교육부
교육부(2001) : 식품미생물. 교육부
교육부(2001) : 식품제조기초. 교육부
김경삼 외 3인(1993) : 기초 식품학. 지구문화사.
김동훈(1992) : 식품화학 개론. 수학사.
김상순 외 3인(1995) : 식품가공저장학. 수학사.

김상순(1988) : 식품학. 수학사.
김재욱 외 2인(1993) : 식품화학. 문운당.
김재욱(1994) : 신편 식품가공학. 문운당.
김진수 외 23인(1999) : 수산물 이용기술. 자유아카데미, 서울
김진수 외 6인(2001) : 통조림식품의 기초와 응용. 도서출판 효일.
김진수(2003) : 개정판 식품냉동냉장학. 도서출판 효일.
김형기 외 4인(1998) : 최신 축산식품가공학. 세진사.
김형수 외 1인(1986) : 식품학 개론. 수학사.
김형수 외 1인(1986) : 식품학 개론. 수학사.
김형수(1992) : 식품화학. 수학사.
남궁 석(1987) : 식품가공저장실습. 선진문화사.
농촌진흥청(1991) : 식품성분표.
문범수 외 1인(1992) : 식품재료학. 수학사.
박무현 외 2인(1997) : 식품포장학. 형설출판사.
박희열(1989) : 수산가공학. 수학사.
변유량 외 12인(1996) : 식품공학. 지구문화사.
송재철(1992) : 식품재료학. 교문사
이규한(1997) : 식품화학. 형설출판사.
이기열 외 1인(1984) : 기초 영양학. 수학사.
이성우 외 2인(1992) : 식품화학. 수학사.
장현기 외 1인(1997) : 식품학개론. 유림문화사.
장희진(1990) : 식품공업의 품질과 신제품 개발, 세진사.
전국 전문대학 식품과학 교수협의회(1984) : 식품제조가공실험서. 지구문화사.
전재근(1992) : 식품공학-이론과 실제-. 개문사.
한국식품과학회(1984) : 식품공학, 형설출판사.
한명규(1997) : 최신 식품학. 형설출판사.
한성규(1997) : 식품화학. 형설출판사.
현순영(1993) : 영양학. 학문사.

찾아보기

(영문)

(ㄱ)

(ㄴ)

(ㄷ)

(ㅁ)

저자 소개

김진수

경상대학교 해양생물이용학부 해양식품공학 전공
주요저서 : 수산물 이용 기술(자유 아카데미, 1999년)
식품냉동냉장학(도서출판 효일, 2000년)
수산제조산업기사 · 수산제조기사 문제집(도서출판 효일, 2000년)
식품영양실험 핸드북(도서출판 효일, 2000년)
한국 수산물 명산품 총람(주 수협문화사, 2000년)
통조림 식품의 기초와 응용(도서출판 효일, 2001년)
식품냉동냉장학(개정판) (도서출판 효일, 20003년)

김혜숙

경상대학교 해양생물이용학부 해양식품공학 전공

허민수

경상대학교 해양생물이용학부 식품과학 전공
주요도서 : 통조림 식품의 기초와 응용 (도서출판 효일, 2001년)

현대 식품학

2006년 2월 20일 초판 인쇄
2006년 2월 25일 초판 발행

지 은 이 · 김진수 · 김혜숙 · 허민수
발 행 인 · 김홍용
펴 낸 곳 · 도서출판 **효 일**
주 소 · 서울특별시 동대문구 용두2동 102-201
전 화 · 02) 928-6644~5
팩 스 · 02) 927-7703
홈페이지 · www.hyoilbooks.com
등 록 · 1987년 11월 18일 제 6-0045 호

값 **15,000** 원

ISBN 89-8489-184-3